SpringerWienNewYork

Der Fahrzeugantrieb

Herausgegeben von Helmut List

Martin Pflüger
Franz Brandl
Ulrich Bernhard
Karl Feitzelmayer

# Fahrzeugakustik

SpringerWienNewYork

Dr. Martin Pflüger
AVL List GmbH
8020 Graz, Österreich

Dr. Franz Brandl
AVL List GmbH
8020 Graz, Österreich

Prof. Dr.-Ing. Ulrich Bernhard
Geschäftsführer BEB Consulting & Coaching
64665 Alsbach-Hähnlein, Deutschland

Dipl.-Ing. Karl Feitzelmayer
82194 Gröbenzell, Deutschland



SpringerWienNewYork ist ein Unternehmen von
Springer Science + Business Media
springer.at

Textkonvertierung und Umbruch: Jung Crossmedia Publishing GmbH, 35633 Lahnau, Deutschland

Gedruckt auf säurefreiem, chlorfrei gebleichtem Papier
SPIN: 12068340

Mit 156 Abbildungen

Bibliografische Information der Deutschen Nationalbibliothek
Die Deutsche Nationalbibliothek verzeichnet diese Publikation in der Deutschen Nationalbibliografie; detaillierte bibliografische Daten sind im Internet über http://dnb.d-nb.de abrufbar.

ISSN 1617-8920
ISBN 978-3-211-76740-5 SpringerWienNewYork

# Vorwort

In den hochentwickelten Ländern der Erde ist Lärm zu einer Belastung geworden, die durch die mit ihr einhergehenden volkswirtschaftlichen finanziellen Beanspruchungen im Gesundheitswesen einer gezielten Reduzierung bedarf. Durch die hohe Mobilität innerhalb dieser Länder spielt das Automobil in seinen Ausprägungen als PKW, LKW und Bus hierbei eine bedeutende Rolle.

Parallel hierzu hat sich durch den hohen Lebensstandard in Westeuropa und Nordamerika die Akustik im Fahrzeuginnenraum zu einem Wettbewerbskriterium entwickelt, dem in der Automobilindustrie viel Augenmerk gewidmet wird.

Durch diese beiden Entwicklungen hat sich die Fahrzeugakustik während der beiden letzten Jahrzehnte nicht nur in der wissenschaftlichen und messtechnischen Vorgehensweise deutlich weiterentwickelt, sondern sie ist auch bei Entscheidungsprozessen während des Fahrzeugentwicklungsprozesses zu einem wichtigen Kriterium für das Management geworden, da es den Kaufentscheid des Kunden deutlich mitbeeinflusst.

Das vorliegende Buch wendet sich an Einsteiger in die Fahrzeugakustik in der Ausbildung und im Beruf, sowie Personen, die in ihren Entscheidungen häufig die akustische Betrachtungsweise mit ins Kalkül ziehen müssen. Es soll Grundlagen vermitteln, die es dem Leser erlauben, anschließend nach Interesse und Bedarf tiefer in die einzelnen spezifischen Themengebiete wie Simulation, Messtechnik, Versuch, Projektmanagement usw. einzusteigen.

Graz, Oktober 2009 — Ulrich Bernhard, Franz Brandl, Karl Feitzelmayer, Martin Pflüger

# Inhaltsverzeichnis

# Symbol-, Abkürzungsverzeichnis und DIN-Listen

## 1 Indices, Sonderzeichen

| Symbol | Bedeutung |
|---|---|
| $x_\sim$ | Index für zeitlich veränderlichem Anteil einer Größe |
| $x_-$ | Index für zeitlich konstantem Anteil einer Größe |
| $\overline{x}$ | Kennzeichnung des zeitlichen Mittelwertes |
| $\underline{x}$ | Kennzeichnung von komplexen Größen |
| $\hat{x}$ | Kennzeichnung von Amplituden |
| $\vec{x}$ | Kennzeichnung von Vektoren |
| $\underline{x}^*$ | Kennzeichnung von konjugiert komplexen Größen |
| $x^*$ | Kennzeichnung von besonderen Größen |

## 2 Symbolverzeichnis

| Symbol | Bedeutung |
|---|---|
| $\rho$ | Dichte $(kg/m^3)$ |
| $\rho_\sim$ | Schallwechseldichte $(kg/m^3)$ |
| $\rho_-$ | Schallruhedichte $(kg/m^3)$ |
| $\vec{v}$ | Schallschnelle $(m/s)$ |
| $t$ | Zeit $(s)$ |
| $p$ | Schallwechseldruck, Schalldruck $(Pa)$ |
| $p_\sim$ | Schallwechseldruck, Schalldruck $(Pa)$ |
| $p_-$ | Schallruhedruck $(Pa)$ |
| $\vec{F}$ | Kraft $(N)$ |
| $V$ | Volumen $(m^3)$ |
| $\kappa$ | Adiabatenexponent $(-)$ |
| $\Delta$ | Laplace-Operator $(-)$ |
| $c$ | Schallgeschwindigkeit $(m/s)$ |
| $m_L$ | Luftmasse $(kg)$ |
| $R$ | universelle Gaskonstante, $R$ =8,314472 $(J/molK)$ |
| $T$ | Temperatur $(K)$ |
| $p_0$ | Bezugsgröße Schalldruck $p_0$ =20 $(\mu Pa)$ |
| $p_0$ | Normdruck $p_0$ =101325 $(Pa)$ |
| $\rho_0$ | Normdichte $\rho_0$ =1,293 $(kg/m^3)$ |
| $T_0$ | Normtemperatur $T_0$ =273,15 $(K)$ |
| $v_0$ | Bezugsgröße Schallschnelle $v_0 = 5 * 10^{-8}$ $(m/s)$ |
| $I_0$ | Bezugsgröße Schallintensität $I_0 = 10^{-12}$ $(W/m^2)$ |
| $P_0$ | Bezugsgröße Schallleistung $P_0 = 10^{-12}$ $(W)$ |
| $\vartheta$ | Temperatur $(C)$ |
| $\omega$ | Kreisfrequenz $(1/s)$ |
| $f$ | Frequenz $(1/s)$ |
| $k$ | Wellenzahl $(1/m)$ |
| $x, y, z$ | kartesische Koordinaten |
| $\pi$ | Kreiszahl $(-)$ |
| $\lambda$ | Wellenlänge $(m)$ |
| $G$ | Schubmodul $(N/m^2)$ |
| $E$ | Elastiziätsmodul $(N/m^2)$ |
| $\mu$ | Querkontraktionszahl $(-)$ |
| $\vec{s}$ | Deformation (-) |
| $c_B$ | Schallgeschwindigkeit, Biegewelle $(m/s)$ |
| $r$ | Radius $(m)$ |
| $h$ | Plattenhöhe $(m)$ |
| $\vec{I}$ | Schallintensität $(W/m^2)$ |
| $T$ | Mittelungszeit $(s)$ |
| $A$ | Fläche $(m^2)$ |
| $L_i$ | Pegel, logarithmische Größe $(dB)$ |
| $\underline{Z}$ | komplexe Impedanz $(Ns/m)$ |
| $\underline{Z}_f$ | spezifische Impedanz, Feldimpedanz $(Ns/m)$ |
| $\underline{r}$ | Schallreflexionsfaktor $(-)$ |
| $\rho^*$ | Schallreflexionsgrad $(-)$ |
| $\tau$ | Schalltransmissionsgrad $(-)$ |
| $\alpha$ | Schallabsorptionsgrad $(-)$ |
| $a_0, a_n, b_n$ | reelle Fourierkoeffizienten |
| $\underline{c}_n$ | komplexe Fourierkoeffizienten |
| $a(\omega), b(\omega)$ | reelle Spektralfunktionen |
| $A(\omega)$ | Amplitudenspektrum |
| $\varphi(\omega)$ | Phasenspektrum |
| $\underline{c}(\omega)$ | komplexe Spektralfunktion |
| $E$ | Energie $(Ws)$ |
| $E^*(\omega)$ | spektrale Energiedichte |

| | |
|---|---|
| $S(\omega)$ | spektrale Leistungsdichte |
| $\underline{C}_T(\omega)$ | komplexe Spekralfunktion |
| $\underline{Y}(\omega)$ | komplexe spektrale Ausgangsfunktion |
| $\underline{X}(\omega)$ | komplexe spektrale Eingangsfunktion |
| $\underline{H}(\omega)$ | komplexe spektrale Übertragungsfunktion |
| $\underline{X}(t)$ | komplexe Eingangsfunktion |
| $\underline{Y}(t)$ | komplexe Ausgangsfunktion |
| $\phi_{fg}$ | Korrelationsfaktor, Kreuzkorrelationsfaktor |
| $\varphi^*_{fg}$ | Korrelationskoeffizient |
| $\tau$ | Zeitintervall |
| $\phi_{ff}$ | Autokorrelationsfaktor |
| $f(t)$ | Zeitfunktion |
| $g(t)$ | Zeitfunktion |
| $\underline{S}_{ff(\omega)}$ | spektrale Leistungsdichte |
| $\varphi_{fg}$ | normierte Kreuzkorrelationsfunktion |
| $\underline{S}_{fg}$ | spektrale Kreuzleistungsdichte |
| $\gamma^2(\omega)$ | Kohärenzfunktion $(-)$ |
| $P$ | Schalleistung $(W)$ |
| $\alpha, \beta$ | Winkelangaben () |
| $m_F$ | flächenbezogene Masse $(kg/m^2)$ |
| $R$ | Schalldämmmaß $(-)$ |
| $d$ | Wandstärke $(m)$ |
| $\delta$ | Schalldissipationsgrad $(-)$ |
| $f_o$ | obere Frequenzgrenze $(1/s)$ |
| $f_u$ | untere Frequenzgrenze $(1/s)$ |
| $f_m$ | Mittenfrequenz $(1/s)$ |
| $\xi$ | Teilchenauslenkung $(m)$ |
| $\rho\, c$ | Wellenwiderstand $(kg/m^2 s)$ |
| $Re(\underline{Z})$ | Resistanz $(Ns/m)$ |
| $Im(\underline{Z})$ | Reaktanz, Blindwiderstand $(Ns/m)$ |
| $Z_0$ | Schallkennfeldimpedanz, Schallwellenwiderstand $(Ns/m)$ |
| $\underline{A}$ | Admittanz $(m/Ns)$ |
| $\underline{Z}$ | Eingangsimpedanz $(Ns/m)$ |
| $\alpha_E$ | Schalleinfallswinkel () |
| $\alpha_A$ | Schallausfallswinkel () |
| $d$ | Dämpfungskonstante $(-)$ |
| $T$ | Periodendauer $(s)$ |
| $p_{eff}$ | Effektiver Schalldruck $(Pa)$ |
| $S$ | Abstrahlgrad $(-)$ |
| $L_S$ | Abstrahlmaß $(dB)$ |
| $n$ | Akustischer Brechungsindex $(-)$ |
| $d$ | Verlustfaktor $(-)$ |

## 3 Abkürzungen

| | |
|---|---|
| AGR | Abgasrückführung |
| ATL | Abgasturbolader |
| CAN | Controller Area Network |
| CNG | Compressed Natural Gas, Erdgas |
| dBA | A-bewerteter Schalldruckpegel |
| Δ | dBA Streubrandbreite des A-bewerteten Schalldruckpegels |
| DPF | Dieselpartikelfilter |
| EU | Europäische Union |
| FEM | Finite Elemente Methode |
| FFT | Fast Fourier Transformation |
| GG | Gesamtgewicht, Fahrzeug |
| KIS | Körperschallinduzierter Sekundärluftschall |
| KK | Klimakompressor |
| MOKA | Motorgetragene Vollkapsel |
| MGB | Motor-Getriebe-Block |
| n, n motor | Drehzahl, Motordrehzahl 1/min |
| n% | n momentan /n Anregeldrehzahl |
| n ab. | Abregeldrehzahl, Motor 1/min |
| n Lüfter | Lüfterdrehzahl |
| NL | Niederflurlinienbus |
| RAKA | Rahmengetragene Vollkapsel |
| TK | Teilkapsel |
| TSQ | Teilschallquelle, detektierbarer Anteil eines Gesamtgeräusches |
| v | Fahrgeschwindigkeit, Fahrzeug, km/h |
| VG | Verteilergetriebe |
| VK | Vollkapsel |
| ZMS | Zweimassenschwungrad |

## 4 Normen

| | |
|---|---|
| DIN 45 619 | Kopfhörer – Bestimmung des Freifeld-Übertragungsmaßes durch Lautstärkevergleich mit einer fortschreitenden Welle |
| DIN 45 630 | Grundlagen der Schallmessung: Normalkurven gleicher Lautstärkepegel |
| DIN 45 631 | Berechnung des Lautstärkepegels aus dem Geräuschspektrum: Verfahren nach E. Zwicker |
| DIN ISO 5128 | Definition fester Messorte bei der Messung von Innengeräuschen in Fahrzeugen |
| ISO 226 | Acoustics – Normal Equal-Loudness Level Contours |
| ISO 362 | Messvorschrift zur Bestimmung des Außengeräusches eines beschleunigt vorbeifahrenden Fahrzeuges |
| VDI 2563 | Bewertungsmaßstab für Messwerte von Innengeräuschen nach VDI (Verein Deutscher Ingenieure) |

# 1 Grundlagen

## 1.1 Physikalische Grundlagen

### 1.1.1 Akustische Begriffe

Schall besteht seiner physikalischen Natur nach aus mechanischen Schwingungen elastischer Medien, also Gasen, Flüssigkeiten und festen Körpern und ist somit an die Existenz von Materie gebunden, d. h. im Vakuum kann sich Schall nicht ausbreiten.

Unter einem Ton versteht man Schall, der durch eine harmonische Schwingung einer einzelnen Frequenz zustande kommt.

Dies kommt in der Natur nur selten vor, vielmehr handelt es sich fast immer um zusammengesetzten Schall. Stehen allerdings die Teiltöne in einem ganzzahligen Verhältnis zum tiefsten, auftretenden Ton, so spricht man von einem Klang.

Der Klangfarbeneindruck wird dabei im wesentlichen von Frequenz, Amplitude und Frequenzverhältnis der Teiltöne zum Grundton bestimmt.

Unter Geräusch versteht man ein hörbares Schallereignis ohne definierte Tonhöhe und Klangfarbe.

Unter Lärm versteht man jede Art von Geräuschen, die ungewollt und störend auf Menschen einwirken und je nach Intensität, Dauer und Frequenzzusammensetzung unterschiedliche physische und psychische Reaktionen, von der einfachen Störung bis zur gesundheitlichen Schädigung, auslösen können.

### 1.1.2 Schallfeld

**Luftschall und Körperschall**

Einen mit Materie erfüllten Raum, in dem sich Schallwellen ausbreiten, bezeichnet man als Schallfeld.

Je nach Ausbreitungsmedium unterscheidet man zwischen Körperschall/festes Medium, Luftschall/gasförmiges Medium und Flüssigkeitsschall/Flüssigkeit.

Die uns bekannteste und gewohnteste Form des Schalls ist der Luftschall, wo Schwingungen über das Medium Luft an unsere Sinneswahrnehmung übertragen werden.

In der Motorentechnik treten verschiedene Luftschallanteile auf. Zunächst die direkte Abstrahlung an den Öffnungen der luftführenden Teile, im allgemeinen der Ansaug- und Abgasmündung, zu Schwingungen angeregt durch die Instationärvorgänge des Ladungswechsels des Hubkolbenmotors.

Hierzu treten alle Anregungen von Luftdichteschwankungen infolge sich bewegender Begrenzungsflächen des Motor-Getriebe-Verbandes oder der angeschlossenen Ansaug- und Abgasanlage zum Umgebungsmedium Luft hin.

Hierbei hat allerdings der Körperschall eine große Bedeutung, bei dem die Übertragung von den Orten der Entstehung, also den Anregungsstellen zunächst über Bauteile erfolgt, um im Anschluss über die Oberflächenschwingungen als Luftschall an die Umgebung abgegeben zu werden.

In Fluiden (Flüssigkeiten und Gase) ist das Auftreten von Schallwellen gekennzeichnet durch räumliche und zeitliche Schwankungen von Dichte und Druck (und damit auch der Temperatur) des Mediums und von der Geschwindigkeit der Mediumsteilchen (Schallschnelle) um räumlich und zeitlich konstante Mittelwerte, die ohne Schall vorhanden sind und die man auch als Ruhegrößen, also Ruhedruck etc. bezeichnet.

Für die Schallwahrnehmung der Fahrzeuginsassen ist sowohl die Ausbreitung von den Geräuschquellen über Festkörper als auch über die Luft von Bedeutung.

Dem akustischen Luftschalleinfluss, der im Frequenzbereich von ca. 20 Hz bis ca. 20 kHz wahrgenommen wird, überlagert sich noch die menschliche Wahrnehmung von Schwingungen, die über die Körperoberfläche aufgenommen und als Vibrationen bezeichnet werden und die sich im Frequenzbereich von 1 Hz bis ca. 200 Hz bewegen.

**Schallfeldgrößen**

Bei Fluiden treten bei akustischen Aufgabenstellungen praktisch nur longitudinale Wellen auf, bei denen die Ausbreitungsrichtung der Schallwelle und die Auslenkungsgeschwindigkeit der Teilchen zusammenfallen. In festen Körpern kommen zusätzliche Wellentypen hinzu, auf die in Abschnitt 1.1.3 noch näher eingegangen wird.

Entscheidend für das Verständnis von Schallvorgängen ist, dass sich zwar die Störung mit einer definierten Geschwindigkeit, der Schallgeschwindigkeit $c$, ausbreitet, die Teilchen des betrachteten Mediums jedoch eine Schwingung um die Ausgangslage ausführen. Es erfolgt somit ein Energie-, aber kein Massetransport.

Gibt man für jedes schwingende Teilchen des Mediums die zeitliche und örtliche Verschiebung aus seiner Ruhelage an, ist das Schallfeld eindeutig beschrieben. Üblicher ist allerdings die Angabe der örtlichen und zeitlichen Verteilung von Schalldruck und Schallschnelle im Schallfeld. Die drei Größen Verschiebung, Schalldruck und Schallschnelle bezeichnet man als Schallfeldgrößen, auf ihre Berechnung wird weiter unten eingegangen. Bei ebenen Wellen bewegen sich Teilchen mit demselben Zustand auf ebenen Flächen. Die Schallfeldgrößen hängen hier nur von einer Ortskoordinate ab.

Bevor näher auf die Schallfeldgrößen, mit Hilfe derer man die Schallwahrnehmung beschreibt, eingegangen wird, wird die mathematische Formulierung der Schallausbreitung mit Hilfe der Schallfeldgrößen in Erinnerung gerufen, ohne dabei näher auf deren Herleitung einzugehen.

### 1.1.3 Wellengleichungen

#### Wellengleichung in Luft

*Herleitung der Wellengleichung*

Zur Beschreibung der Schallausbreitung in Luft wird zunächst die differentielle Form des Impulssatzes, die hydrodynamische Grundgleichung, benutzt.

$$\rho \left\{ \frac{\partial \vec{v}}{\partial t} + (\vec{v}\; grad)\vec{v} \right\} = -grad\; p + \vec{F} \tag{1.1}$$

Diese besagt, dass die zeitliche Änderung des Impulses gleich der auf den Körper einwirkenden Kräfte ist. Dabei berücksichtigt $\vec{F}$ die Volumenkräfte. Die Kontakt- bzw. Oberflächenkräfte, die über den Spannungstensor dargestellt werden, vereinfachen sich im vorliegenden Fall auf den Gradienten des Schalldruckes $p$. Der Vektor $\vec{v}$ charakterisiert die Geschwindigkeit eines Teilchens, $\rho$ steht für die Dichte.

Als zweites benötigt man die Erhaltungsgleichung der Masse, deren differentielle Form auch als Kontinuitätsgleichung bezeichnet wird.

$$div(\rho\vec{v}) = -\frac{\partial\rho}{\partial t} = -\frac{\partial\rho_\sim}{\partial t} \tag{1.2}$$

Berücksichtigt man, dass für die Dichte $\rho$ bei Schallvorgängen

$$\rho = \rho_- + \rho_\sim \tag{1.3}$$

gilt, wobei für die in der Fahrzeugtechnik untersuchten Fälle praktisch immer die Bedingung

$$|\rho_\sim| \ll \rho_- \tag{1.4}$$

erfüllt ist, d. h. die Schallwechseldichte $\rho_\sim$ ist deutlich kleiner als die Ruhedichte $\rho_-$, dann vereinfacht sich Gleichung (1.2) zu:

$$div\ \vec{v} = -\frac{1}{\rho_-}\frac{\partial\rho_\sim}{\partial t} \tag{1.5}$$

Neben den beiden universellen Erhaltungsgleichungen (1.1) und (1.2), denen alle Kontinua unterliegen, benötigt man noch Materialgleichungen. Im vorliegenden Fall soll die thermische Zustandsgleichung angewendet werden.

Dabei kann man im Luftschallfeld annehmen, dass die ablaufenden Verdichtungs- und Verdünnungsvorgänge im Hörfrequenzbereich so schnell ablaufen, dass sich einstellende Temperaturänderungen während dieses Vorgangs nicht ausgleichen. Ausnahmen wie Vorgänge der inneren Diffusion oder Wärmeaustauschvorgänge mit Wänden usw. werden hier vernachlässigt, womit näherungsweise adiabatische Zustandsänderung gilt:

$$pV^\kappa = p_-V_-^\kappa = konstant \tag{1.6}$$

Mit der Reziprozität von Dichte $\rho$ und Volumen $V$

$$V \sim \frac{1}{\rho} \tag{1.7}$$

und der Bedingung für den Schalldruck $p$

$$p = p_- + p_\sim \tag{1.8}$$

sowie Gleichung (1.3) für die Dichte folgt unter Berücksichtigung von Gleichung (1.4) als Näherung erster Ordnung das Materialgesetz, die Zustandsgleichung für thermisch ideales Gas:

$$\frac{p_\sim}{\rho_\sim} = \kappa\frac{p_-}{\rho_-} \tag{1.9}$$

Es sei in Erinnerung gerufen, dass das Geschwindigkeitsfeld als Überlagerung der Translationsgeschwindigkeit, der Dehngeschwindigkeit in Richtung der Hauptachsen und der Rotationsgeschwindigkeit um diese Achsen geschrieben werden kann. Nimmt man die kinematische Vereinfachung der Wirbelfreiheit an, dann wird der dritte Anteil zu Null, was in diesem Falle gleichbedeutend ist mit Reibungsfreiheit.

Nimmt man zudem an, dass die konvektive Beschleunigung, also der Änderungsanteil der Beschleunigung, der durch Verrücken um das Inkrement $d\vec{x}$ entsteht, gegenüber der lokalen Beschleunigung, also der zeitlichen Änderung der Beschleunigung am festen Ort, im Sinne der linearen Akustik vernachlässigbar ist, und dass außerdem keine äußeren Kräfte wirken, und führt man den Laplace Operator ein, der in rechtwinkligen kartesischen Koordinaten gegeben ist zu

$$\Delta = \frac{\partial^2}{\partial x^2} + \frac{\partial^2}{\partial y^2} + \frac{\partial^2}{\partial z^2}, \tag{1.10}$$

dann folgen aus den obigen Grundgleichungen die Gleichungen für die Schallfeldgrößen $p$ und $\vec{v}$ zu:

$$\Delta p_\sim = \frac{1}{c^2}\frac{\partial^2 p_\sim}{\partial t^2} \tag{1.11}$$

$$\Delta \vec{v} = \frac{1}{c^2}\frac{\partial^2 \vec{v}}{\partial t^2} \tag{1.12}$$

D. h. beide Differentialgleichungen haben die Form der Wellengleichung, was nichts anderes bedeutet wie: Die Schallschnelle $\vec{v}$ und der Schalldruck $p_\sim$ breiten sich im Schallfeld als Wellen mit der Phasengeschwindigkeit $c$ aus.

Die Phasengeschwindigkeit $c$ ergibt sich dabei zu

$$c = \sqrt{\kappa\,\frac{p_-}{\rho_-}} \tag{1.13}$$

und wird im allgemeinen als Schallgeschwindigkeit bezeichnet.

Die Gleichungen (1.11) und (1.12) besagen, dass eine Verknüpfung zwischen der zeitlichen Änderung der Schallfeldgrößen $p_\sim$ und $\vec{v}$ einerseits und der örtlichen Änderung andererseits besteht.

*Lösung der Wellengleichung*

Für den Sonderfall der ebenen Wellenausbreitung, bei der die Schallfeldgröße nur von einer Koordinate abhängt, die gleich der Ausbreitungsrichtung sein soll, reduziert sich Gleichung (1.11) für den Schalldruck auf die eindimensionale Wellengleichung,

$$\frac{\partial^2 p_\sim}{\partial x^2} = \frac{1}{c^2}\frac{\partial^2 p_\sim}{\partial t^2} \tag{1.14}$$

mit der allgemeinen Lösung

$$p_\sim(x,t) = g(x-ct) + h(x+ct) \tag{1.15}$$

Die Funktion $g(x-ct)$ beschreibt dabei eine ebene Schallwelle beliebiger Form, die sich mit der Schallgeschwindigkeit $c$ in positiver Richtung fortbewegt. Die Funktion $h(x+ct)$ steht für eine Schallwelle beliebiger Form, die mit $c$ in negativer Richtung läuft.

Was bei der Herleitung der Wellengleichung stillschweigend über die Annahme des skalaren Ruhedrucks vorausgesetzt wurde ist, dass die Schubspannungen aufgrund der geringen Zähigkeit vernachlässigbar klein sind, womit die Lösungsfunktionen als Ausbreitung von Longitudinalwellen zu interpretieren sind. Dies ist im allgemeinen mit der Annahme der Wirbelfreiheit verknüpft, für die die Reynoldszahl, die das Verhältnis von typischer Trägheitskraft zu typischer Zähigkeitskraft darstellt, groß ist, was gleichbedeutend mit einer Dominanz der Trägheitsgrößen ist.

Dies gilt im allgemeinen für Luft, solange die in der Herleitung getroffenen Annahmen gültig sind, d. h. alle Verdichtungen und Verdünnungen im Luftschallfeld breiten sich als Longitudinalwellen aus.

Leitet man die Lösung für die Schallschnelle anstelle des Schalldrucks her, so erhält man entsprechende Resultate, was besagt, dass beide Größen in ebenen Schallwellen phasengleich sind.

*Schallgeschwindigkeit*

Wandelt man Gleichung (1.13) der Schallgeschwindigkeit um, indem man auch hier Luft als ideales Gas annimmt und die zugehörige Zustandsgleichung

$$p_- = \frac{\rho_-}{m_L} RT \tag{1.16}$$

einsetzt, dann folgt für die Schallgeschwindigkeit die Beziehung

$$c = \sqrt{\frac{\kappa RT}{m_L}}, \tag{1.17}$$

die besagt, dass die Schallgeschwindigkeit beim idealen Gas nicht vom Druck abhängt. Für den täglichen Gebrauch wandelt man diese Beziehung üblicherweise noch um, indem man zunächst die Normalwerte

$$T_0 = 273{,}15\ K,\ p_0 = 101325\ Pa,\ \rho_0 = 1{,}293\ \frac{kg}{m^3} \tag{1.18}$$

in die Zustandsgleichung einführt, woraus nach Umstellung Gleichung

$$\frac{p_0}{\rho_0 T_0} = \frac{R}{m_L} \tag{1.19}$$

folgt, und sich nach Einsetzen in (1.17) für die Schallgeschwindigkeit

$$c = \sqrt{\kappa\ \frac{p_0}{\rho_0}}\ \sqrt{\frac{T_0+\vartheta}{T_0}} \tag{1.20}$$

ergibt. Mit den Ruhewerten aus (1.18) und einem Adiabatenexponenten $\kappa = 1{,}4$ folgt schließlich

$$c = 331{,}22\ \sqrt{\frac{T_0+\vartheta}{T_0}}\ \frac{m}{s} \tag{1.21}$$

für die Schallgeschwindigkeit $c$, woraus sich im üblichen Umgebungstemperaturfenster

$$-30\ ^\circ C < \vartheta < 40\ ^\circ C \tag{1.22}$$

nur geringe Schwankungen der Schallgeschwindigkeit von

$$310\ \frac{m}{s} < c < 355\ \frac{m}{s} \tag{1.23}$$

ergeben und man üblicherweise mit einem Näherungswert um $c = 340$ m/s rechnet.

Untersucht man andererseits akustische Phänomene in der Abgasanlage, wo Temperaturen bis zu $\vartheta \approx 1000$ °C auftreten, so folgt aus (1.21) eine Schallgeschwindigkeit von $c \approx 715$ m/s, d. h. der Temperatureinfluss der Schallgeschwindigkeit ist in solchen Fällen unbedingt zu berücksichtigen.

*Stehende Wellen*

Ein Sonderfall der allgemeinen Lösung (1.15) der ebenen Welle, der für akustische Betrachtungen aber eine hohe Bedeutung besitzt, ist die in positive Richtung laufende ebene harmonische Schallwelle

$$p_\sim(x,t) = \hat{p}\ \cos(\omega t - kx) \tag{1.24}$$

mit der Amplitude $\hat{p}$ sowie der Kreisfrequenz $\omega$

$$\omega = 2\pi f \tag{1.25}$$

und der Wellenzahl $k$

$$k = \frac{2\pi}{\lambda}, \tag{1.26}$$

wobei $f$ für die Frequenz und $\lambda$ für die Wellenlänge steht.

Es ist wichtig zu wissen, dass die in (1.25) und (1.26) auftretenden charakteristischen Größen der Schallwelle über die Beziehung

$$c = f\lambda \tag{1.27}$$

miteinander verknüpft sind.

Zunächst bedeutet dies, dass die Wellenlängen mit zunehmender Frequenz umgekehrt proportional abnehmen.

Es bedeutet aber mit den Betrachtungen des vorherigen Abschnitts auch, dass sich bei einer Änderung des thermischen Zustands der Luft das Produkt aus Frequenz und Wellenlänge entsprechend der Schallgeschwindigkeit ändert. D. h. verfolgt man z. B. für eine gegebene Motordrehzahl eine vorgegebene Frequenz wie z. B. eine Motorordnung vom Ansaugschnorchel bis zur Mündung der Schalldämpferanlage, so ändern sich infolge der veränderlichen Temperatur über der Strecke sowohl die Schallgeschwindigkeit c als auch die Wellenlänge $\lambda$, die zu dieser Motorordnung gehört.

Setzt man den hier betrachteten Sonderfall der harmonischen Welle aus (1.24) in (1.15) ein, dann erhält man

$$p_\sim(x,t) = \hat{p}[\cos(\omega t - kx) + \cos(\omega t + kx)], \tag{1.28}$$

was mit Hilfe trigonometrischer Umformungen in

$$p_{\sim}(x,t) = 2\hat{p}\cos\Big(2\pi\frac{x}{\lambda}\Big)\cos(\omega t) \tag{1.29}$$

umgeschrieben werden kann.

Interpretiert man diese Gleichung, dann erkennt man zunächst, dass sich das Ampitudenmaximum $2\hat{p}$ additiv aus beiden Einzelamplituden zusammensetzt und dass über den zweiten Term cos $\big(2\pi\frac{x}{\lambda}\big)$ die örtliche, in diesem Falle harmonische Änderung der Amplitude beschrieben wird. Die Amplitude wird zu Null für

$$x = \frac{m\lambda}{4},\ mit\ m = 1, 3, 5, \ldots \tag{1.30}$$

und maximal, also $2\hat{p}$, für

$$x = \frac{n\lambda}{4},\ mit\ n = 0, 2, 4, \ldots. \tag{1.31}$$

Die Orte der Nullstellen und Maxima erfahren in ihrer Lage somit keine zeitliche Änderung.

Das zeitlich harmonische Verhalten der Welle führt dazu, dass die Wellenbäuche zwischen den Extrema hin und herpendeln bei unveränderter Lage der Maxima und der Nullstellen. In diesem Fall spricht man von stehenden Wellen, da sich diese Wellen örtlich nicht verlagern, sich nicht fortbewegen.

In realen Schallfeldern kann es zu Reflexionen und damit zu Überlagerungen der beschriebenen Form und zu stehenden Wellen kommen.

Ein typisches Beispiel ist das Brummen im Fahrzeuginnenraum von Kraftfahrzeugen, primär bei der Verwendung von Reihenvierzylindermotoren. Wie später noch erläutert wird, ist die Massenkraftanregung bei dieser Motorbauart in der zweiten Motorordnung, also der doppelten Zündfrequenz, sehr hoch. Stimmt die Anregefrequenz mit einer Eigenfrequenz des Fahrzeuginnenraums überein, was typischerweise bei PKWs im Bereich von Motordrehzahlen um 4000 1/min geschieht, dann kommt es zu einer Resonanzüberhöhung, die sich als stehende Welle ausbildet und entsprechend der zugehörigen Frequenz von ca. 130 Hz als Brummen äußert. Die Anregung der Innenraumresonanz wird dabei typischerweise primär über Körperschall über die Lagerungen in die Karosserie eingeleitet und über die Begrenzungsflächen des Innenraums abgestrahlt.

### Wellengleichung in Festkörpern

*Herleitung der Differentialgleichung*

Bei Festkörpern sind die Zusammenhänge deutlich komplexer als bei Luft.

Nimmt man der Einfachheit halber an, dass der betrachtete Festkörper isotrop (keine Richtungsabhängigkeit der Eigenschaften) und elastisch ist und die Dichte $\rho$ besitzt, und nimmt man zusätzlich noch an, dass Dissipationen vernachlässigt werden können, dann schreibt sich die Wellengleichung für die Deformationen $\vec{s}$ des Körpers zu

$$G\left\{\Delta\vec{s} + \frac{1}{1-2\mu}\ grad\ div\ \vec{s}\right\} = \rho\frac{\partial^2\vec{s}}{\partial t^2} + \vec{F}, \tag{1.32}$$

mit einer von außen auf die Volumeneinheit wirkenden Kraft $\vec{F}$ und dem Schubmodul

$$G = \frac{E}{2(1+\mu)}, \tag{1.33}$$

wobei $E$ für den Elastizitätsmodul und $\mu$ für die Querkontraktionszahl steht.

Bis auf wenige Ausnahmen wie z. B. einer unendlich ausgedehnten Platte besteht selbst für die angenommenen Vereinfachungen, die zur Differentialgleichung (1.32) führen, nahezu keine geschlossene Lösung. Einige Beispiele sollen kurz angesprochen werden.

*Lösungen der Wellengleichung*

Bekannte Lösungen stellen die Ausbreitung von Dehnwellen in begrenzten Körpern wie Stäben und Platten dar, wo die Bewegung der Elemente innerhalb des Kontinuums vorwiegend longitudinal stattfindet.

Es gilt allerdings zu berücksichtigen, dass infolge der Querkontraktion auch Transversalkomponenten auftreten und somit die Welle keine reine Dehnwelle ist, weshalb man sie auch als quasilongitudinal bezeichnet.

Lösungen für die Ausbreitungsgeschwindigkeit sind z. B. für den Stab

$$c = \sqrt{\frac{E}{\rho}} \tag{1.34}$$

und für die Platte

$$c = \sqrt{\frac{E}{\rho(1-\mu^2)}}. \tag{1.35}$$

Auch die Ausbreitung von Schubwellen in Festkörpern, bei denen also die Bewegungsrichtung der Elemente senkrecht zur Ausbreitungsrichtung der Welle liegt, und die Ausbreitung von Torsionswellen in Stäben sind Lösungsbeispiele, wobei beide mit dem in (1.33) definierten Schubmodul zur Schallgeschwindigkeit

$$c = \sqrt{\frac{G}{\rho}} \tag{1.36}$$

führen.

Die bedeutendste Wellenform für die Festkörperakustik stellen sicher die Biegewellen dar, da es infolge der Bewegungsrichtung des Festkörpers zu einer unmittelbaren Anregung des Umgebungsmediums (i. A. Luft) kommt und die Auslenkungen selbst deutlich größer sind als z. B. bei Schubwellen.

Als Lösung für die Ausbreitung von Biegewellen ergibt sich z. B. für den runden Stab mit Radius $r$

$$c_B = \sqrt{\omega\sqrt{\frac{E}{\rho}}\frac{r}{2}} \tag{1.37}$$

und für die Platte mit der konstanten Dicke $h$

$$c_B = \sqrt{\frac{\omega}{\sqrt{12}} \sqrt{\frac{E}{\rho(1-\mu^2)}}\, h}. \tag{1.38}$$

Gegenüber den Dehn- oder Schubwellen erkennt man, dass die Lösung neben den geometrischen Größen der Körper die Winkelgeschwindigkeit $\omega$ enthält, was nichts anderes bedeutet, als dass sich die höherfrequenten Schallanteile schneller ausbreiten als die niederfrequenten, was man auch als Dispersion bezeichnet.

Auf die Konsequenzen zur Beziehung zwischen Phasen- und Gruppengeschwindigkeit wird an dieser Stelle nicht eingegangen.

Ebenso sei an dieser Stelle nur darauf hingewiesen, dass für die Existenz von Biegewellen bestimmte Voraussetzungen zwischen Wellenlänge und geometrischen Größen gegeben sein müssen, was in Abschnitt 1.1.7 näher erläutert wird.

*Stehende Wellen*

Separiert man für die Differentialgleichung (1.32) Ort und Zeit, so kann man auch hier wieder in Abhängigkeit der Randbedingungen die ortsfesten Lösungen, d. h. Eigenfrequenzen und Eigenformen bestimmen.

Für analytische geschlossene Lösungen gelingt dies im allgemeinen jedoch nur unter idealisierenden Annahmen, was für das Verständnis sehr hilfreich sein kann. Für reale Anwendungsfälle bedient man sich heute Versuchstechniken wie der Holografie oder der Berechnung mit Hilfe der Finiten Elemente. Darauf wird in den Kapiteln 1.3 und 1.4 näher eingegangen.

### 1.1.4 Schallgrößen

#### Schalldruck

Bei der Herleitung der Wellengleichung in Luft wurde der Schallwechseldruck als Kenngröße eingeführt, der umgänglich in der Akustik oft einfach als Schalldruck bezeichnet wird. Er ist dem statischen Luftdruck überlagert.

Der in Luft auftretende Schallwechseldruck ist eine skalare Größe, der von Ort und Zeit abhängt, was sich in kartesischen Koordinaten zu

$$p_\sim = p_\sim(x, y, z, t) \tag{1.39}$$

schreibt.

Gemessen wird der Schalldruck in Pascal (Pa), wobei der Zusammenhang

$$1\ Pa = 1\ \frac{N}{m^2} = 10\ \mu bar \tag{1.40}$$

gilt.

In dieser Einheit ergeben sich für den statischen Ruhedruck Größenordnungen von $p_- = 10^5\ Pa$ und für den Schallwechseldruck Werte von $p_\sim = 20\ Pa$, dem Bereich der Schmerzschwelle des menschlichen Ohres, bis $p_\sim = 10^{-5}\ Pa$, dem Bereich der Hörschwelle. D. h. der Schallwechseldruck ist gegenüber dem statischen Ruhedruck verschwindend klein.

**Schallschnelle**

Als zweite, die Schallausbreitung in Luft beschreibende Größe wurde die Schallschnelle $\vec{v}$ eingeführt, die man als Wechselgeschwindigkeit oder Teilchengeschwindigkeit bezeichnet. Sie beschreibt die Bewegung der Teilchen des Übertragungsmediums und ist nicht mit der Schallgeschwindigkeit $c$ zu verwechseln, die die Ausbreitung der Störung selbst beschreibt. Die Schallschnelle ist somit eine vektorielle Größe für die zeitliche Änderung der Teilchenauslenkung $\vec{\xi}$ und wird in m/s gemessen.

$$\vec{v} = \frac{d\vec{\xi}}{dt} \tag{1.41}$$

**Schallintensität**

Unter der Schallintensität $\vec{I}$ versteht man das Produkt aus Schalldruck und Schallschnelle.Die Schallintensität stellt die pro Flächeneinheit durch eine Hüllfläche hindurchtretende Schallleistung dar bzw. die pro Flächen- und Zeiteinheit hindurchtretende Schallenergie und wird in $W/m^2$ gemessen.

In der Anwendung ermittelt man meist den über eine Mittelungszeit $T$ zeitlich gemittelten Intensitätswert

$$\vec{I} = \frac{1}{T}\int_0^T p_{\sim}\vec{v}\,dt = \overline{p_{\sim}\vec{v}} \tag{1.42}$$

**Schallleistung**

Als energetische Größe verwendet man in der Akustik üblicherweise die pro Zeiteinheit durch eine umhüllende Fläche hindurchtretende Schallenergie, die Schallleistung $\vec{P}$, die in $W$ gemessen wird und der über der Hüllfläche integrierten Schallintensität entspricht.

$$\vec{P} = \int_A \vec{I}\,d\vec{A} = \int_A p_{\sim}\vec{v}\,d\vec{A} \tag{1.43}$$

Äquivalent zur Schallintensität wird auch hierbei in der Anwendung üblicherweise mit gemittelten Größen gearbeitet.

Die Streubreite der Zahlenwerte für die Schallleistung für akustische Ereignisse überstreckt ein großes Band von $P = 7 * 10^{-6}\ W$ für die sprachliche Kommunikation bis zu $P = 10^3\ W$ z. B. für Sirenen.

### 1.1.5 Logarithmierte Größen

Wie die vorhergehenden Abschnittte zeigen, treten bei den akustischen Messgrößen Spannen von mehreren Zehnerpotenzen zwischen den Minimal- und Maximalwerten auf. Das Arbeiten und Rechnen mit diesen Spannen ist umständlich und unübersichtlich, weshalb man meist auf das Rechnen mit logarithmischen Größen ausweicht.

Das logarithmische Lautstärkeempfinden des Menschen unterstützt diese Vorgehensweise.

Dabei wird bei der Logarithmierung eine Bezugsgröße der jeweiligen Feld- oder Leistungsgröße definiert, auf die die Messgröße bezogen wird. Der hierdurch entstehende Wert wird als Pegel oder Absolutpegel der entsprechenden Größe bezeichnet, die Einheit ist das Dezibel (dB).

Für eine energetische Größe wie die Schallleistung oder die Schallintensität folgt somit am Beispiel der Schallintensität:

$$L_I = 10 \lg \frac{|\vec{I}|}{I_0} \; dB. \tag{1.44}$$

Für eine Feldgröße wie den Schalldruck oder die Schallschnelle folgt am Beispiel des Schalldrucks aufgrund des quadratischen Zusammenhangs mit den Leistungsgrößen:

$$L_p = 10 \lg \frac{p_{\sim eff}^2}{p_0^2} \; dB = 20 \lg \frac{p_{\sim eff}}{p_0} \; dB \tag{1.45}$$

Dabei wird im allgemeinen mit dem Effektivwert oder dem Betrag der Feldgröße gearbeitet.

Häufig stellt sich dem Ingenieur im Arbeitsleben die umgekehrte Aufgabe, aus den gemessenen Pegeln die physikalischen Größen zu bestimmen, womit sich für energetische Größen aus (1.44) der Zusammenhang anhand der Schallintensität

$$|\vec{I}| = I_0 * 10^{0,1 * L_I} \tag{1.46}$$

und für Feldgrößen aus (1.45) anhand des Schalldrucks

$$p_{\sim eff} = p_0 * 10^{0,05 * L_p} \tag{1.47}$$

ergibt.

### Pegelbezugsgrößen der Schallfeldgrößen

*Schalldruckpegel*

Als Bezugsgröße für die Ermittlung des Schalldruckpegels nach Gleichung (1.45) ist

$$p_0 = 20 \; \mu Pa = 2 * 10^{-5} \; \frac{N}{m^2} = 2 * 10^{-4} \; \mu bar \tag{1.48}$$

definiert, was der menschlichen Hörschwelle bei einer Frequenz von 1000 Hz im ebenen Schallfeld entspricht.

*Schallschnellepegel*

Für den Schallschnellepegel gilt als Feldgröße eine zu (1.45) äquivalente Beziehung

$$L_v = 20 \lg \frac{v_{eff}}{v_0} \; dB \tag{1.49}$$

mit der Bezugsschallschnelle $v_0 = 5 * 10^{-8}$ m/s.

*Schallintensitätspegel*

Der Schallintensitätspegel wird gemäß (1.44) bestimmt, mit der Bezugsgröße $I_0 = 10^{-12}$ W/$m^2$.

Wie beim Schalldruck und der Schallschnelle wird auch hier oft der zeitliche Mittelwert zugrunde gelegt.

Die drei Bezugsgrößen $p_0$, $v_0$, $I_0$ sind so aufeinander abgestimmt, dass die drei zugehörigen Pegel gleich sind:

$$L_p = L_v = L_I \tag{1.50}$$

*Schallleistungspegel*
Konsequenterweise folgt für die Schallleistung $P$ für die Pegelermittlung aus (1.44)

$$L_P = 10\lg\frac{P}{P_0}\ dB \tag{1.51}$$

mit der Bezugsgröße $P_0 = 10^{-12}\ W$.

**Pegeladdition und Pegelsubtraktion**

Die Bestimmung eines Gesamtpegels, der von mehreren unabhängigen Schallquellen erzeugt wird, erfolgt durch die energetische Addition. Das bedeutet, dass Leistungsgrößen addiert werden, wogegen bei Feldgrößen die Quadrate zu addieren sind. Im umgekehrten Sinne, wo Restpegel zu ermitteln sind, wie beim Abschalten einzelner Quellen, wird energetisch subtrahiert.

Als Beispiel sei der Fall betrachtet, wo $n$ Einzelquellen mit den Schallpegeln $L_i$ zum Gesamtpegel aufaddiert werden und sich nach mit (1.44)

$$L_{ges} = 10\lg(\sum_{i=1}^{n} 10^{0{,}1L_i})\ dB \tag{1.52}$$

ergibt. Hat man es mit dem Schalldruckpegel zu tun, dann folgt nach (1.47)

$$L_{p,ges} = 10\lg(\sum_{i=1}^{n}\left(\frac{p_{\sim eff,i}}{p_0}\right)^2)\ dB = L_{p,ges} = 10\lg(\sum_{i=1}^{n}(10^{0.05\ Lp,i})^2)\ dB. \tag{1.53}$$

Sehr oft hat man es mit Schallquellen gleicher (oder zumindest vergleichbarer) Pegel zu tun, womit sich aus (1.53) die Beziehung

$$L_{p,ges} = 10\lg(n\left(\frac{p_{\sim eff}}{p_0}\right)^2)\ dB = 10\lg\left(\frac{p_{\sim eff}}{p_0}\right)^2 + 10\lg n\ dB \tag{1.54}$$

ableiten lässt.

Insbesondere für zwei Schallquellen gleicher Pegel folgt, mit $n = 2$,

$$L_{p,ges} = 10\lg\left(\frac{p_{\sim eff}}{p_0}\right)^2 + 10\lg 2\ dB = L_p + 3\ dB. \tag{1.55}$$

D. h. der Gesamtschalldruckpegel erhöht sich gegenüber dem Pegel der Einzelquelle um 3 dB.

Führt man diese Betrachtung der Überlagerung zweier Schallquellen über einen breiteren Bereich von Pegeldifferenz durch, so erkennt man erwartungsgemäß, dass sich der Gesamtpegel gegenüber der stärkeren Quelle umso geringer erhöht, je größer die Differenz zwischen der stärkeren und schwächeren Quelle ist.

Ab einer Pegeldifferenz von 10 dB zwischen den beiden Quellen ist der Einfluss der schwächeren Quelle in der Anwendung normalerweise vernachlässigbar, da man hier nur noch eine Erhöhung des Gesamtpegels gegenüber der stärkeren Einzelquelle von weniger als 0,5 dB erhält.

Auf der anderen Seite zeigt diese Betrachtung, dass es bei der Bekämpfung von Geräuschproblemen am effektivsten ist, bei der lautesten Quelle anzusetzen, da dort die Absenkung des Gesamtpegels am wirkungsvollsten gelingt.

Äquivalent zu den Additionsbetrachtungen lassen sich solche zur Pegelsubtraktion anstellen. Hier lautet die allgemeine Gleichung, wenn m Quellen abgeschaltet werden:

$$L = 10\lg(10^{0,1*L_{ges}} - \sum_{i=1}^{m} 10^{0,1*L_i}) \tag{1.56}$$

Auch hier ergibt sich, dass die Absenkung des Gesamtschallpegels umso kleiner ausfällt, je kleiner der Schallpegel der abgeschalteten Quelle ist, da deren Anteil am Gesamtpegel gering ist. Auch hier gilt im praktischen Anwendungsfall, dass der Einfluss sprich die Absenkung vernachlässigbar wird, wenn der Ausgangsgesamtpegel ca. 10 dB über dem der abgeschalteten Quelle liegt.

Für die Anwendung gelten zudem die angenäherten Beziehungen für Feldgrößen, dass eine Verdopplung der physikalischen Messgröße ca. 6 dB entspricht, eine Verdreifachung ca. 10 dB, eine Verzehnfachung ist gleich 20 dB, eine Verhundertfachung ist gleich 40 dB.

Mit den Zusammenhängen zwischen den energetischen und Feldgrößen ergibt sich für Schallleistungsmessungen entsprechend, dass bei Entfernung eines Teilstrahlers dessen Bedeutung vernachlässigt werden kann, wenn die Differenz der Schallleistungen mit und ohne diesen kleiner als 0,5 dB ist, da in diesem Fall seine Leistung 10 dB unter dem Gesamtschallleistungspegel liegt. Ist die Differenz hingegen größer als 3 dB, dann beträgt der Anteil des einzelnen Strahlers mehr als 50 % an der Gesamtschallleistung und ist damit dominant.

Es sei der Vollständigkeit halber erwähnt, dass die Durchführung der Schallquellenanalyse in der Form nicht ganz unproblematisch ist, da das Abschalten/Herausnehmen von Schallquellen nicht einfach und rückwirkungsfrei durchführbar ist und zudem bei vielen Aufgabenstellungen auch die Streuungen innerhalb einzelner Messreihen in der Größenordnung von 1 dB und mehr liegen können.

### 1.1.6 Schallabstrahlung in Luft

#### Kugelstrahler 0. Ordnung

Um die Schallabstrahlung der Betrachtung zugänglicher zu machen, wendet man verschiedene Strahlertypen wie Kugelstrahler, Linienstrahler oder Kolbenstrahler als Idealisierung an.

Bei einem Kugelstrahler 0. Ordnung, dem Monopolstrahler, schwingt die gesamte Oberfläche mit gleicher Phase und gleicher Amplitude. Mit anderen Worten verhält sich das idealisierte Bauteil wie eine atmende Kugel.

Für den einfachen, sich harmonisch um einen Ausgangszustand verändernden Radius der Kugel folgt für kleine Entfernungen von der Kugel eine Phasenverschiebung zwischen dem Schalldruck $p_\sim$ und Schallschnelle $\vec{v}$. Mit großem Abstand geht diese gegen 0, womit $p_\sim$ und $\vec{v}$ phasengleich werden. Dabei nehmen der Schalldruck und im Fernfeld auch die Schallschnelle proportional zu $1/r$ ab. Für Schallintensität und Schallleistung folgen hieraus eine Abnahme mit dem Quadrat der Entfernung.

#### Kugelstrahler 1. Ordnung

Liegen zwei Kugelstrahler 0. Ordnung dicht beieinander und schwingen mit gleicher Amplitude gegenphasig, so dass zwischen ihnen eine Knotenlinie verläuft, dann kommt es zu einem Dipol, einem Kugelstrahler 1. Ordnung (Ordnungszahl = Anzahl Knotenlinien).

In der Motorentechnik verwendet man für das Abstrahlverhalten des Motors unter der Anregung der Verbrennungskraft oft den Kugelstrahler 1. Ordnung als Anschauungsmodell. Unter dieser Idealisierung strahlt der Motor senkrecht zur Verbindungslinie der beiden Monopole keinen Schall ab, da es infolge Interferenz zur Auslöschung kommt, während die Hauptabstrahlung in der Verbindungslinie erfolgt. Aus der praktischen Erfahrung wissen wir, dass dies nicht der Fall ist und die Idealisierung nur bedingt die Realität wiedergibt.

**Kolbenstrahler**

Das Kennzeichen von Kolbenstrahlern sind kolbenartig schwingende Platten oder Membranen. Lässt man z. B. einen Kolben in einem unendlich langen Rohr schwingen und nimmt an, dass der Kolbendurchmesser klein gegen die erzeugte Wellenlänge ist, entstehen Rohrwellen, die in guter Näherung ebene Schallwellen darstellen. Mit dieser Näherung kann man z. B. Schalluntersuchungen in Ansaug- und Abgasrohren angehen.

**Hydrodynamischer Kurzschluss**

Da Bauteile in der Realität meist nicht in der einfachen Art als Einheit schwingen, sondern die Oberflächen in sich als Folge der breitbandigen Anregung Schwingungsbäuche und Schwingungstäler besitzen, kann es zu einem Phänomen kommen, bei dem es durch direkten Druckausgleich zu einer Verminderung der Schallabstrahlung infolge Interferenz kommt, was man als hydrodynamischen Kurzschluss bezeichnet.

In der Anwendung des Motorenbaus, wo wie oben erwähnt die Biegewellen für die Schallabstrahlung von besonderer Bedeutung sind, weil die damit verbundenen Schwingungen der Oberflächen nennenswerte Schwingwege senkrecht zur Motoroberfläche besitzen, muss für den hydrodynamischen Kurzschluss die Bedingung erfüllt sein, dass die Biegewellenlänge des Festkörpers kleiner ist als die Länge der Schallwellen im angrenzenden Medium, d. h. im allgemeinen in Luft. Bei einer im Motorenbau üblichen Wandstärke von 5 mm kommt man bei Umgebungstemperatur und den durchschnittlichen Materialkenngrößen von Stahl zu einer unteren Biegewellen-Grenzfrequenz von ca. 2,5 kHz, ab der das Phänomen auftreten kann.

Diese Biegewellen-Grenzfrequenz, die auch Koinzidenzfrequenz genannt wird, markiert in diesem Fall die Frequenz, oberhalb derer eine vollständige Abstrahlung der Körperschall-Schwingungsenergie als Luftschall möglich ist.

Es sei erwähnt, dass die Grenzfrequenz umso niedriger liegt, je biegesteifer die Platte ist. D. h. aber auch, dass unterhalb der Grenzfrequenz zusätzliche Versteifungen wie Rippen den Abstrahlgrad erhöhen können, weil diese den Kurzschluss stören.

**Abstrahlgrad**

Kennzeichnende Größe für den Anteil des als Luftschall abgestrahlten Körperschalls ist der Abstrahlgrad, der zu

$$S = \frac{P}{\rho c A v^2} \tag{1.57}$$

definiert ist, mit der abgestrahlten Schallleistung $P$, dem Wellenwiderstand $\rho c$ der Luft, der abstrahlenden Fläche $A$ und dem Effektivwertquadrat der mittleren Plattenschnelle $v$.

Logarithmiert man den Abstrahlgrad, dann erhält man das Abstrahlmaß $L_S$,

$$L_S = 10 \lg S. \tag{1.58}$$

### 1.1.7 Schallreflexion und -transmission

#### Impedanzen

Viele Effekte in den Anwendungsfeldern der Akustik gehen auf Reflexion, Transmission und Absorption zurück. Um mit diesen Größen arbeiten zu können, ist es sinnvoll sich vorher mit der Größe der Impedanz auseinanderzusetzen.

Wie in der Elektrotechnik versteht man hierunter auch in der Akustik den Quotienten aus einer komplexen dynamischen Feldgröße wie dem Schalldruck und einer komplexen kinematischen Feldgröße wie der Schallschnelle.

In der Motorentechnik hat man es oft mit harmonischen Zeitverläufen zu tun. Oder zumindest mit periodischen, die sich durch harmonische Funktionen darstellen lassen, so dass es ausreicht, sich hier auf die Betrachtung harmonischer Funktionen zu beschränken.

Bezeichnet man die Impedanz mit $Z$, die dynamische Größe mit $a$ und die kinematische Größe mit $b$ und kennzeichnet die komplexen Größen durch Unterstreichen, dann ergibt sich unter Anwendung der Exponentialdarstellung der komplexen Größen:

$$\underline{Z} = \frac{\underline{a}}{\underline{b}} = \frac{\hat{a}e^{j(\omega t+\varphi_a)}}{\hat{b}e^{j(\omega t+\varphi_b)}} = Re(\underline{Z}) + j\ Im(\underline{Z}) \tag{1.59}$$

Den Realteil $Re$ der Impedanz bezeichnet man auch als Resistanz oder einfach als Widerstand, den Imaginärteil als Reaktanz oder Blindwiderstand.

Als spezifische Schallimpedanz oder auch Feldimpedanz $Z_F$ bezeichnet man den Quotienten aus Schalldruck $\underline{p}$ und Schallschnelle $\underline{v}$, der sich auf die Raumrichtung der Schallschnelle bezieht und im Nahfeld komplex und im Fernfeld näherungsweise reell ist.

$$\underline{Z}_F = \frac{\underline{p}}{\underline{v}} \tag{1.60}$$

Für die im Anwendungsfall häufig verwendete Näherung der ebenen Welle zur Beschreibung der Übertragungseigenschaften von Schallmedien hat man den Begriff der Schallkennfeldimpedanz (oder Schallwellenwiderstandes) $Z_0$ als Sonderfall von $Z_F$ eingeführt, für den sich im Falle verlustfreier Medien im Fernfeld die Beziehung

$$Z_0 = \underline{\rho}\_c \tag{1.61}$$

ergibt, d. h. die Größe ist bei einer ebenen Welle zu jedem Zeitpunkt und an jeder Stelle eines Raumes konstant.

Da die Schallschnelle in Festkörpern deutlich geringer ist als in Fluiden, insbesondere als in Gasen, folgt mit der Definition (1.60), dass der Schallwellenwiderstand für feste Körper deutlich größer ist als in Luft. So ergibt sich für Stahl mit $Z_0 \approx 4{,}6 * 10^7\ Pa * s/m$ gegenüber Luft mit $Z_0 \approx 4{,}1 * 10^2\ Pa * s/m$, ein Faktor von größer $10^5$.

Bleibt noch die Betrachtung zur Anregungsseite. Sieht man von extrem hohen Belastungen ab, dann werden infolge einer Kraftanregung $\vec{F}$ Bewegungen $\vec{v}$ verursacht, die dieser proportional sind. Bezieht man die Eingangsgröße $\vec{F}$ auf die Auslenkungsgeschwindigkeit $\vec{v}$ an dieser Stelle, erhält man die Eingangsimpedanz $\underline{Z}$ bzw. als Kehrwert hiervon die Admittanz $\underline{A}$, die auch als Mobilität bezeichnet wird.

$$\underline{Z} = \frac{\hat{\underline{F}}}{\hat{\underline{v}}} \tag{1.62}$$

$$\underline{A} = \frac{1}{\underline{Z}} \tag{1.63}$$

**Reflexion und Transmission**

Schallwellen werden beim Auftreffen auf Bauteile zum Teil reflektiert, transmittieren andererseits aber auch durch das Medium hindurch, wobei hierbei noch ein bestimmter Anteil dissipiert wird. Die drei Erscheinungen hängen somit zusammen, was in Abb. 1.1 für die ebene Schallwelle dargestellt ist.

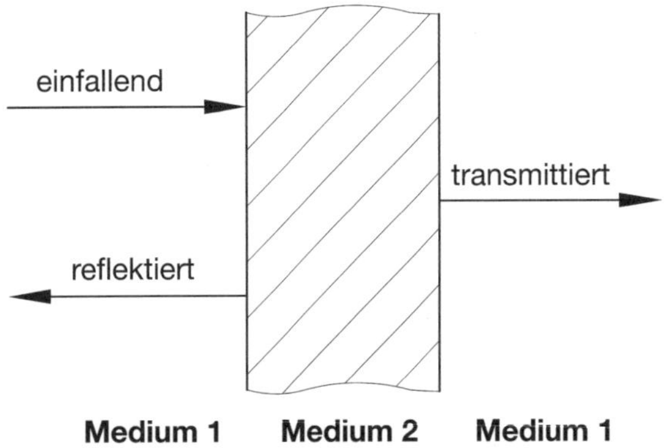


**Abb. 1.1.** Reflexion und Transmission einer ebenen Schallwelle

Die hier angestellten Betrachtungen beziehen sich auf die Annahme eines frequenzunabhängigen Verhaltens, d. h. bei Reflexion und Transmission ändert sich die spektrale Zusammensetzung der Schallwelle nicht.

Unter dieser Annahme gilt, dass die einfallende Schallwelle die gleiche Frequenz besitzt wie die reflektierte und die transmittierte. Zudem gilt, da es praktisch nie zu reiner Reflexion oder Transmission kommt, dass die Amplituden der reflektierten und der transmittierten Welle kleiner sind als die Amplitude der einfallenden Welle.

Solange sich die Schallwellen durch Luft bewegen, kann in der Motorentechnik mit ausreichender Genauigkeit angenommen werden, dass dies verlustfrei geschieht, da die Verlustwirkung in den Festkörpern deutlich überwiegt.

Unter der weiteren Annahme der Ausbreitung als ebene Welle wird der Schallwellenwiderstand (Schallkennimpedanz) mit (1.61) reell.

Zu den nachfolgend angestellten Betrachtungen werden die Indizes e für die einfallenden, $t$ für die transmittierenden und $r$ für die reflektierten Größen eingeführt.

Zudem der Index 1 für das Medium, aus dem die Schallwelle auf eine Grenzfläche zuläuft, 2 für das Medium, in das die Schallwelle einläuft, und zudem wiederum 1 für das Medium, in das die transmittierende Welle ausläuft, was impliziert, dass das Medium 2 beidseitig vom gleichen Medium umgeben wird.

Bei schrägem Auftreffen einer Schallwelle auf eine Grenzfläche zweier Medien nimmt man für den reflektierten Anteil idealisiert an, dass er entsprechend der optischen Verhältnisse der Bedingung Einfallswinkel $\alpha_e$ gleich Ausfallswinkel $\alpha_r$ folgt, Abb. 1.2.

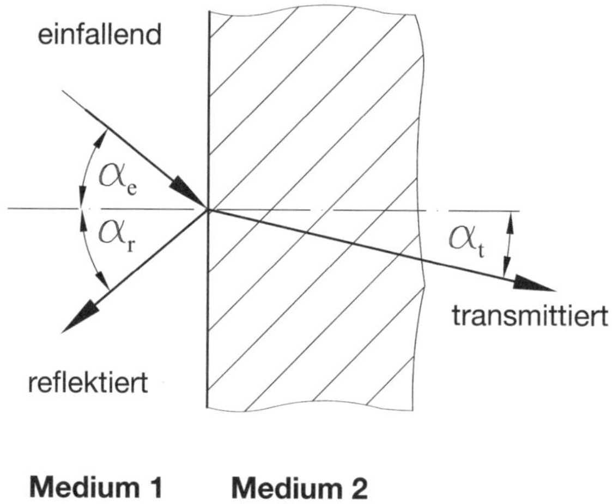


**Abb. 1.2.** Schräger Schalleinfall auf eine Grenzfläche

Der in das Medium 2 eindringende Anteil erfährt eine Richtungsänderung zum Winkel $\alpha_t$, was man wie in der Optik als Brechung bezeichnet. Führt man äquivalent den akustischen Brechungsindex $n$ ein, dann ergibt sich mit

$$n = \frac{\sin \alpha_e}{\sin \alpha_t} = \frac{c_1}{c_2} \tag{1.64}$$

die Abhängigkeit der Brechung von den Schallgeschwindigkeiten in den beiden Medien.

### Schallreflexionsgrad

Bezieht man den Schalldruck der reflektierten Schallwelle auf den der einfallenden,

$$\underline{r} = \frac{\underline{p}_{\sim r}}{\underline{p}_{\sim e}}, \tag{1.65}$$

erhält man den Schallreflexionsfaktor $\underline{r}$.

Dabei gelten für die beiden Schalldrücke die Beziehungen:

$$\underline{p}_{\sim e} = \hat{p}\; e^{j\omega t} e^{-jkx} = \hat{\underline{p}}_{\sim e}\; e^{-jkx} \tag{1.66}$$

$$\underline{p}_{\sim r} = \hat{\underline{p}}_{\sim r}\; e^{jkx} = \underline{r}\; \hat{\underline{p}}_{\sim e}\; e^{jkx} \tag{1.67}$$

Mit der entsprechenden Formulierung für die beiden Schallschnellen

$$\underline{v}_e = \hat{\underline{v}}_e\; e^{-jkx} = \frac{\hat{\underline{p}}_{\sim e}}{Z_{01}}\; e^{-jkx} \tag{1.68}$$

$$\underline{v}_r = \hat{\underline{v}}_r\, e^{jkx} = \underline{r}\frac{\hat{\underline{p}}_{\sim e}}{Z_{01}}\, e^{jkx} \tag{1.69}$$

ergibt sich als Bedingung für den Schalldruck und die Schallschnelle, wenn die verwendete Koordinate positiv mit $x$ in der betrachteten Ausbreitungsrichtung der einfallenden Welle bezeichnet wird und der Koordinatenursprung an der Grenzfläche $x = 0$ liegt,

$$\underline{p}_{\sim}(x = 0) = \hat{\underline{p}}_{\sim e}(1 + \underline{r}) \tag{1.70}$$

$$\underline{v}(x = 0) = \left[\frac{\hat{\underline{p}}_{\sim e}}{Z_{01}}\right](1 - \underline{r}), \tag{1.71}$$

wobei in (1.71) der Phasensprung für die Schallschnelle berücksichtigt wurde. Hierbei steht $Z_{01}$ für den Schallwellenwiderstand gemäß (1.61) des Mediums 1 Luft.

Für den Schallwellenwiderstand der Wand folgt somit mit (1.60)

$$Z_{02} = \frac{\underline{p}_{\sim}(x = 0)}{\underline{v}(x = 0)} = Z_{01}\frac{1 + \underline{r}}{1 - \underline{r}} \tag{1.72}$$

und nach Umstellen für den Reflexionsfaktor

$$\underline{r} = \frac{Z_{02} - Z_{01}}{Z_{02} + Z_{01}} \tag{1.73}$$

Da für die Betrachtungen in der Praxis energetische Größen von Bedeutung sind, ist es üblich mit dem Schallreflexionsgrad $\rho^*$ zu arbeiten, der als Verhältnis der an einer Trennfläche reflektierten Schallleistung $P_r$ zur auf die Grenzfläche einfallenden Schallleistung $P_e$ definiert ist:

$$\rho^* = \frac{|\underline{P}_r|}{|\underline{P}_e|} \tag{1.74}$$

Durch den Vergleich mit der Definition des Reflexionsfaktors (1.65) erhält man unmittelbar

$$\rho^* = |\underline{r}|^2 \tag{1.75}$$

d. h. der Schallreflexionsgrad $\rho^*$ ist gleich dem Quadrat des Betrages des Schallreflexionsfaktors $\underline{r}$.

**Schalltransmissionsgrad**

Entsprechend der Definition (1.74) ist der Schalltransmissionsgrad $\tau$ das Verhältnis des durch eine Grenzfläche oder eine Schicht eines Medium, wie z. B. eine Wand, hindurchgehenden Betrags der Schallleistung $P_t$ zu der auf die Grenzfläche einfallenden Schallleistung $P_e$.

$$\tau = \frac{|\underline{P}_t|}{|\underline{P}_e|} \tag{1.76}$$

**Schallabsorptionsgrad**

Unter dem Schallabsorptionsgrad $\alpha$ versteht man das Verhältnis des Betrages der nichtreflektierten Schallleistung $P_n$ zum Betrag der einfallenden Schallleistung $P_e$.

$$\alpha = \frac{|\underline{P}_n|}{|\underline{P}_e|} \tag{1.77}$$

Mit Einführung des Schallreflexionsgrades $\rho^*$ lässt sich dies umschreiben zu

$$\alpha = \frac{|\underline{P}_e| - |\underline{P}_r|}{|\underline{P}_e|} = 1 - \frac{|\underline{P}_r|}{|\underline{P}_e|} = 1 - \rho^* = 1 - |\underline{r}|^2 \tag{1.78}$$

**Schalldissipationsgrad**

Im allgemeinen Fall tritt ein Teil des an der Grenzfläche nichtreflektierten Schallanteils aus dem Medium am Ende der Schicht nicht aus, womit die transmittierte Schallleistung kleiner als die absorbierte Schallleistung wird. Der Differenzbetrag wird im Medium umgewandelt, im allgemeinen in Wärme, und geht damit bei der Schallleistungsbetrachtung verloren.

Der Schalldissipationsgrad $\delta$ setzt diese verlorene Schallleistung $P_v$ ins Verhältnis zur einfallenden Schallleistung $P_e$.

$$\delta = \frac{|\underline{P}_v|}{|\underline{P}_e|} \tag{1.79}$$

Da der Verlust all das enthält, was nicht transmittiert oder reflektiert wird, kann man dies umschreiben zu

$$\delta = \frac{|\underline{P}_e| - |\underline{P}_r| - |\underline{P}_t|}{|\underline{P}_e|} = 1 - \frac{|\underline{P}_r|}{|\underline{P}_e|} - \frac{|\underline{P}_t|}{|\underline{P}_e|}, \tag{1.80}$$

womit wiederum mit (1.74) und (1.76) bzw. (1.78)

$$\delta = 1 - \rho^* - \tau = \alpha - \tau \tag{1.81}$$

folgt.

Stellt man den vorderen Teil von (1.81) um, dann ergibt sich

$$\delta + \rho^* + \tau = 1, \tag{1.82}$$

was nichts anderes besagt als dass die Summe aus Reflexionsgrad, Transmissiongrad und Dissipationsgrad gleich 1 ist, was gleichbedeutend ist mit der Energieerhaltungsaussage: Die einfallende Energie ist gleich der in Reflexion, Transmission und Dissipation enthaltenen.

**Schalldämmmaß**

So wie bei den Schallgrößen selbst arbeitet man auch bei der Beschreibung der Charakteristika von Bauteilen mit logarithmierten Größen.

Das Schalldämmmaß $R$ stellt die Pegeldifferenz zwischen der auf eine Trennwand auffallenden und der auf der Rückseite austretenden Schallleistung dar, womit mit der Definition (1.76)

$$R = 10 \lg \frac{|\underline{P}_e|}{|\underline{P}_t|}\ dB = 10 \lg \frac{1}{\tau}\ dB \tag{1.83}$$

folgt.

Für senkrecht auf eine unendlich ausgedehnte Wand einfallende ebene Wellen kann man in guter Näherung die Beziehung

$$R \approx 20 \lg \frac{\omega * m_F}{2\rho_- * c} \tag{1.84}$$

herleiten, mit der flächenbezogenen Masse $m_F$ der Wand.

Das Gesetz (1.84) ist als *Massegesetz der Luftschalldämmung* oder *Bergersches Gesetz* bekannt.

Da für die flächenbezogene Masse

$$m_F = d * \rho_- \tag{1.85}$$

gilt, mit der Wandstärke $d$, folgt aus (1.84)

$$R \approx 20 \lg \frac{\omega * d}{2c}, \tag{1.86}$$

was besagt, dass das Schalldämmmaß bei Verdopplung der Wandstärke oder der Frequenz um 6 dB ansteigt.

Diese Beziehung ist als Faustformel in der Anwendung hilfreich, jedoch nicht immer gültig, da in manchen Frequenzbereichen die zugrunde gelegten Annahmen in der Praxis nicht immer erfüllt sind.

**Schalldämmung und Absorption**

Tritt auf dem Ausbreitungsweg des Schalls eine Materialänderung oder eine Bauartänderung auf, liegt eine Unstetigkeit vor und es kommt zur Reflexion, wie oben aufgezeigt wurde. Die Unstetigkeit bildet sozusagen einen Damm, es kommt zur Dämmwirkung.

Mit anderen Worten: Unter Schalldämmung versteht man die Behinderung der Schallausbreitung durch schallreflektierende Hindernisse.

Somit sind Reflexionsfaktor, Reflexionsgrad und Schalldämmmaß Größen zur Beschreibung der Schalldämmung.

Hohe Dämmwirkung erzielt man für die Luftschallausbreitung also durch den Einsatz von harten und spezifisch schweren Materialien. Dieser Möglichkeit sind jedoch im praktischen Fall Grenzen gesetzt, da hiermit ein Gewichtsanstieg verbunden ist.

Bei der Ausbreitung von Körperschall muss man berücksichtigen, dass die Schallkennimpedanzen, also das Produkt aus Dichte und Schallgeschwindigkeit, fester Körper sehr groß sind, so dass zur Dämmung weiche Dämmschichten mit geringem spezifischen Gewicht eingesetzt werden sollten. Dem sind in der Anwendung oft Grenzen durch die zu übertragenden Kräfte gesetzt. Ein klassisches Beispiel stellt jedoch z. B. die Lagerung des Motor-Getriebe-Verbundes mit Hilfe von Elastomeren dar.

Schallabsorption (Schalldämpfung) stellt die Behinderung der Schallausbreitung durch Absorption von Schall dar, d. h. i. a. irreversible Umwandlung von Schallenergie in Wärme.

Im Gegensatz zu einem ideal-elastischen festen Körper, bei dem die am System geleistete Arbeit zunächst als potentielle Energie gespeichert und danach vollständig als Arbeit wiedergewonnen wird, wird bei viskoelastischen Materialien ein Teil der am System geleisteten Arbeit irreversibel in Wärme umgewandelt.

Zur Schallabsorption verwendet man Stoffe, die eine hohe Dämpfungswirkung haben, also einen hohen Anteil Schallenergie in Wärme umwandeln, sogenannte Schallschluckstoffe. Dabei setzt man zwei Wirkmechanismen ein: Homogene Schallschluckstoffe wandeln den Schall durch innere Reibung um, also durch Deformationswirkungen. Bei den sogenannten porösen Schallschluckstoffen kommt es durch äußere Reibung, also Reibung zwischen den schwingenden Partikeln des Mediums sowie den Skelettelementen des porösen Materials, zur Umwandlung.

Das geschilderte viskoelastische Verhalten kann man durch den komplexen Elastizitätsmodul beschreiben, dessen Realteil $E'$ den Speicheranteil und dessen Imaginärteil $E''$ den Verlustanteil darstellt. Mit dem Verlustfaktor $d$ als Quotient aus Imaginär- und Realteil stellt man den Energieentzug dar. Gleicher Verlustfaktor bedeutet gleicher Energieentzug pro Schwingung. Da bei höheren Frequenzen mehr Schwingungen stattfinden, bedeutet dies aber auch bessere Dämpfung bei gleichem Verlustfaktor mit zunehmender Frequenz.

Die innere Dämpfung, auch Werkstoffdämpfung genannt, ist somit keine Materialkonstante, sondern hängt von der Frequenz ab.

Verlustfaktoren von verschiedenen Materialien bei Umgebungstemperatur und mittleren Frequenzen zeigt Tabelle 1.1.

**Tabelle 1.1.** Verlustfaktoren bei $T$ $20°C$ und mittleren Frequenzen

| Material | Verlustfaktor |
|---|---|
| Stahl | 0,0006 – 0,0001 |
| Aluminium | 0,0001 – 0,001 |
| Grauguss | 0,01 – 0,02 |
| Bitumenfolie | 0,2 – 0,4 |
| Dämpfungsbeläge | 0,2 – 1 |

Neben der Frequenz hängt der Verlustfaktor auch noch z. B. besonders stark von der Temperatur ab.

Dämpfungsbeläge, einschichtige oder eingezwängte, werden zwar in der Industrie häufig eingesetzt, spielen in der Motorentechnik aber nur eine geringe Rolle.

Bei Blechteilen wie der Ölwanne können diese Dämpfungsbeläge z. B. eingesetzt werden, um die Abstrahlung infolge Biegeschwingungen deutlich zu minimieren.

Beispiele von Anwendungen wie die im Abgasbereich eingesetzten dünnen Sandwichbleche als gekoppelte akustische und thermische Bleche sind akustisch eher als schalldämmendes Element anzusehen, das mit hoher innerer Dämpfung versehen ist.

### 1.1.8 Signalanalyse

#### Fourier-Analyse

Die üblicherweise vorliegenden Informationen zu Schallereignissen sind Zeitfunktionen: Mikrofonaufnahmen, Beschleunigungsmessungen usw.

Die meisten Vorgänge in der Motoren- und Getriebetechnik sind periodisch und lassen sich damit durch eine Fourier-Reihe annähern.

Für akustische Fragestellungen ist sehr oft die Phaseninformation nicht von Bedeutung, da das menschliche Ohr Phaseninformationen nicht verarbeiten kann. Deshalb wird bei Darstellungen im Frequenzbereich das Intensitätsspektrum gewählt.

Üblich sind die reelle Darstellung

$$f(t) = \frac{a_0}{2} + \sum_{n=1}^{\infty} \{a_n \cos(n\omega t) + b_n \sin(n\omega t)\} \tag{1.87}$$

mit den Koeffizienten

$$a_n = \frac{2}{T}\int_0^T f(t)\cos(n\omega t)\,dt \qquad n = 1, 2, 3, \ldots \tag{1.88}$$

$$b_n = \frac{2}{T}\int_0^T f(t)\sin(n\omega t)\,dt \qquad n = 1, 2, 3, \ldots \tag{1.89}$$

und die komplexe Schreibweise

$$f(t) = \sum_{n=-\infty}^{\infty} \underline{c}_n e^{jn\omega t} \tag{1.90}$$

mit

$$\underline{c}_n = \frac{1}{T}\int_0^T f(t)e^{-jn\omega t}\,dt \qquad n = 0, \pm 1, \pm 2, \ldots \tag{1.91}$$

Die Folgen der Fourier-Koeffizienten $a_n$, $b_n$, $\underline{c}_n$ bezeichnet man als Fourier-Spektren. Diese Spektren sind für den betrachteten Fall einer periodischen Funktion diskrete Linien an den Stellen $n\omega$ mit den Beträgen der Koeffizienten.

Nichtperiodische reelle Signale $f(t)$ lassen sich durch ein kontinuierliches Fourier-Spektrum darstellen und unter Erfüllung gewisser Vorschriften in den reellen Formen

$$f(t) = \int_0^\infty \{a(\omega)\sin(\omega t) + b(\omega)\cos(\omega t)\}\,d\omega \tag{1.92}$$

$$f(t) = \int_0^\infty A(\omega)\cos[\omega t + \varphi(\omega)]\,d\omega \tag{1.93}$$

schreiben, mit den Spektralfunktionen $a(\omega)$, $b(\omega)$ bzw. A$(\omega)$, die sich ergeben zu

$$a(\omega) = \frac{1}{\pi}\int_{-\infty}^{\infty} f(t)\sin(\omega t)\,dt \tag{1.94}$$

$$b(\omega) = \frac{1}{\pi}\int_{-\infty}^{\infty} f(t)\cos(\omega t)\,dt \tag{1.95}$$

$$A(\omega) = \sqrt{a^2(\omega) + b^2(\omega)} \tag{1.96}$$

sowie dem Phasenspektrum

$$\tan\varphi(\omega) = \frac{a(\omega)}{b(\omega)}. \tag{1.97}$$

In komplexer Darstellung gilt

$$f(t) = \frac{1}{2\pi}\int_{-\infty}^{\infty} \underline{c}(\omega)\; e^{jwt}\,d\omega \tag{1.98}$$

mit der komplexen Spektralfunktion

$$\underline{c}(\omega) = \int_{-\infty}^{\infty} f(t)\ e^{-jwt}\, dt. \tag{1.99}$$

**Energie- und Leistungsdichte**

Unter der Annahme, dass ein zeitabhängiger Vorgang $f(t)$ eine endliche Dauer und damit eine endliche Gesamtenergie besitzt, existieren die in diesem Fall auftretenden exakten Integrale (1.93) und (1.98). Nach dem Parsevalschen Theorem gilt der Zusammenhang

$$E = \int_{-\infty}^{\infty} f(t)^2\, dt = \frac{1}{2\pi} \int_{-\infty}^{\infty} |\underline{c}(\omega)|^2\, d\omega, \tag{1.100}$$

mit der Energie $E$ des Vorgangs. Die Größe

$$E^*(\omega) = \frac{1}{2\pi} |\underline{c}(\omega)|^2 \tag{1.101}$$

nennt man die spektrale Energiedichte der Funktion $f(t)$.

Bei Vorgängen unendlicher Dauer ist die Energie $E$ ebenfalls unbeschränkt und die spektrale Energiedichte $E^*(\omega)$ auch. In diesem Fall geht man über auf die Betrachtung der Leistungsgrößen, d. h. die mittlere Leistung $P$ bzw. die spektrale Leistungsdichte $S(\omega)$.

Dabei wird das Integral aus (1.100) über ein endliches Messintervall von $-T$ bis $+T$ gebildet, womit sich die spektrale Leistungsdichte zu

$$S(\omega) = \lim_{T\to\infty} \frac{1}{2T} \frac{1}{2\pi} |\underline{c}_T(\omega)|^2 \tag{1.102}$$

ergibt und durch Integration über der Frequenz die Gesamtleistung zu

$$P = \int_{-\infty}^{\infty} S(\omega)\, d\omega \tag{1.103}$$

folgt.

**Übertragungsfunktion**

Betrachtet man ein lineares, kausales und stabiles System mit der Eingangsgröße $x(t)$ und der Ausgangsgröße $y(t)$, dann gilt für deren Spektralfunktionen $\underline{X}(\omega)$ und $\underline{Y}(\omega)$ die Beziehung

$$\underline{Y}(\omega) = \underline{H}(\omega)\underline{X}(\omega) \tag{1.104}$$

mit der komplexen Übertragungs- oder Systemfunktion

$$\underline{H}(\omega) = |\underline{H}(\omega)| e^{j\varphi(\omega)}, \tag{1.105}$$

die das System vollständig beschreibt.

Dieser Zusammenhang ist für akustische Messverfahren wie der Transferpfadanalyse von großer Bedeutung, worauf später noch eingegangen wird.

Regt man ein System mit dem komplexen, mit $\omega$ periodischen Signal

$$\underline{x}(t) = \underline{\hat{x}}e^{j\omega t} = \hat{x}e^{j(\omega t+\varphi_x)} \tag{1.106}$$

an, dann antwortet das System mit dem Ausgangssignal

$$\underline{y}(t) = \underline{\hat{y}}e^{j\omega t} = \hat{y}e^{j(\omega t+\varphi_y)} = \underline{H}(\omega)\hat{x}e^{j(\omega t+\varphi_x)}, \tag{1.107}$$

das ebenfalls periodisch mit $\omega$ ist.

Für die Übertragungsfunktion folgt

$$\underline{H}(\omega) = \frac{\hat{y}}{\hat{x}}e^{j(\varphi_y-\varphi_x)} = \frac{\hat{y}}{\hat{x}}e^{j\varphi}, \tag{1.108}$$

d. h. es liegt ein Phasenversatz von $\varphi = \varphi_y - \varphi_x$ vor.

Wird das System durch das allgemeine Zeitsignal $\underline{x}(t)$ angeregt, dann treten die Spektraldichten $\underline{X}(\omega)$ und $\underline{Y}(\omega)$ in (1.106) bis (1.108) an die Stelle der Amplituden $\underline{\hat{x}}$ und $\underline{\hat{y}}$.

**Korrelationsfaktor und Korrelationskoeffizient**

Häufig hat man es in der Akustik mit Fragestellungen zu tun, bei denen es um Zusammenhänge zwischen zwei verschiedenen, zeitlich schwankenden Signalen oder zwei verschiedenen Zeitabschnitten eines zeitlichen Signals geht. Wie in anderen Bereichen wendet man hierbei auch in der Akustik Korrelationsrechnungen an.

Der Korrelationsfaktor $\phi_{fg}$ zweier Zeitfunktionen $f(t)$ und $g(t)$ ohne Gleichanteil ist der zeitliche Mittelwert ihres Produkts

$$\phi_{fg} = \overline{f(t)g(t)} = \lim_{T\to\infty}\frac{1}{2T}\int_{-T}^{T} f(t)g(t)\,dt \tag{1.109}$$

Mit Hilfe der Schwarzschen Ungleichung lässt sich zeigen, dass der größtmögliche Wert des Korrelationsfaktors gleich dem Effektivwert der Signale ist.

$$\phi_{fg_{max}} = f_{eff}\; g_{eff} \tag{1.110}$$

Der Quotient aus Korrelationsfaktor und Maximalwert

$$\varphi^*_{fg} = \frac{\phi_{fg}}{\phi_{fg_{max}}} \tag{1.111}$$

wird als Korrelationskoeffizient $\varphi^*_{fg}$ bezeichnet.

Aus der Definition ergibt sich, dass dessen Wert stets zwischen –1 und +1 liegt.

Ist $\varphi^*_{fg} = +1$, sind die beiden Funktionen vollständig miteinander korreliert und gleichphasig. Ist $\varphi^*_{fg} = -1$, sind die beiden Funktionen vollständig miteinander korreliert und gegenphasig. In beiden Fällen unterscheiden sich die beiden Funktionen $f(t)$ und $g(t)$ nur durch einen Faktor.

Ist $\varphi^*_{fg} = 0$, sind beide Funktionen $f(t)$ und $g(t)$ nicht miteinander korreliert.

**Autokorrelationsfunktion**

Betrachtet man eine Zeitfunktion ohne Gleichanteile zu verschiedenen Zeitabschnitten, so ist die Autokorrelationsfunktion $\phi_{ff}$ definiert durch

$$\phi_{ff}(\tau) = \overline{f(t)\ f(t+\tau)} = \lim_{T\to\infty} \frac{1}{2T} \int_{-T}^{T} f(t)\ f(t+\tau)\, dt. \tag{1.112}$$

Ihr Maximalwert tritt für $\tau = 0$ auf und ist damit $\phi_{ff}(0)$ und gleich dem Quadrat des Effektivwertes $f_{eff}^2(t)$. Damit ist die normierte Autokorrelationsfunktion gegeben durch

$$\varphi_{ff}(\tau) = \frac{\phi_{ff}(\tau)}{\phi_{ff}(0)}. \tag{1.113}$$

Der Wienersche Satz besagt, dass für eine stationäre Zeitfunktion das Leistungsspektrum $S(\omega)$ und die Autokorrelationsfunktion $\phi_{ff}$ über die Fourier-Transformation in der Form zusammenhängen, dass die spektrale Leistungsdichte (Leistungsspektrum) die Fourier-Transformierte der Autokorrelationsfunktion ist.

$$\underline{S}_{ff}(\omega) = \int_{-\infty}^{\infty} \phi_{ff}(\tau)\ e^{-j\omega\tau}\, d\omega \tag{1.114}$$

### Kreuzkorrelationsfunktion

Äquivalent zur Autokorrelationsfunktion versteht man unter der Kreuzkorrelationsfunktion $\phi_{fg}$ der beiden Funktionen $f(t)$ und $g(t)$ ohne Gleichanteile die Größe

$$\phi_{fg}(\tau) = \overline{f(t)\ g(t+\tau)} = \lim_{T\to\infty} \frac{1}{2T} \int_{-T}^{T} f(t)\ g(t+\tau)\, dt. \tag{1.115}$$

Auch hier normiert man durch den größtmöglichen Korrelationsfaktor, womit sich die Beziehung

$$\varphi_{fg}(\tau) = \frac{\phi_{fg}(\tau)}{f_{eff}\ g_{eff}} \tag{1.116}$$

ergibt.

Für den Fall, dass $\varphi_{fg}(\tau)$ den Maximalwert 1 für $\tau = \tau_0$ annimmt, gehen $f$ und $g$ durch eine Verschiebung um $\tau_0$ ineinander über, erforderlichenfalls nach einer Multiplikation mit einem festen Faktor. Die Funktionen sind vollständig korreliert.

Für Werte kleiner 1 ist die Korrelation schwächer, was in einem Anwendungsfall z. B. bedeuten kann, dass die Ausgangsgröße von weiteren Eingangsgrößen abhängen kann. Für $\varphi_{fg} = 0$ sind die Funktionen unkorreliert, was im zitierten Beispiel bedeuten würde, dass die Ausgangsgröße nicht von der betrachteten Eingangsgröße abhängt.

Auch die spektrale Kreuzleistungsdichte lässt sich als Fourier-Transformierte der Kreuzkorrelationsfunktion darstellen:

$$\underline{S}_{fg}(\omega) = \int_{-\infty}^{\infty} \phi_{fg}(\tau)\ e^{-j\omega\tau}\, d\tau. \tag{1.117}$$

Aus der Definition der spektralen Leistungsdichte (1.102) folgt

$$\underline{S}_{fg}(\omega) = \lim_{T\to\infty} \frac{1}{2T}\frac{1}{2\pi}\ \underline{c}_{fT}(\omega)\ \underline{c}_{gT}^{*}(\omega) \tag{1.118}$$

mit den Fourier-Transformierten $\underline{c}_{fT}(\omega)$ bzw. $\underline{c}^*_{gT}(\omega)$ der Funktionen $f(t)$ bzw. $g(t)$ im vorgegebenen Zeitintervall von $-T$ bis $+T$.

**Kohärenzfunktion**

Die Kohärenzfunktion $\gamma^2$ ist ein Maß für den kausalen Zusammenhang zweier Signale und definiert durch

$$\gamma^2(\omega) = \frac{|\underline{S}_{fg}(\omega)|^2}{S_{ff}(\omega)\ S_{gg}(\omega)} \tag{1.119}$$

mit der Kreuzleistungsdichte $S_{fg}$ und den Autokorrelationsleistungsdichten $S_{ff}$ und $S_{gg}$.

Wertemäßig liegt $\gamma^2$ zwischen 0 und 1, wobei die Funktionen bei $\gamma^2 = 1$ kausal zusammenhängen, bei $\gamma^2 < 1$ treten bei einer Funktion Störanteile auf, die von der anderen Funktion unabhängig sind, und für $\gamma^2 = 0$ sind beide Funktionen unabhängig voneinander.

Oft stellt man diese Betrachtungen nicht nur für die Funktionen als Ganzes an, sondern für einzelne Freuqenzbereiche. Typische Beispiele sind Betrachtungen zu speziellen Motorordnungen.

**Frequenzintervallmaße**

Technische Schallquellen verursachen oft komplizierte zeitliche Schalldruckverläufe, die zwar periodische Anteile besitzen, überwiegend aber stochastisch sind. Solche Vorgänge nennt man Rauschen. Für solche Rauschsignale kann kein Linienspektrum angegeben werden, da keine Periodizität des Signals vorhanden ist. Bei der Darstellung im Frequenzbereich erhält man ein Dichtespektrum, mit einer auf eine Frequenzbandbreite bezogenen Pegelangabe. Üblich ist eine logarithmisch geteilte Frequenzachse bei Dichtespektren mit relativ konstanter Bandbreite, wobei Oktav- oder Terzbandbreite am verbreitetsten sind. Hierbei besitzt jedes Band eine untere Frequenzgrenze $f_u$ und eine obere Frequenzgrenze $f_o$, der geometrische Mittelwert aus beiden ist die jeweilige Mittenfrequenz $f_m$

$$f_m = \sqrt{f_u f_o}. \tag{1.120}$$

Für eine Oktav gilt die Verdopplung der Frequenz

$$\frac{f_o}{f_u} = 2, \tag{1.121}$$

womit sich für die Mittenfrequenz

$$f_m = \sqrt{2}\ f_u \tag{1.122}$$

$$f_m = \frac{f_o}{\sqrt{2}} \tag{1.123}$$

ergibt bzw. für die nächste Mittenfrequenz

$$f_{m,i+1} = 2\ f_{m,i} \tag{1.124}$$

folgt.

Geometrisch wird eine Oktav in 3 Terzen geteilt, womit sich für die Frequenzgrenzen

$$\frac{f_o}{f_u} = 2^{\frac{1}{3}} \tag{1.125}$$

ergibt und für die obere und untere Frequenzgrenze der Terz

$$f_u = \frac{f_m}{2^{\frac{1}{6}}} \tag{1.126}$$

$$f_o = f_m 2^{\frac{1}{6}} \tag{1.127}$$

folgt.

Die Mittenfrequenzen der Terzen und Oktaven sind genormt, siehe Tabellen 1.2 und 1.3.

**Tabelle 1.2.** Mittenfrequenzen, obere und untere Frequenzgrenzen der Terzen von 16 Hz bis 16 kHz

| Mittenfrequenz [Hz] | untere Frequenzgrenze [Hz] | obere Frequenzgrenze [Hz] |
|---|---|---|
| 16 | 14 | 18 |
| 20 | 18 | 22 |
| 25 | 22 | 28 |
| 31 | 28 | 36 |
| 40 | 36 | 45 |
| 50 | 45 | 56 |
| 63 | 56 | 71 |
| 80 | 71 | 89 |
| 100 | 89 | 112 |
| 125 | 112 | 141 |
| 160 | 141 | 178 |
| 200 | 178 | 224 |
| 250 | 224 | 282 |
| 315 | 282 | 355 |
| 400 | 355 | 447 |
| 500 | 447 | 562 |
| 690 | 562 | 708 |
| 800 | 708 | 891 |
| 1000 | 891 | 1120 |
| 1250 | 1120 | 1410 |
| 1600 | 1410 | 1780 |
| 2000 | 1780 | 2240 |
| 2500 | 2240 | 2820 |
| 3200 | 2820 | 3550 |
| 4000 | 3550 | 4470 |
| 5000 | 4470 | 5620 |
| 6300 | 5620 | 7080 |
| 8000 | 7080 | 8910 |
| 10000 | 8910 | 1120 |
| 12600 | 11200 | 14100 |
| 16000 | 14100 | 17800 |

**Tabelle 1.3.** Mittenfrequenzen, obere und untere Frequenzgrenzen der Oktaven von 16 Hz bis 16 kHz

| Mittenfrequenz [Hz] | untere Frequenzgrenze [Hz] | obere Frequenzgrenze [Hz] |
|---|---|---|
| 16 | 11 | 22 |
| 31 | 22 | 45 |
| 63 | 45 | 89 |
| 125 | 89 | 178 |
| 250 | 178 | 355 |
| 500 | 355 | 708 |
| 1000 | 708 | 1410 |
| 2000 | 1410 | 2820 |
| 4000 | 2820 | 5620 |
| 8000 | 5620 | 11200 |
| 16000 | 11200 | 22400 |

## 1.2 Schallwahrnehmung

### 1.2.1 Das menschliche Gehör

Schall ist fester Bestandteil des täglichen Lebens. Der Mensch ist in jeder Lebenssituation akustischen Schwingungen ausgesetzt. Für die Kommunikation des Menschen mit seiner Umwelt bildet die akustische Kommunikation einen wesentlichen Bestandteil. Als *Sender* dieser Kommunikation dient die menschliche Sprache, als *Empfänger* das menschliche Gehör.

Ein *nomal* hörender Mensch kann im Alter von 20 Jahren einen Frequenzbereich von etwa 20 Hz bis 20 kHz wahrnehmen. Mit jedem weiteren Lebensjahrzehnt reduziert sich der obere Grenzbereich von 20 kHz um etwa 2 kHz. D. h. ein 60-jähriger, *normal* hörender Mensch kann einen Frequenzbereich von etwa 20 Hz bis 12 kHz wahrnehmen. Diese Einschränkung ist für das tägliche Leben nicht relevant, da sich die wesentlichen Schallenergien der Schallquellen des üblichen Lebensraumes im Frequenzbereich unter 10 kHz konzentrieren.

Die Empfindlichkeit des menschlichen Gehörs ist im Frequenzbereich von etwa 1 kHz bis 6 kHz am größten. In diesem Frequenzbereich befinden sich die wichtigsten umweltrelevanten Informationen für den Menschen.

In Abb. 1.3 ist das menschliche Hörfeld mit der Hörschwelle, der Schwelle der Schmerzempfindung sowie dem üblichen Sprach- und Musikbereich dargestellt. Ein 1 kHz Sinus Signal wird beispielsweise ab einem absoluten Schalldruckpegel von 5 dB am Gehöreingang gerade noch wahrgenommen (Hörschwelle) und bei einem absoluten Schalldruckpegel von 110 dB erzeugt dieses Sinus Signal mit 1 kHz Schmerzen im menschlichen Gehör.

### 1.2.2 Aufbau und Funktionsweise des peripheren Gehörs

Das periphere Gehör des Menschen setzt sich aus dem Außen-, Mittel- und dem Innenohr zusammen. Die drei Stufen lassen sich sowohl funktionell als auch anatomisch voneinander eindeutig unterscheiden. Diese Unterteilung ist bei der zentralen (neuronalen) Verarbeitung von Schallreizen nicht möglich. In der Psychoakustik werden die Eigenschaften der einzelnen Verarbeitungsstufen des peripheren Gehörs nachgebildet.

In Abb. 1.4 ist der anatomische Aufbau des menschlichen Gehörs dargestellt.

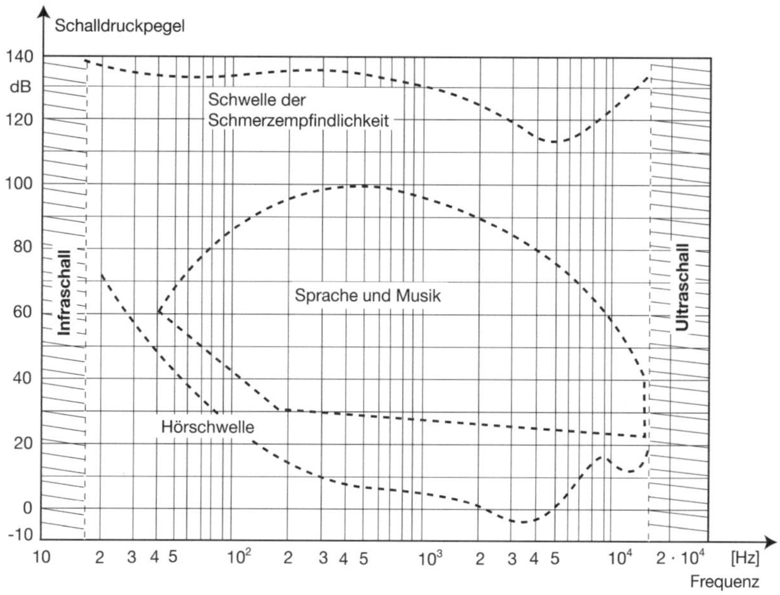


**Abb. 1.3.** Hörfeld mit Sprach- und Musikbereich [1]

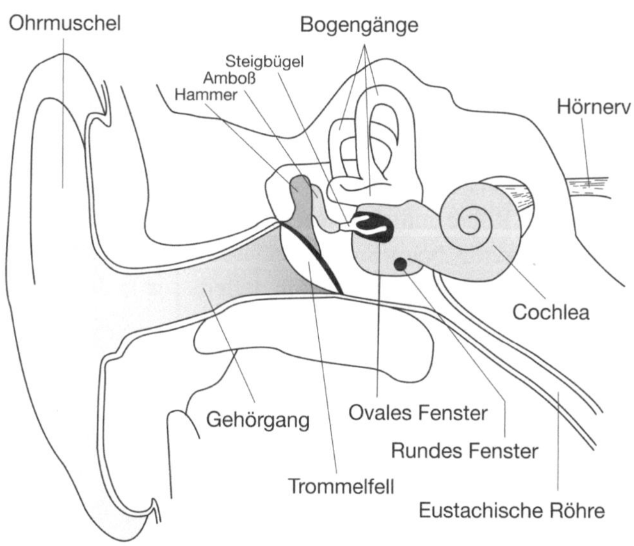


**Abb. 1.4.** Aufbau des menschlichen peripheren Gehörs

## Das Außenohr

Das Außenohr besteht aus der Ohrmuschel und dem Gehörgang. Es nimmt die Schallenergie über die Ohrmuschel auf und leitet diese im Gehörgang zum Trommelfell weiter (Luftleitung). Gleichzeitig setzt der einfallende Schall den gesamten Schädelknochen in Schwingung (Knochenleitung). Diese Schwingung wird ebenfalls an das Innenohr weitergeleitet und bewirkt ebenso eine Hörwahrnehmung. Durch den Abstand zwischen den beiden Ohrmuscheln und Abschattungen am

Kopf entstehen Laufzeit- und Intensitätsdifferenzen sowie Phasenverschiebungen zwischen den beiden Ohrmuscheln, die eine Schalllokalisation ermöglichen. Die asymmetrische Form der Ohrmuscheln ermöglicht eine Differenzierung zwischen Schalleinfall von *vorne* und von *hinten*. Die Summe der Übertragungsfunktionen des Außenohres und des menschlichen Torsos bei unterschiedlichen Schalleinfallsrichtungen bezeichnet man als HRTF-Kurven (Head Related Transfer Functions). Mit einem Kunstkopf-Aufnahmesystem wird versucht, die HRTF-Übertragungsfunktionen eines durchschnittlichen Menschen nachzubilden.

Der Gehörgang wirkt in grober Näherung wie eine gedeckte Orgelpfeife. Die Resonanzen liegen daher bei $\lambda/4$, $3\lambda/4$, $5\lambda/4$, etc. Nimmt man für den Gehörgang eine Länge von 2,5 cm bei einer Schallgeschwindigkeit von $c = 340$ m/s an, so liegen diese Resonanzen bei 3,4 kHz, 10,2 kHz und 17 kHz. Die höhere Empfindlichkeit des Gehörs an 3,4 und 10,2 kHz ist aus den Kurven gleicher Lautstärkepegel ersichtlich.

**Das Mittelohr**

Die vom Trommelfell aufgenommene Luftschwingung wird über die Gehörknöchelchen Hammer, Amboss und Steigbügel auf das ovale Fenster des Innenohres übertragen. Diese drei Knöchelchen bilden das Mittelohr. Es hat die Aufgabe Luftschall in Flüssigkeitsschall zu transformieren. Diese *Impedanzanpassung* wird sowohl mit der Hebelübersetzung der drei Mittelohrknöchelchen als auch mit der Flächentransformation vom Trommelfell zum ovalen Fenster erreicht. Im mittleren Frequenzbereich (um 1 kHz) ist das mit den Gehörknöchelchen und dem Innenohr belastete Trommelfell genau an die Schallwellenimpedanz angepasst. Ab einer Frequenz von etwa 2 bis 4 kHz wird die Masse dieses mechanischen Systems wirksam, was sich in einer Verschlechterung der Übertragungsfähigkeit äußert. Dies bedeutet, dass die Wirkung des Mittelohres der eines Tiefpassfilters gleichkommt. Bei starker Schalleinwirkung wird die Spannung des Trommelfells vergrößert und die Mittelohrknöchelchen werden aus dem Arbeitspunkt verdreht. Dieser Schutzmechanismus stellt eine wesentliche Nichtlinearität des peripheren Gehörs dar.

Der Mittelohrraum ist über die Eustachische Röhre mit dem Rachenraum verbunden. Diese Verbindung ist geschlossen und öffnet sich kurzzeitig beim Schlucken. Damit wird verhindert, dass eine Änderung des Atmosphärendrucks eine Verlagerung des Trommelfells sowie der Mittelohrkette aus dem *Arbeitspunkt* bewirkt. Ein bekannter Effekt aus dem täglichen Leben ist das Schlucken bei Überwindung von Höhendifferenzen innerhalb kurzer Zeit, um über den Druckausgleich den *Arbeitspunkt* des Trommelfells wiederherzustellen.

**Das Innenohr**

Das Innenohr (Cochlea) nimmt eine zentrale Rolle bei der Hörwahrnehmung ein. Die Funktionsweise lässt sich in eine mechanische Spektralanalyse (Frequenz-, Ortstransformation) und in die Transformation von mechanischen Schwingungen zu neuronalen Impulsen einteilen. Durch die schneckenähnliche Form wird die Cochlea auch als Hörschnecke bezeichnet. Da diese Schneckenform keinen wesentlichen Einfluss auf die Funktionsweise der Cochlea ausübt und primär der Platzersparnis dient, wird sie meist abgerollt dargestellt. Abb. 1.5 zeigt eine schematische Darstellung der Cochlea.

Die Bewegung des Steigbügels (Mittelohr) wird über das ovale Fenster auf die Lymphflüssigkeit der Cochlea übertragen. Das runde Fenster dient als Druckausgleich, da die Lymphflüssigkeit nahezu inkompressibel ist. Die Basilarmembran gibt den am ovalen Fenster erzeugten Volumenverschiebungen nach, und es bilden sich Wanderwellen entlang dieser Membran aus. Die Hüll-

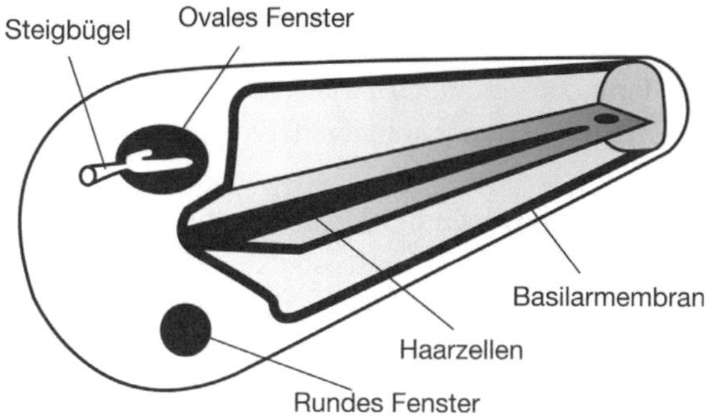


**Abb. 1.5.** Schematische Darstellung des menschlichen Innenohres (Cochlea)

kurve der Wanderwellen steigt bei einer sinusförmigen Erregung langsam an und verebbt nach Erreichung des Maximums verhältnismäßig schnell, vgl. Abb. 1.6. Je höher die Frequenz, desto kürzer ist die Wanderwelle. Dadurch ergibt sich eine ortsabhängige spektrale Zerlegung der eintreffenden Schwingungen.

Auf der Basilarmembran befinden sich die *elektromechanischen* Wandler (Haarzellen), die bei einer Auslenkung der Basilarmembran elektrische Impulse entlang des Hörnervs in Richtung Gehirn senden.

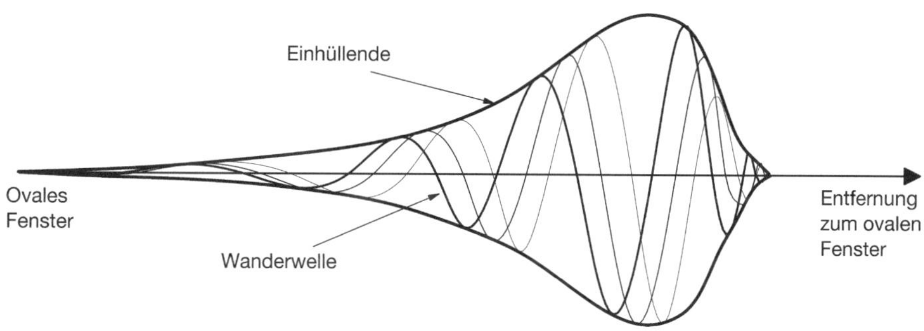


**Abb. 1.6.** Wanderwelle entlang der Basilarmembran

### Der Hörnerv

Der Hörnerv besteht aus etwa 20.000 bis 30.000 afferenten Fasern, die die neuronalen Impulse in Richtung Gehirn weiterleiten, sowie aus etwa 2000 efferenten Fasern, die Impulse vom Gehirn in Richtung Cochlea leiten. Die Dynamik der einzelnen Fasern liegt im Bereich von etwa 40 dB. Die Funktion des Hörnervs beschränkt sich nicht nur auf die Weiterleitung der neuronalen Impulse. Entlang des Hörnervs werden die übertragenen Informationen bereits verarbeitet, d. h. es finden bereits partielle und totale Aussonderungen von bestimmten Frequenzanteilen statt, bevor die eigentlichen Hörzentren des Gehirns erreicht werden.

### 1.2.3 Psychoakustik – Objektive Beschreibung subjektiver Hörempfindungen

Die primäre Aufgabe der Psychoakustik besteht darin, Beziehungen zwischen physikalisch definierten Schallreizen (Luftschall und/oder Körperschall) und den von ihnen hervorgerufenen Wahrnehmungen des Menschen herzustellen.

Ein wesentliches Ziel der Psychoakustik besteht im Entwurf einer *Maschine*, die das Hörempfinden eines *durchschnittlichen* Menschen reproduziert und dadurch objektiviert. Diese Forschungsrichtung bewegt sich zwischen physikalischen, physiologischen und psychologischen Fachbereichen, die sich unterschiedlicher Termini bedienen. Die Akustik als Teilgebiet der Physik befasst sich mit eindeutig definierten, mathematisch formulierbaren Ordnungsprinzipien, die Physiologie befasst sich mit Funktionen des menschlichen Organismus und die Psychologie befasst sich mit den seelisch-geistigen Prozessen des Menschen. Das Verständnis des komplexen Informationsverarbeitungssystems *Gehör* kann also nur über eine multidisziplinäre Betrachtungsweise erreicht werden.

### 1.2.4 Reize, Erregungen und Empfindungen

Physikalische Größen, wie beispielsweise der Schalldruck, werden psychisch nicht als Schalldruck (im Sinne des physikalischen Schalldrucks) wahrgenommen. Genauso wenig berechnet das menschliche Gehör eine Fourier Transformation, um Schallereignisse durch ihre spektrale Zusammensetzung zu unterscheiden. Vielmehr wird jede Empfindungsgröße von vielen verschiedenen Reizgrößen beeinflusst. Unter einer Empfindungsgröße versteht man dabei eine Hörempfindung, die getrennt von anderen Hörempfindungen wahrgenommen werden kann. Ein Schallsignal wird zu einem Schallreiz, sobald es auf das Hörorgan trifft, die unterschiedlichen Darstellungsformen von Schallereignissen wie z. B. Schallpegel, bezeichnet man als Reizgrößen.

Meist ist eine Reizgröße von dominierender Bedeutung für eine Empfindungsgröße. Der Schalldruckpegel korreliert beispielsweise stark mit der Lautheitsempfindung des Menschen. Aus diesem Grund werden üblicherweise spektral gewichtete Schalldruckpegel mit der Lautheitsempfindung in Beziehung gesetzt. Um menschliche Empfindungen, die mit Adjektiven wie beispielsweise *laut-leise* beschrieben werden, mit physikalischen Größen in einen metrischen Zusammenhang bringen zu können, müssen sie quantitativ d. h. als Produkt aus Zahlenwert und Einheit erfasst werden. Eine der wesentlichsten Aufgaben der Psychoakustik besteht also darin, phänomenologische Größen quantitativ zu erfassen.

Ein phänomenologisches Absoluturteil wie beispielsweise *sehr leise* beinhaltet weder den Nullpunkt einer *laut-leise*-Empfindungsskala noch eine Quantisierungseinheit. Während sich in der Physik jede Messgröße eindeutig einem Bezugssystem zuordnen lässt, müssen in der Psychologie entsprechend den gegebenen Randbedingungen stets neue Bezugssysteme festgelegt werden.

Sowohl bei psychologischen als auch bei physiologischen Messungen spielt die Akustik als drittes Standbein der Psychoakustik eine wesentliche Rolle, da die Ursache jeweils akustischer Natur ist. Akustische Schallfelder werden stark vereinfacht dargestellt, um die Beschreibungsform der Reizgrößen einfach zu halten. Üblicherweise werden nur ebene oder diffuse Schallfelder betrachtet.

Zur Modellierung des menschlichen Hörvermögens wird eine Kausalkette aus Reizen, Erregungen und Empfindungen angenommen. In Abb. 1.7 ist der Vorgang des menschlichen Hörens getrennt nach physischer und psychischer Schallverarbeitung grafisch dargestellt.

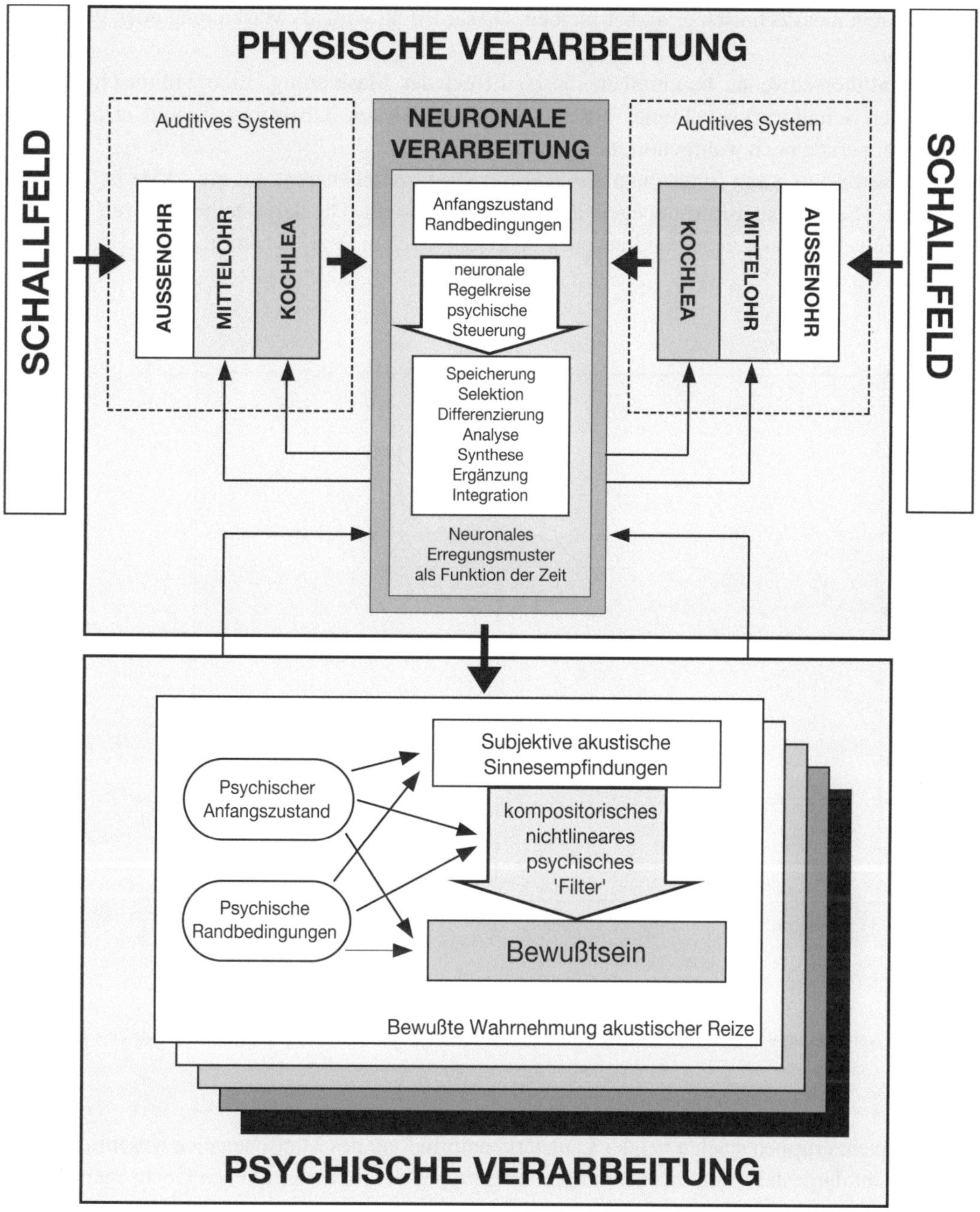


**Abb. 1.7** Funktionale Darstellung der menschlichen Hörwahrnehmung

### 1.2.5 Grundlegende Eigenschaften des menschlichen Gehörs

#### Maskierung

Der Effekt der Maskierung spielt in der Psychoakustik eine wesentliche Rolle. Durch laute Schallanteile (maskierender Schall) können leisere Schallanteile für den Menschen unhörbar werden, obwohl sie rein messtechnisch erfassbar bleiben. Dieser Effekt wird als Maskierung oder Verdeckung bezeichnet.

Die Mithörschwellen beschreiben diesen Effekt der Maskierung. Eine Mithörschwelle gibt denjenigen Schalldruckpegel eines Testschalls an, den dieser haben muss, damit er neben dem Maskierer gerade noch wahrgenommen werden kann.

Die Verdeckung von Sinustönen durch Schmalbandrauschen zentriert um 1 kHz ist in Abhängigkeit des Schmalband-Rauschpegels in Abb. 1.8 dargestellt. Die dargestellten Kurven zeigen die Mithörschwellen von Schmalbandrauschen unterschiedlichen Pegels zentriert um 1 kHz.

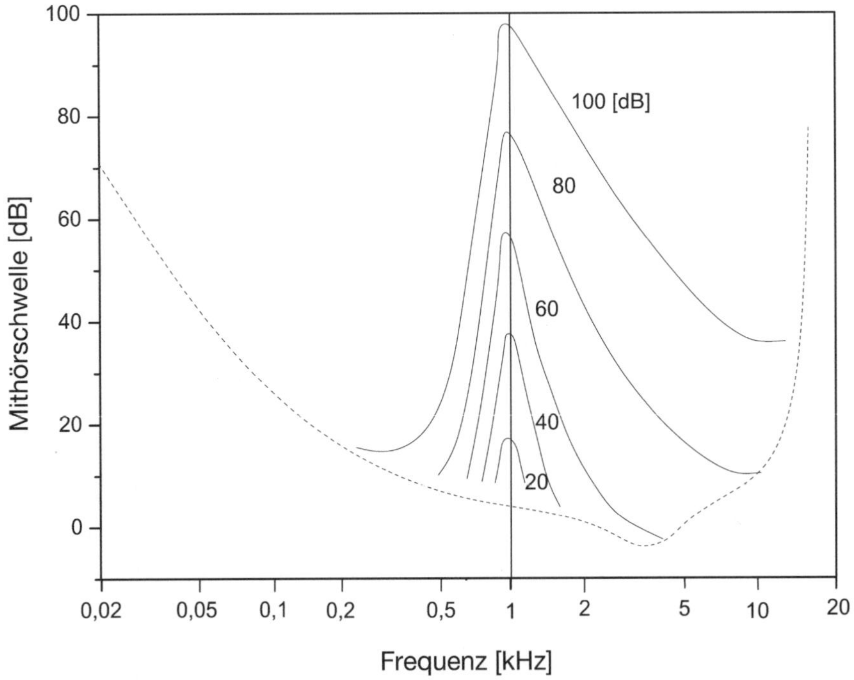


**Abb. 1.8.** Verdeckung von Sinustönen durch Schmalbandrauschen bei 1 kHz in Abhängigkeit des Rauschpegels [2]

Die Frequenzgruppen spielen bei der Lautstärkeempfindung des Menschen eine wesentliche Rolle. Vereinfacht dargestellt kann man sich Frequenzgruppen als im menschlichen Gehör realisierte Filter darstellen. Mit Hilfe dieser *Filter* versucht man, die spektrale Auflösung der menschlichen Schallwahrnehmung zu beschreiben. Die spektrale Breite dieser *Filter* bezeichnet man als Frequenzgruppenbreite. Die Breiten der Frequenzgruppen sind als Funktion der Frequenz in Abb. 1.9 dargestellt.

Die Frequenzgruppen werden zur Definition einer eigenen Frequenzskalierung, der Frequenzgruppenskala (auch Barkskala oder Tonheit genannt) verwendet. Dieser Frequenzskala liegt der Gedanken zu Grunde, dass das menschliche Gehör breitbandige Signale in Form einer Bandpassfilterbank analysiert, wobei die Bandbreiten der aneinandergereihten Bandpassfilter den Frequenzgruppenbreiten entsprechen.

Die Frequenzgruppenskala entsteht dadurch, dass über den gesamten Hörbereich eine Frequenzgruppe an die andere gereiht wird, wobei jeweils die obere Grenzfrequenz der unteren Frequenzgruppe mit der unteren Grenzfrequenz der nächst höheren Frequenzgruppe übereinstimmt. 24 Frequenzgruppen lassen sich im Hörbereich bis 16 kHz auf diese Art und Weise aneinander reihen.

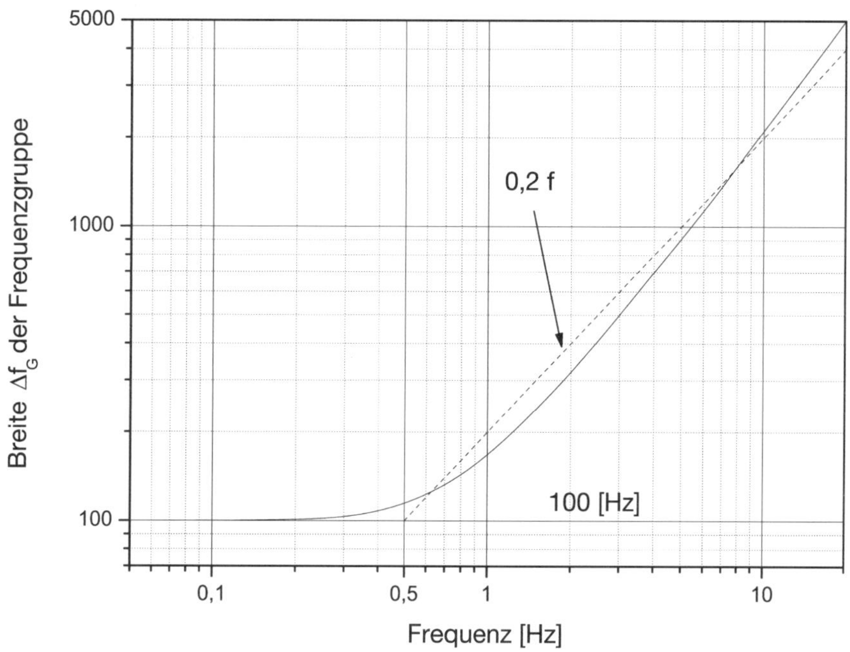


**Abb. 1.9.** Breiten der Frequenzgruppen als Funktion der Frequenz

Die Einheit dieser Frequenzgruppen- oder Barkskala ist das *Bark*. Eine mögliche Beschreibung der Transformation vom Frequenzbereich in Hz in den Frequenzbereich in Bark lautet:

$$z(f) = \left(\frac{26{,}81 f}{1960 + f}\right) - 0{,}53 \tag{1.128}$$

### 1.2.6 Der Lautstärkepegel

Der Lautstärkepegel LN in phon eines beliebigen Schallsignals stimmt zahlenmäßig mit dem Schalldruckpegel eines gleich laut empfundenen 1 kHz Signals überein. Ein Schallsignal besitzt also beispielsweise einen Laustärkepegel von 60 phon, wenn es gleich laut empfunden wird wie ein 1 kHz Ton mit einem absoluten Schalldruckpegel von 60 dB.

Mit dieser Referenz ist es grundsätzlich möglich, jedem beliebigen Schallsignal einen Einzahlwert für die empfundene Lautstärkeempfindung zuzuordnen. Dafür müsste allerdings für jedes Schallsignal eine Gruppe *nomalhörender* Versuchspersonen einen 1 kHz Ton im Pegel so einstellen, dass der Testschall gleich laut empfunden wird wie der Referenzton. Diese Vorgangsweise ist ineffizient, da die Messgrößen-Erfassung stets mit einer Versuchsreihe gekoppelt ist.

Die vorhandenen Lautstärkemaße entstammen ausschließlich Laborversuchen, die sich – verglichen mit Feldversuchen – einfacher durchführen und reproduzieren lassen. Laborversuche sind allerdings keinesfalls unumstritten, da sich die Versuchspersonen dabei stets in einer *künstlichen* Laborumgebung befinden.

Es kann also festgehalten werden, dass der Lautstärkepegel eine Empfindungsgröße darstellt, die sich auf experimentalpsychologische Laborexperimente stützt und im Sinne einer physikalischen Messgröße quantifiziert ist. Das Phonmaß stellt damit einen ersten wesentlichen Schritt zur Entwicklung von Lautstärke- bzw. Lautheitsmessverfahren dar. Alle Lautheits-, Lautstärke- oder Lärmmessverfahren stehen in irgendeiner Form mit dem Phonmaß in Verbindung. Die Auseinandersetzung mit den theoretischen Formulierungen und daraus resultierenden Gültigkeitsbereichen des Phon-Maßes ist dadurch von grundlegender Bedeutung.

### 1.2.7 Kurven gleicher Lautstärkepegel

Bestimmt man für Sinussignale oder Schmalbandrauschen unterschiedlicher Mittenfrequenzen denjenigen Schalldruckpegel, der zur gleichen Lautstärkeempfindung führt wie ein 1 kHz Signal, so erhält man die Kurven gleicher Lautstärkepegel. Sie geben einen ersten Einblick in die spektrale Lautstärkegewichtung des menschlichen Gehörs.

Zeitliche Effekte werden dabei nicht berücksichtigt. Die von Robinson und Dadson 1956 gemessenen Kurven gleicher Lautstärkepegel wurden in die internationale Norm unter ISO R 226 aufgenommen.

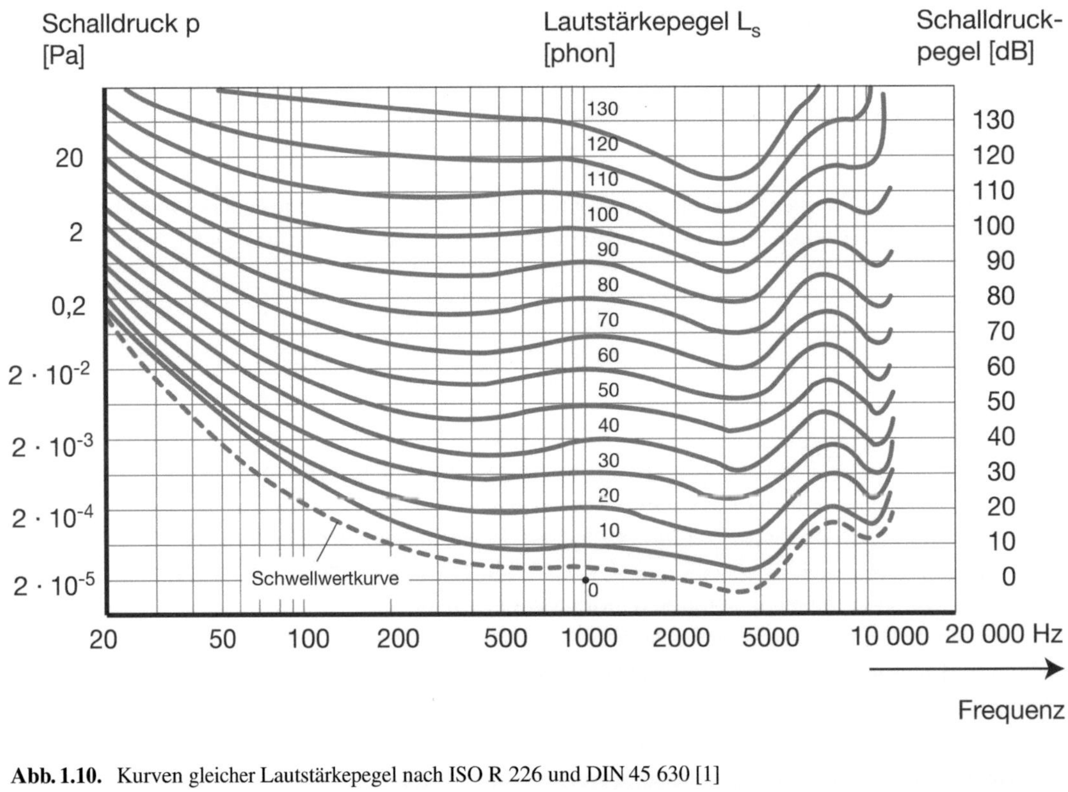


**Abb. 1.10.** Kurven gleicher Lautstärkepegel nach ISO R 226 und DIN 45 630 [1]

### 1.2.8 Der A-bewertete Schalldruckpegel

In Anlehnung an die Kurven gleicher Lautstärkepegel werden beim A-bewerteten Schalldruckpegel (Abkürzung: dB(A) oder dBA), die Frequenzen des Schallsignals einer Frequenzgewichtung unterzogen. Diese Filterfunktion ist in Abb. 1.11 dargestellt, sie entspricht etwa der inversen 40-Phon-Kurve.

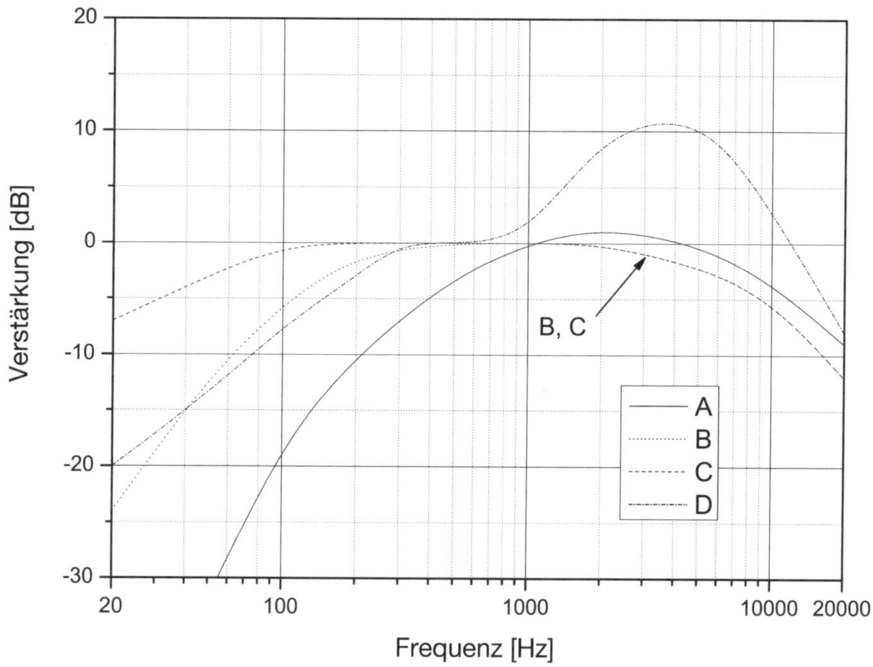


**Abb. 1.11.** A, B, C, D-Bewertungskurven

Zur Berechnung des dBA wird das Schallsignal eines Messmikrofons mit der A-Bewertung spektral gewichtet. Anschließend wird aus diesem gewichteten Schallsignal der absolute Schallpegel berechnet.

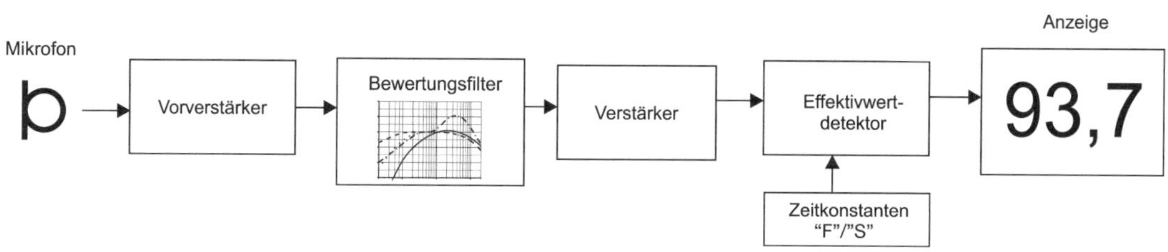


**Abb. 1.12.** Schematische Darstellung zur Berechnung des dBA

Die Vorteile der A-Bewertung sind:

- Weltweite Verbreitung
- Aufgrund langjähriger Anwendung sehr viele Vergleichswerte vorhanden

- Einfache Realisierung in Messgeräten möglich
- Leicht zu verstehen und einfach in der Anwendung.

Da das dBA durch Filterung mit einer annähernd inversen 40-Phon-Kurve berechnet wird, ergeben sich zwei systematische Fehler.

- Erstens sind die Phon-Kurven nur für Schallereignisse gültig, deren Bandbreite kleiner als die einer Frequenzgruppe ist, wodurch die erhöhte Lautheit breitbandiger Schallsignale keine Berücksichtigung findet.
- Zweitens kann aus der Filterung mit einer einzelnen inversen Phon-Kurve kein Urteil über die Gewichtungsunterschiede bei verschiedenen Pegeln abgeleitet werden. D. h. Schallsignale mit stark tieffrequenten Anteilen, wie sie beispielsweise in der Motorakustik vorkommen, werden mit dem dBA nicht adäquat abgebildet.

Während die A-Bewertung ursprünglich für Schallpegelbereiche bis 60 Phon gedacht war, wurde für Pegelbereiche zwischen 60 und 85 Phon die B-Bewertungskurve und für Pegelbereiche über 85 Phon die C-Bewertungskurve vorgesehen. Die B-Bewertung (dBB) und die C-Bewertung (dBC) finden heute kaum noch Verwendung. Die D-Bewertung wurde ursprünglich für Fluglärm entwickelt. Auch sie findet heutzutage noch kaum Verwendung.

### 1.2.9 Berechnung der menschlichen Lautheitsempfindung

Die Berechnung der menschlichen Lautstärke- bzw. Lautheitsempfindung ist insofern von besonderem Interesse, da die Lautheitsempfindung mit der Lärmempfindung eng korreliert. Man kann davon ausgehen, dass ein lauteres Schallereignis mit größerer Wahrscheinlichkeit als Lärm empfunden wird als ein leiseres. Die Lautheit lässt sich als getrennte Empfindungsgröße näherungsweise in einer physikalischen Metrik quantifizieren. Dies ist die Voraussetzung für die Entwicklung eines technisch realisierbaren Modells. Demgegenüber lässt sich die Lärmempfindung um vieles schwieriger messtechnisch erfassen, da die psychischen Randbedingungen einen wesentlich stärkeren Einfluss auf das Antwortverhalten von Versuchspersonen ausüben. Der Informationsgehalt bzw. die subjektive Interpretation des Informationsgehaltes eines Schallsignals wirkt sich beispielsweise bei Versuchsreihen zur quantitativen Erfassung der Lärmempfindung deutlich stärker aus als bei der Lautheitsempfindung.

Man beschränkt sich in der Lärmmesstechnik daher meist auf die Bestimmung der Lautheit eines Schallsignals. Erst bei einer deutlichen Diskrepanz zwischen den Lautheitsmesswerten und der tatsächlichen Lärmempfindung werden die Lautheitsmesswerte um weitere Empfindungsmessgrößen wie der Schärfe, Schwankungsstärke, Rauigkeit oder Tonhaltigkeit erweitert. Für die Lärmempfindung selbst gibt es weder eine allgemein anerkannte Definition noch eine allgemein anerkannte Messgröße. Entsprechend den geltenden Normen, die sich zum größten Teil auf Daten der Lautheitsmesstechnik stützen, müsste die Lärmmesstechnik streng genommen in Lautheitsmesstechnik umbenannt werden.

Diese Normen entsprechen nicht dem neuesten wissenschaftlichen Stand. Da jedoch keinem der vorhandenen Verfahren zur Berechnung der Lautheitsempfindung Allgemeingültigkeit attestiert werden kann, scheiterten bislang alle Versuche, die als problematisch geltenden gesetzlichen Bestimmungen des akustischen Umweltschutzes zu revidieren. Die Lärmwirkung von Luftschall wird heute noch meist mit dem A-bewerteten Schalldruckpegel dBA gemessen.

### 1.2.10 Die Lautheit

Umgangssprachlich werden die beiden Begriffe Lautstärke und Lautheit als gleichwertig betrachtet. Bei der quantitativen Erfassung der Lautstärke- bzw. Lautheitsempfindung unterscheidet man jedoch diese beiden Begriffe durch unterschiedliche Einheiten. Der Lautstärkepegel $LN$ wird in phon angegeben und die Lautheit $N$ in sone.

Einem Sinussignal mit 1 kHz und 40 dB absolutem Schalldruckpegel (dies entspricht einem Lautstärkepegel von $LN = 40$ phon) wird eine Lautheit von $N = 1$ sone zugeordnet. Die Skalierung in sone wurde so gewählt, dass eine Änderung der Lautstärkeempfindung um einen bestimmten Faktor zahlenmäßig die gleiche Änderung des Lautheitsmaßes bewirkt.

Verdoppelt man beispielsweise die empfundene Lautstärke eines 1 kHz Signals mit $Lp = 40$ dB ($LN = 40$ phon, $N = 1$ sone), so ergibt sich ein absoluter Schalldruckpegel von $Lp = 50$ dB ($LN = 50$ phon) und eine Lautheit von $N = 2$ sone. Damit ist aus der quantifizierten Empfindungsgröße der Lautheit direkt ablesbar, um wie viel mal lauter ein Schallereignis im Vergleich zu einem anderen Schallereignis ist. Daraus wird die größere Nähe dieser Empfindungsgröße zur tatsächlichen Lautstärkeempfindung abgeleitet.

Die Ermittlung der Lautheitsskalierung beruht auf psychoakustischen Messungen der Verhältnislautheit; d. h. man konzentrierte sich bei den Messungen auf die Fragestellung, um welchen Schallpegel ein 1 kHz Sinussignal verändert werden muss, um ein gewisses Verhältnis (beispielsweise eine Verdoppelung) der ursprünglichen Lautheit zu erreichen. Damit lässt sich zwischen dem absoluten Schalldruckpegel eines 1 kHz Signals bzw. dem Lautstärkepegel $LN$ und der Lautheit $N$ eine eindeutige Beziehung definieren. Dieser Zusammenhang ist in Abb. 1.13 dargestellt.

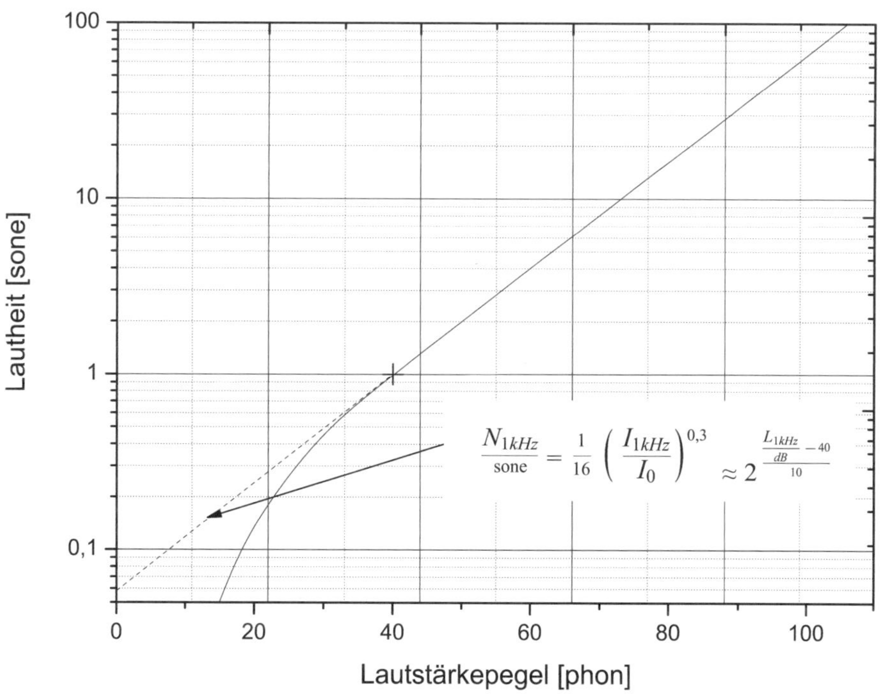


**Abb. 1.13.** Zusammenhang zwischen dem Lautstärkepegel in Phon und der Lautheit in Sone [2]

Mit diesem Zusammenhang können, unabhängig von der Art des Schallsignals, Lautstärkepegel und Lautheiten eindeutig ineinander umgerechnet werden. Dies ist insofern erforderlich, da diese beiden Größen die gleiche Qualität mit unterschiedlichen Quantitäten ausdrücken. Aufgrund der größeren Nähe der Lautheit zur tatsächlichen Lautstärkeempfindung wird sie in der Psychoakustik dem Lautstärkepegel für gewöhnlich vorgezogen.

### 1.2.11 Die Berechnung der Lautheit auf Basis des Erregungsmusters (Lautheit nach Zwicker)

Die Grundlage für die auf dem Erregungsmuster basierenden Verfahren zur Lautheitsberechnung bildet das Verfahren nach Zwicker. Dieses Verfahren ist bis zur heutigen Zeit gültig, da die vorgeschlagenen Verbesserungen die gleiche Grundstruktur besitzen und keine qualitativen Neuerungen beinhalten. Diese Struktur der Lautheitsberechnung nach Zwicker ist in Abb. 1.14 dargestellt:

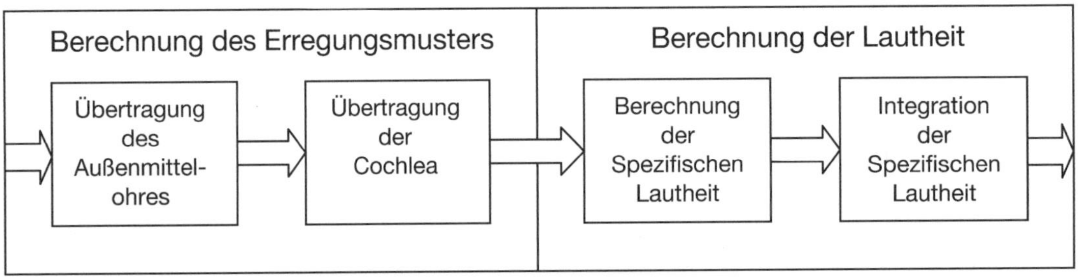


**Abb. 1.14.** Berechnung der Lautheit auf Basis des Erregungsmusters [2]

Das Verfahren teilt sich in zwei Teile. Im ersten Teil wird das Erregungsmuster berechnet, im zweiten Teil wird aus dem Erregungsmuster die Lautheit als Einzahlwert bestimmt. Das Erregungsmuster (Zeit-Frequenzdarstellung des Schalles unter Berücksichtigung der Übertragungseigenschaften des peripheren Gehörs) kann unabhängig von der Lautheit betrachtet werden.

#### Berechnung des Erregungsmusters

*Übertragung des Außen- und Mittelohres*

In der ersten Verarbeitungsstufe wird das Übertragungsverhalten des Außen- und Mittelohres nachgebildet. Das Ausgangssignal dieser Stufe wird physiologisch der Erregung am ovalen Fenster der Cochlea zugeordnet. Das Verfahren nach Zwicker verwendet als Amplitudengang über 2 kHz die inverse Ruhehörschwelle, unter 2 kHz wird 0 dB Verstärkung angenommen.

Um im Erregungsmuster die Ruhehörschwelle nachbilden zu können, wird die Differenz aus dem jeweiligen Außen-Mittelohr Amplitudengang und der Ruhehörschwelle zum Erregungsmuster addiert (Annahme, dass es sich dabei um internes Rauschen der Cochlea handelt).

*Übertragungsverhalten der Cochlea*

Im Verfahren nach Zwicker wird das Erregungsmuster aus Maskierungsfunktionen abgeleitet. Dabei wird jedem Frequenzanteil die zugehörige Maskierungsfunktion hinzuaddiert. Die Summe der Maskierungsfunktionen jedes einzelnen Spektralanteils ergibt das Erregungsmuster.

### Berechnung der Lautheit

*Berechnung der spezifischen Lautheit*

Die Grundannahme des Funktionsschemas zur Bildung der Lautheit besteht darin, dass die Lautheit $N$ nicht aus der spektralen Zusammensetzung eines Schallsignals direkt entsteht, sondern dass die Gesamtlautheit aus dem Integral der spezifischen Lautheit $N'$ über die Frequenzgruppenskala $z$ gebildet wird.

Es werden in einem ersten Schritt *Teillautheiten* d. h. Lautheiten innerhalb der kritischen Bandbreiten bestimmt. In einem zweiten Schritt werden diese Teillautheiten zu einer Gesamtlautheit integriert. Diese Vorgehensweise ist insofern sinnvoll, da sich das menschliche Lautheitsempfinden innerhalb einer kritischen Bandbreite nach eigenen Gesetzmäßigkeiten verhält.

Die Transformation vom Erregungsmuster zur spezifischen Lautheit lässt sich physiologisch etwa dem Transduktionsprozess der Haarzellen in der Cochlea zuordnen. Daraus ergibt sich eine Korrelation zwischen dem neuronalen Aktivitätsmuster und der empfundenen Lautheit.

In Abb. 1.15 sind Beispiele für die Transformation vom Erregungsmuster $L_E$ zu dem spezifischen Lautheitsmuster $N'$ für stationäre Sinussignale unterschiedlichen Pegels grafisch dargestellt. Die Flankenformen der Erregungsmuster ergeben sich aus den Maskierungsfunktionen der Sinussignale. Alle spektralen Anteile, die unterhalb des Erregungsmusters eines Erregers (Bsp. Sinussignal) liegen, können neben dem Erreger nicht wahrgenommen werden.

*Integration der spezifischen Lautheit*

Die Gesamtlautheit $N$ als Einzahlwert wird durch Integration der spezifischen Lautheit $N'$ über die Frequenz bestimmt.

## 1.2.12 Weitere psychoakustische Kenngrößen in der Motorakustik

Neben dem dBA und der Lautheit nach Zwicker werden in der Motorakustik weitere objektive psychoakustische Parameter verwendet, um den subjektiven Geräuscheindruck objektiv zu beschreiben. Diese Parameter sind im folgenden angeführt. Wesentliches Kriterium für diese Parameter ist, dass sie eine separate menschliche Wahrnehmung auslösen, d. h. dass sie von Versuchspersonen getrennt wahrgenommen werden können. So sind Versuchspersonen beispielsweise in der Lage zwei Motorgeräusche nach dem Kriterium *Schärfe* zu unterscheiden.

### Schärfe

Die menschliche Wahrnehmung für *Schärfe* korreliert sehr stark mit dem Verhältnis von hochfrequenten zu tieffrequenten Schallanteilen. Ein Geräusch wird als *scharf* empfunden, wenn starke hochfrequente Schallanteile vorhanden sind. Typische Geräusche mit hoher *Schärfe* sind beispielsweise Zisch-Laute.

Die unterschiedlichen Methoden zur Berechnung der empfundenen Schärfe geben meist das Pegelverhältnis zwischen tieffrequenten zu hochfrequenten Schallanteilen an.

### Impulshaltigkeit

Die empfundene Impulshaltigkeit eines Geräusches hängt von folgenden Kriterien ab:

- Anzahl der Impulse pro Zeiteinheit
- Statistische Verteilung der Impulse pro Zeiteinheit

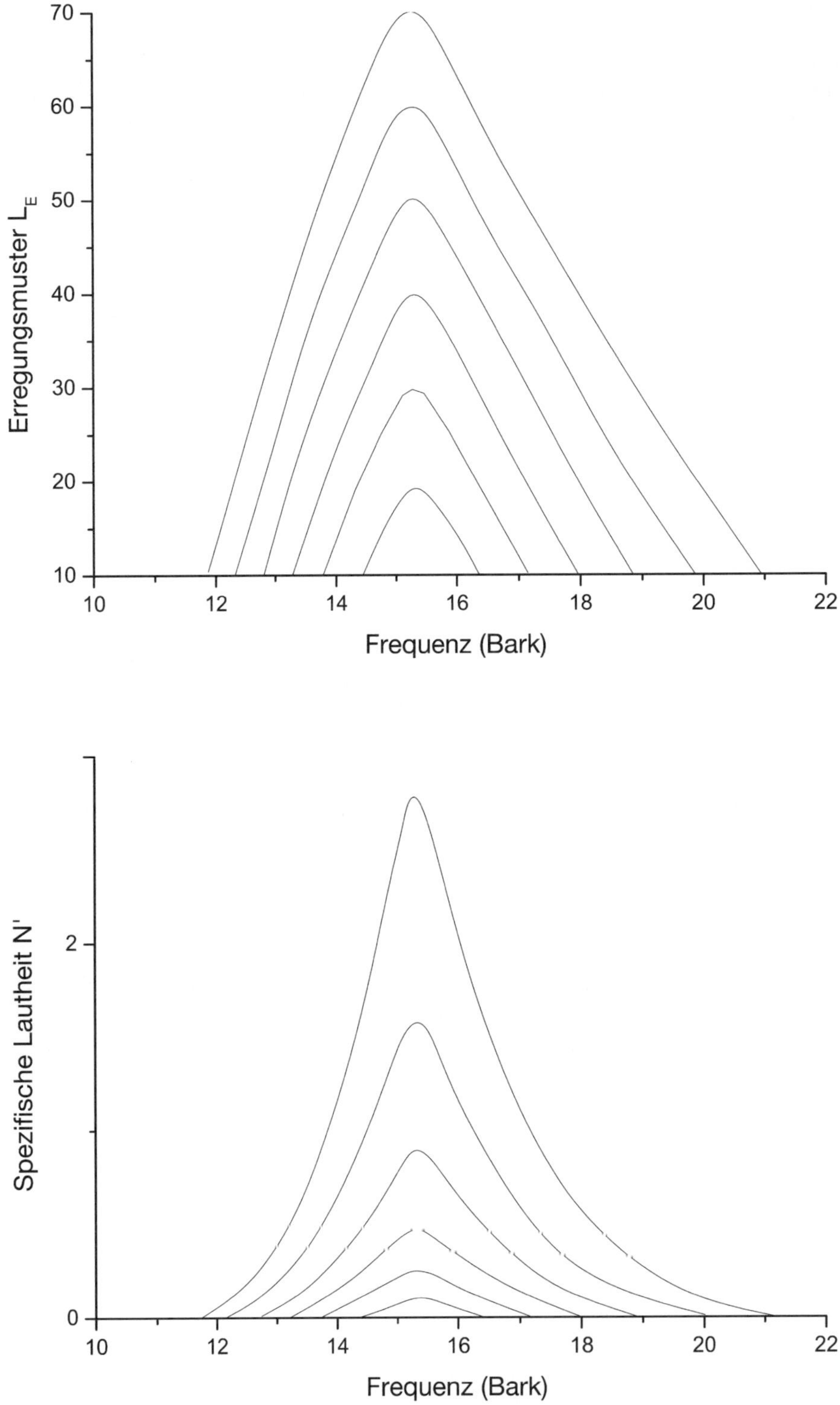


**Abb. 1.15.** Beispiele für die Transformation des Erregungsmusters in die spezifische Lautheit [2]. Zu Frequenz (Bark) siehe Gleichung (1.128).

- Pegelunterschied der Impulse zum Grundgeräusch
- Statistische Verteilung der Pegelunterschiede der Impulse zum Grundgeräusch.

Die Methoden zur Berechnung der empfundenen Impulshaltigkeit sind sehr unterschiedlich. Meist sind es statistische Kenngrößen, die sich auf die 4 oben angeführten Kriterien beziehen.

**Schwankungsstärke**

Die Empfindung der Schwankungsstärke tritt auf, wenn Geräusche amplitudenmoduliert sind, d. h. wenn sich die Lautstärke der Geräusche periodisch ändert. Die Empfindung ist umso stärker, je deutlicher die Lautstärkeschwankungen sind. Bei einer Modulationsfrequenz der Signaleinhüllenden (d. h. der Lautstärkeschwankungen) von 4 Hz tritt die wahrgenommene Schwankungsstärke (bei gleicher Modulationstiefe) am deutlichsten auf.

Die unterschiedlichen Methoden zur Berechnung der Schwankungsstärke beziehen sich meist auf die Modulationstiefe der Signaleinhüllenden und auf eine spektrale Gewichtung der Fourier Transformierten der Signaleinhüllenden (stärkste Gewichtung bei 4 Hz).

**Rauigkeit**

Ein Geräusch wird als *rau* empfunden, wenn es amplitudenmoduliert ist, oder wenn spektrale Geräuschanteile amplitudenmoduliert sind. Im Unterschied zur Schwankungsstärke sind *raue* Geräusche zwischen 15 Hz und 300 Hz amplitudenmoduliert. Die Rauigkeit wird bei Amplitudenmodulationsfrequenzen von etwa 70 Hz am stärksten wahrgenommen.

Ein wesentlicher Effekt der Rauigkeit besteht darin, dass ein Geräusch auch dann als rau empfunden werden kann, wenn ein schmalbandiger Frequenzbereich amplitudenmoduliert ist. D. h. beispielsweise kann ein Geräusch als rau empfunden werden, wenn nur der Frequenzbereich zwischen 200 Hz und 250 Hz deutlich amplitudenmoduliert ist, das Gesamtsignal jedoch nicht.

Die Methoden zur Berechnung der Rauigkeit sind unterschiedlich. Die größte Vorhersagegenauigkeit haben diejenigen Verfahren, die nach folgenden Berechnungsschritten aufgebaut sind:

1. Filterung des Gesamtsignals mit aneinandergereihten Bandpassfiltern, deren Bandbreite jeweils 1 Bark beträgt. Diese Filter werden meist überlappend angeordnet.
2. Für jedes bandbassgefilterte Signal wird eine *Teilrauigkeit* berechnet. Diese Teilrauigkeit ist umso größer, je höher die Amplituden-Modulationstiefe ist und je näher die Modulationsfrequenz bei 70 Hz liegt.
3. Die Teilrauigkeiten der einzelnen Bandpass-Signale werden zu einer Gesamtrauigkeit zusammengeführt. Dabei können sich die Teilrauigkeiten benachbarter Frequenzbänder kompensieren. D. h. wenn zwei benachbarte Frequenzbänder eine hohe Teilrauigkeit besitzen, kann der Effekt auftreten, dass die Rauigkeit über diese beiden Frequenzbänder zu Null wird. Für diese Auslöschung der Teilrauigkeiten sind Phaseneffekte verantwortlich.

Es gibt keine Methode zur Berechnung der Rauigkeit, die allgemeine Gültigkeit besitzt, d. h. die für alle Arten von Schallsignalen Rauigkeitswerte berechnet, die mit der subjektiven Wahrnehmung übereinstimmen. Es werden daher heute meist Geräuschgruppen gebildet, wie beispielsweise Geräusche von Dieselmotoren als eigene Gruppe, für die ein eigener Berechnungsalgorithmus entwickelt wird.

### Modulationsindex

Das Verbrennungsgeräusch, insbesondere von Dieselmotoren, kann einen Höreindruck erzeugen, der umgangsprachlich als *Nageln* bezeichnet wird. Die Methoden zur Berechnung des Höreindrukkes *Nageln* sind meist frequenz-gewichtete Modulationswerte der Signaleinhüllenden.

Eine übliche Methode zur Berechnung eines Modulationsindex sieht folgende 5 Schritte vor:

1. Terzband-Filterung des Zeitsignals
2. Berechnung der Terzpegel
3. Berechnung der Modulationsgrade innerhalb der Terzen
4. Frequenzabhängige Gewichtung der Modulationsgrade
5. Summe über die gewichteten Modulationsgrade.

Ein Beispiel für einen Modulationsindex ist der sogenannte CKI (Cumbustion Knocking Index):

$$CKI = \sum_{Terz\ i=1}^{Terz\ N} Modulation_i * \frac{Terzpegel_i}{Gesamtpegel} * Frequenzgewichtung \tag{1.129}$$

Abb. 1.16 zeigt 2 unterschiedliche Spektrogramme von Dieselmotorgeräuschen. Die linke Abb. zeigt ein Signal ohne amplitudenmodulierte Geräuschanteile. Die rechte Abb. zeigt ein Signal bei dem die Frequenzen unter 2500 Hz deutlich amplitudenmoduliert sind (Modulationsfrequenz 28 Hz). Bei diesem Signal wird Dieselnageln deutlich wahrgenommen.

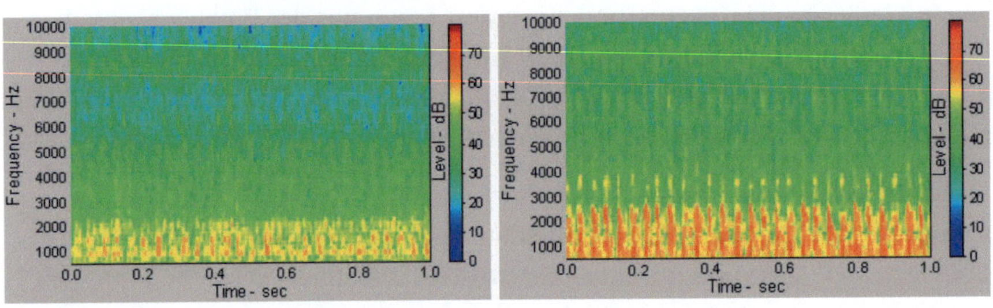


**Abb. 1.16.** Zwei unterschiedliche Spektrogramme von Dieselmotor-Geräuschen. Die linke Abbildung zeigt wenig Dieselnageln, die rechte Abbildung zeigt hohes Dieselnageln

### AVL Engine Annoyance Index

Der AVL Engine Annoyance Index ist eine objektive Messgröße, mit der die *Lästigkeit* von Motorengeräuschen messtechnisch erfasst werden kann. Dabei wird der von einem Motor abgestrahlte Luftschall mit einem Mikrofon oder Kunstkopf aufgenommen und es werden, in einem ersten Schritt, die psychoakustischen Grundgrößen Lautheit, Schärfe, Impulshaltigkeit und Periodizität berechnet. In einem zweiten Berechnungsschritt werden diese 4 Grundgrößen zu einem Einzahlwert für die wahrgenommene Lästigkeit des analysierten Motorgeräusches kombiniert.

In Abb. 1.17 sind die berechneten Lästigkeitswerte nach dem AVL Annoyance Index dargestellt. Die 4 Motorgeräusche A, B, C und D besitzen alle den selben bewerteten Schalldruckpegel in dBA. Das subjektive Lästigkeitsempfinden dieser 4 Geräusche ist jedoch deutlich unterschiedlich. Diese Unterschiede werden mit dem Annoyance Index abgebildet.

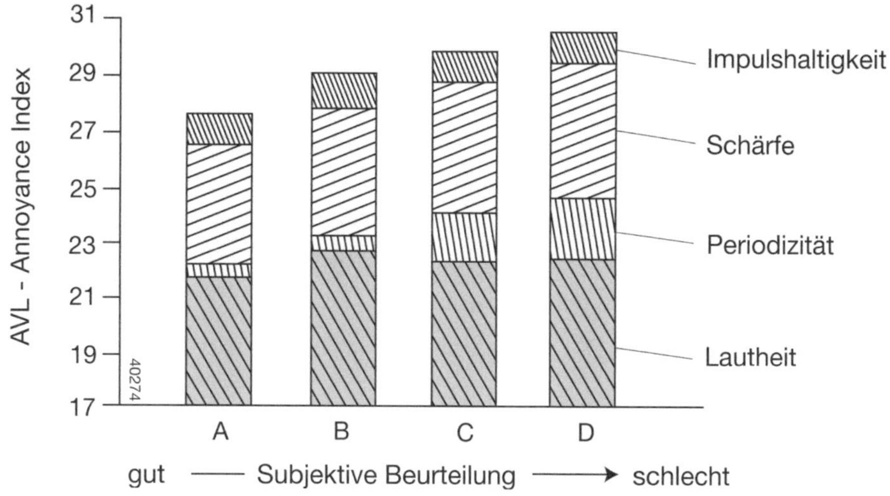


**Abb. 1.17.** AVL Annoyance Index für 4 unterschiedliche Dieselmotor-Geräusche (A, B, C, D) mit angeglichenem Geräuschpegel in dBA

Dieser Lästigkeitsindex kann auch zur akustischen Optimierung eines Verbrennungsmotors in Bezug auf die Lästigkeit seiner Geräuschabstrahlung verwendet werden. Ein Beispiel dafür ist in Abb. 1.18 dargestellt.

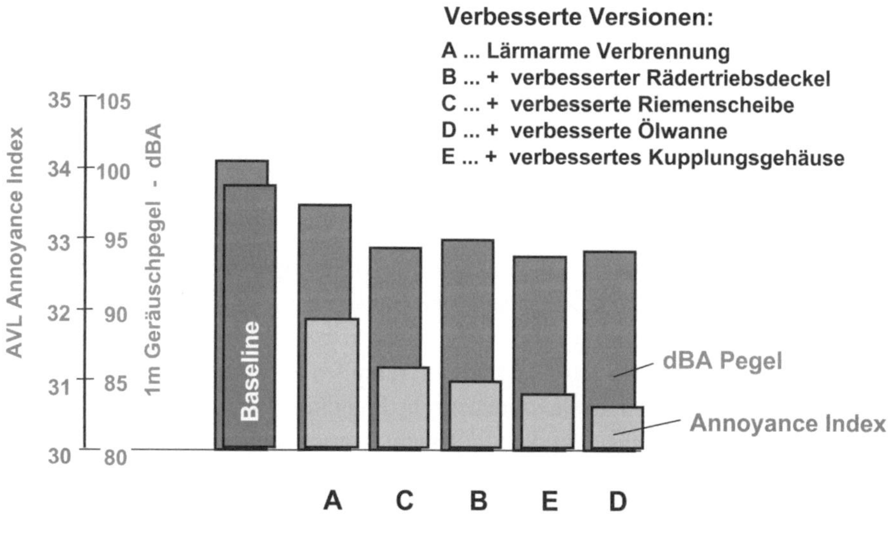


**Abb. 1.18.** Geräuschverbesserungsmaßnahmen an einem Dieselmotor. Vergleich zwischen dem 1 m Geräuschpegel und der Lästigkeit des Motorgeräusches nach dem AVL Annoyance Index

## 1.3 Mess- und Analysetechnik

### 1.3.1 Mikrofone

Mikrofone wandeln Luftschallschwingungen in elektrische Wechselspannungen um. Diese Umwandlung findet in 2 Stufen statt. In einer ersten Stufe wird eine Membran durch den Luftschall zum Schwingen gebracht. In einer zweiten Stufe wird diese Schwingung der Membran, wie in Abb. 1.19 dargestellt, in eine elektrische Wechselspannung transformiert. Die Transformation der Membranschwingung in elektrische Wechselspannung kann mittels unterschiedlicher Wandlerprinzipien erfolgen.

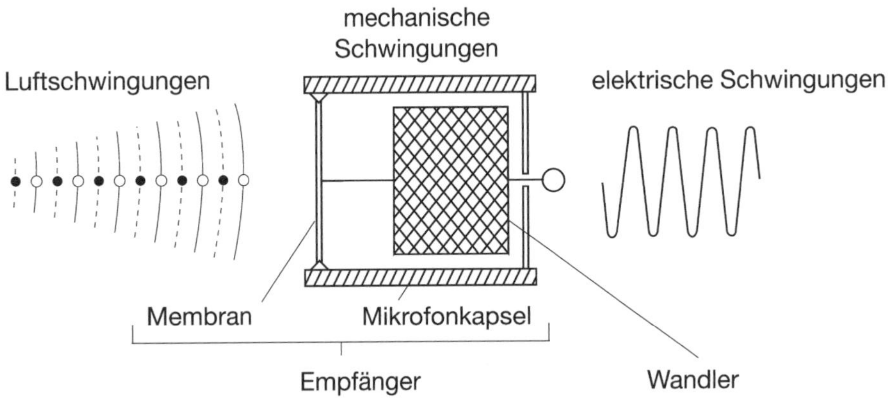


**Abb. 1.19.** Prinzipieller Aufbau eines Mikrofons [1]

In der akustischen Messtechnik werden ausschließlich Kondensatormikrofone verwendet. Kondensatormikrofone sind die hochwertigsten Messmikrofone, d. h. sie besitzen die besten Übertragungseigenschaften (konstanter Frequenzgang über den gesamten Frequenzbereich) und die geringsten Schwankungen der Übertragungseigenschaften (Änderungen bedingt durch Luftfeuchtigkeit, Temperatur oder Alterung des Mikrofons).

Für akustische Messungen sind ausschließlich akustische Messmikrofone zu verwenden, um die Reproduzierbarkeit der Messergebnisse zu garantieren. Für Gesangsmikrofone, wie sie in der Audiotechnik Verwendung finden, ist es beispielsweise nicht vorrangig, reproduzierbare *Messergebnisse* mit einem frequenzunabhängigen Übertragungsverhalten zu erzeugen. In diesem Fall steht vielmehr eine möglichst *gut* klingende elektroakustische Wandlung der menschlichen Stimme im Vordergrund. Diese elektroakustische Wandlung ist nicht a priori eine frequenzunabhängige Wandlung. Gesangsmikrofone übertragen beispielsweise den tiefen Frequenzbereich stärker als den hohen Frequenzbereich, um der Stimme einen *volleren* Klang zu verleihen.

#### Kondensatormikrofone

Bei Kondensatormikrofonen wirkt die Mikrofonmembran gemeinsam mit einer festen, d. h. nicht schwingenden Gegenelektrode als Kondensator. Die Kapazität dieses Kondensators ändert sich entsprechend den Schwingungen der Membran, da sich die Kapazität eines Kondensators proportional mit dem Abstand der beiden Elektroden ändert. Die Membran eines Kondensatormikrofones besteht aus einer Metallfolie oder aus einer metallbedampften Kunststofffolie und ihr Abstand zur festen Gegenelektrode beträgt etwa 5 bis 50 $\mu$m.

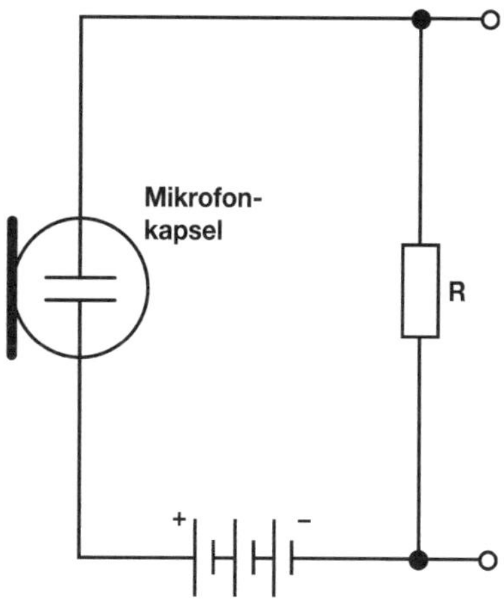


**Abb. 1.20.** Prinzipschaltbild eines Kondensatormikrofones inkl. Vorspannung und Widerstand an dem die Spannung anfällt [1]

Der Spannungsabfall am Widerstand (vgl. Abb. 1.20) ist der Größe der angelegten Gleichspannung (Polarisationsspannung) und der Größe der Kapazitätsänderung proportional.

Da die Membran bei Kondensatormikrofonen im Unterschied zu anderen Wandlerprinzipien sehr leicht ausgeführt werden kann, besitzen Kondensatormikrofone hohe Wandlerqualität d. h. einen weitgehend frequenzunabhängigen Übertragungsfaktor, geringe Verzerrungen und geringe Körperschallempfindlichkeit, wie in Abb. 1.21 abgebildet.

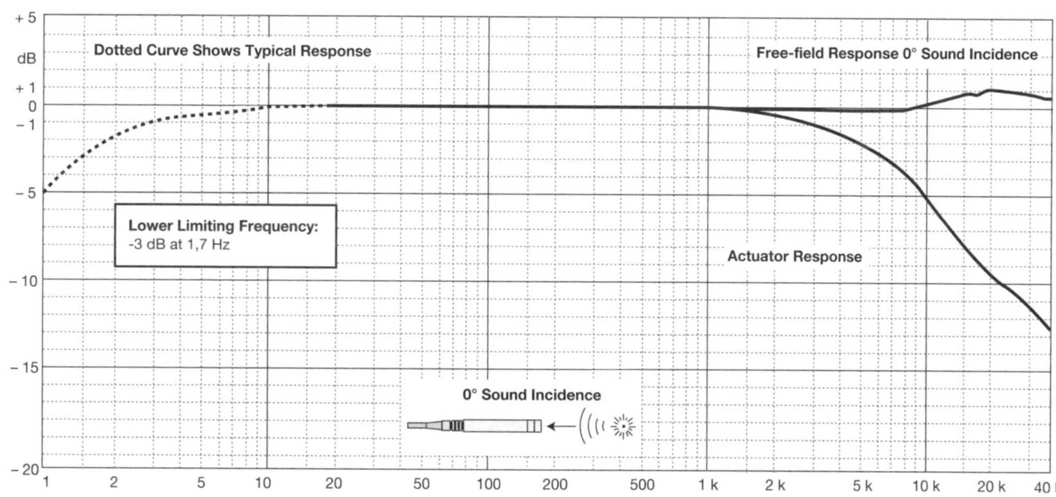


**Abb. 1.21.** Frequenzgang eines typischen Messmikrofons wie in im Originaldatenblatt dargestellt [3]

Kondensatormikrofone stellen sehr hochohmige elektrische Quellen dar, d. h. es können keine längeren elektrischen Leitungen angeschlossen werden. Akustische Messmikrofone bestehen aus diesem Grund immer aus 2 Bauteilen, der Mikrofonkapsel (dem eigentlichen Kondensatormikrofon) und einem Vorverstärker. Die Mikrofonkapsel selbst ist dabei direkt an den Vorverstärker angeschraubt. Abb. 1.22 zeigt ein typisches Messmikrofon. Die Länge dieses Mikrofons ist etwa 12 Zentimeter, die ersten beiden Zentimeter sind die Mikrofonkapsel, die restlichen 10 Zentimeter sind der Vorverstärker und der Kabelstecker.

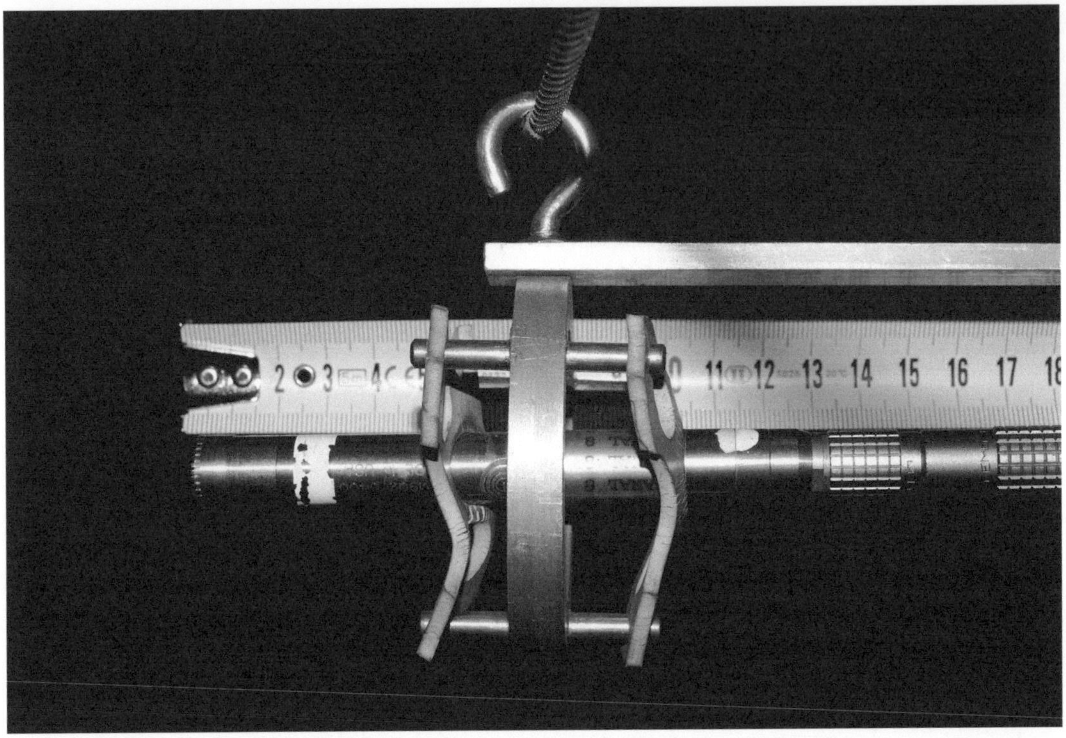

**Abb. 1.22.** Foto eines Messmikrofons in einer elastischen Halterung zur Vermeidung des Einflusses von Trittschall

Der Vorverstärker setzt einerseits den Innenwiderstand der elektrischen Quelle herab und hebt zusätzlich den elektrischen Pegel an. Die Speisespannung für den Vorverstärker wird als Gleichspannung über das Mikrofonkabel zugeführt. Diese Gleichspannung beträgt bei Messmikrofonen 200 V. Durch diese verhältnismäßig hohe Vorspannung über das Mikrofonkabel werden elektromagnetische Einstreuungen über das Mikrofonkabel verhindert. Das eigentliche gewandelte akustische Signal ist als Wechselspannung der Gleichspannung von 200 V überlagert.

Messmikrofone sind Schalldruckempfänger, d. h. die elektrische Wechselspannung ist dem Schalldruck proportional. Der Schalldruck ist im Unterschied zur Schallschnelle keine gerichtete Größe, die Richtcharakteristik eines Messmikrofones ist daher *kugelförmig*. Eine kugelförmige Richtcharakteristik bedeutet, dass die Empfindlichkeit des Mikrofons in alle Richtungen gleich ist. Zu sehr hohen Frequenzen hin ergibt sich eine leichte Richtwirkung des Mikrofons nach vorne. Diese leichte Richtwirkung zu hohen Frequenzen hin ist auf die Beeinflussung des Schallfeldes durch das Mikrofon selbst zurückzuführen.

### Kunstkopftechnik

Bei der kopfbezogenen Stereofonie (*Kunstkopftechnik*) versucht man exakt jene Schalldrücke, die auf den Gehörgang bzw. das Trommelfell einer Person in der natürlichen Schallumgebung einwirken, aufzuzeichnen. Das Ziel ist dabei, die aufgezeichneten Signale möglichst *originalgetreu* über Kopfhörer wiederzugeben.

Ein Kunstkopf-Aufnahmesystem bildet die Abmessungen eines durchschnittlichen menschlichen Torsos nach. In den beiden Gehörgängen dieser Nachbildung sind Messmikrofone an den Stellen der Trommelfelle angebracht. Die von den Mikrofonen aufgezeichneten Signale werden bei der Wiedergabe über Köpfhörer mit einer Entzerrungsfunktion gewichtet. Die Entzerrungsfunktion soll den akustischen Einfluss der Wegstrecke zwischen den Lautsprechern des Kopfhörers bis zu den Trommelfellen der abhörenden Person entzerren, d. h. neutralisieren. Nach diesem Prinzip ist es theoretisch möglich, dass man eine Schallaufnahme mit den *Ohren* des Kunstkopfes über Kopfhörer hören kann.

In der praktischen Anwendung funktioniert dieser theoretische Ansatz nur teilweise. Die Gründe dafür sind:

- Es ist nicht eindeutig bestimmbar, welche geometrischen Abmessungen ein *durchschnittlicher* menschlicher Torso haben sollte (es gibt daher auch keine allgemein gültige Norm dafür).
- Die Entzerrungsfunktion, d. h. die Neutralisierung der Wegstrecke zwischen den Lautsprechern des Kopfhörers bis zu dem Trommelfell funktioniert nur teilweise, da diese Entzerrungsfunktion von Mensch zu Mensch unterschiedlich ist.

Die originalgetreuesten Wiedergabeergebnisse von Kunstkopfaufnahmen konnten in Versuchen mit Kunstköpfen erreicht werden, die eine exakte geometrische Nachbildung des Kopfes jeder einzelnen Versuchsperson darstellten und bei denen die Entzerrungsfunktionen ebenfalls für jede einzelne Versuchsperson adaptiert wurden. Diese Vorgangsweise ist für eine praktische Anwendung ungeeignet.

Selbst unter der Annahme, dass sowohl der Kunstkopf als auch die Entzerrungsfunktion auf jede einzelne Person abgestimmt sind, kann keine exakt originalgetreue Wiedergabe einer Kunstkopfaufnahme realisiert werden. Die Gründe dafür sind:

- Die natürliche Kopfbewegung des Menschen in der Originalsituation fehlt. Durch diese permanente Kopfbewegung wird das Schallfeld stets mit unterschiedlichen *Aufnahmewinkeln* vom Menschen detektiert. Diese Information ist für die neuronale Schallverarbeitung wesentlich. Ein Kunstkopf ist stets starr montiert, wodurch die Information aus unterschiedlichen Einfallswinkeln fehlt. Insbesondere bei der Lokalisation von Schallwellen wirkt sich dieser Effekt sehr deutlich aus. Die Vorne-Hinten-Lokalisation ist beispielsweise bei Kunstkopfaufnahmen nur eingeschränkt möglich.
- Die natürlichen Umgebungseinflüsse wie beispielsweise Körperschall, Infraschall, optische Eindrücke beeinflussen das Hörempfinden des Menschen in der Originalsituation. Diese Einflüsse können auch theoretisch mit einem Kunstkopfsystem nicht erfasst werden.

Die Kunstkopftechnik findet heute in der Audioindustrie, d. h. für Musikaufnahmen aus verschiedenen Gründen keine Verwendung mehr. Einerseits stellen die oben angeführten Effekte eine deutliche Einschränkung dar, andererseits müssen Kunstkopfaufnahmen für eine gute Wiedergabequalität stets über Kopfhörer abgespielt werden. Die Inkompatibilität der Kunstkopfaufnahmen mit der Wiedergabe über Lautsprecherboxen stellt wohl die stärkste Einschränkung für die Audioindustrie dar.

In der Automobilindustrie finden Kunstkopfsysteme auch heute für gehörgerechte Aufnahmen und Analysen Verwendung. Die Kompatibilität zu der Wiedergabe mit Lautsprecherboxen ist in diesen Anwendungen nicht erforderlich.

In Abb. 1.23 sind zwei Kunstkopf-Aufnahmesysteme dargestellt, wie sie heute im automotiven Bereich eingesetzt werden.

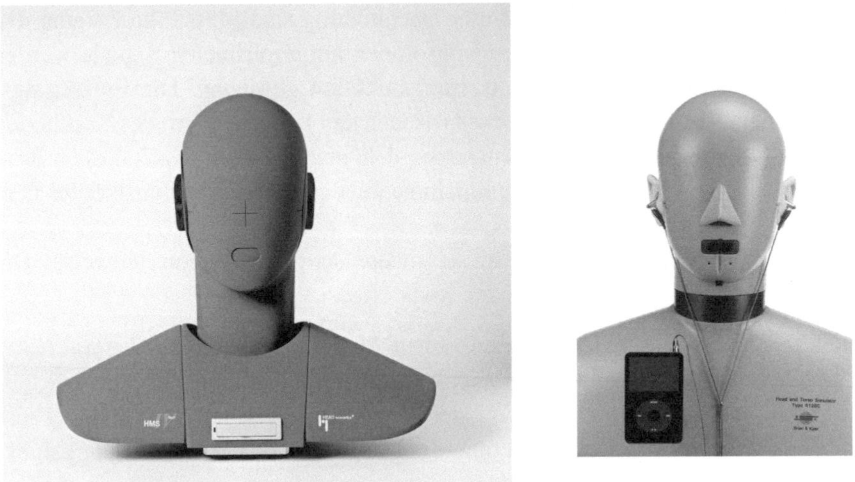

**Abb. 1.23.** Zwei Kunstkopfsysteme wie sie heute in der Autoindustrie eingesetzt werden; linke Seite Fa. Head Acoustics, rechte Seite Fa. Brühl & Kjaer

Eine Alternative zu den klassischen Kunstkopfsystemen ist die Verwendung sogenannter *Trennkörperverfahren*. Der Ansatz dieser Methoden besteht darin, das Abschattungsverhalten des menschlichen Torsos mit einer vereinfachten Geometrie nachzubilden, um den Geräuschcharakter nicht mit der Abschattungsfunktion eines *fremden* Torsos, auf den das Gehirn der abhörenden Person nicht konditioniert ist, zu verfremden.

In Abb. 1.24 ist der *SOURCE*-Kunstkopf, als Beispiel für ein Aufnahmesystem nach dem *Trennkörperverfahren* abgebildet.

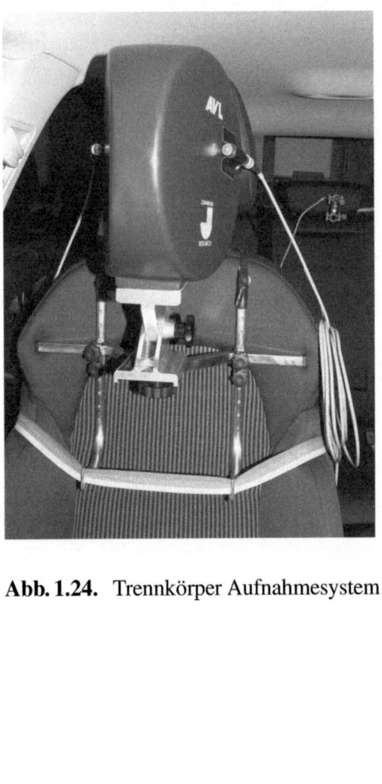

**Abb. 1.24.** Trennkörper Aufnahmesystem SOURCE der Fa. AVL

### 1.3.2 Beschleunigungsaufnehmer

Für die Messung von Vibrationen werden heute üblicherweise piezoelektrische Beschleunigungsaufnehmer verwendet. Das Kernstück derartiger Sensoren bildet ein Piezokristall. Wenn ein Piezokristall mechanisch belastet wird, beispielsweise durch Zug, Druck oder Schub, bildet sich an den Oberflächen des Kristalls eine Potentialdifferenz (Spannung) aus, die der mechanischen Belastung proportional ist. Dies ist der sogenannte *Piezoeffekt*.

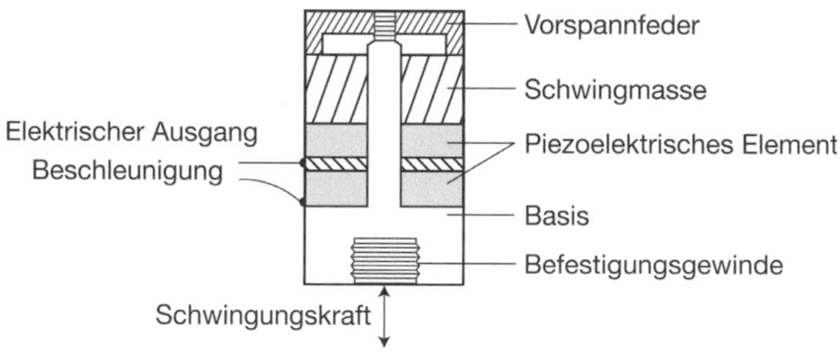


**Abb. 1.25.** Prinzipieller Aufbau eines Beschleunigungsaufnehmers [3]

Die Bauform von piezoelektrischen Beschleunigungsaufnehmern sieht eine Masse vor, die eine Kraft ($Kraft = Masse \times Beschleunigung$) auf den piezoelektrischen Kristall ausübt, wenn der Aufnehmer einer Schwingung ausgesetzt ist. Die elektrische Spannung am Ausgang eines Beschleunigungsaufnehmers ist direkt proportional der Oberflächenbeschleunigung.

Beschleunigungsaufnehmer können auf unterschiedliche Arten an einem Messobjekt befestigt werden. Die Art der Befestigung eines Beschleunigungsaufnehmers an einem Messobjekt beeinflusst die obere messbare Grenzfrequenz.

Die *ideale* Befestigung ist das Anschrauben des Aufnehmers an einer ebenen, glatten Fläche mittels eines Gewindebolzens. Die Resonanzfrequenz dieser Befestigungsart liegt bei etwa 30 kHz. Da die Bohrung von Gewindelöchern an Messobjekten meist nicht vorgenommen werden kann, werden die Aufnehmer in den meisten Fällen an die Messobjekte angeklebt. Die Resonanzfrequenz dieser Methode liegt bei etwa 20 kHz bis 25 kHz. Weitere Methoden zur Befestigung von Beschleunigungsaufnehmern sind Permanentmagnete (Resonanzfrequenz: etwa 7 kHz) und von Hand gehaltene Prüfspitzen (Resonanzfrequenz: etwa 2 kHz).

Eindimensionale (1D) Beschleunigungsaufnehmer nehmen die Beschleunigungen normal zur Oberfläche auf, dreidimensionale (3D) Beschleunigungsaufnehmer nehmen die Beschleunigungen der Oberfläche in einem kartesischen, d. h. rechtwinkeligen Koordinatensystem auf.

Je nach Anwendungsfall gibt es unterschiedliche Typen von piezoelektrischen Beschleunigungsaufnehmern, die sich in der Empfindlichkeit, dem Frequenzbereich und dem Gewicht unterscheiden. Für empfindliche Bauteile werden beispielsweise Miniatur-Aufnehmer mit einem Eigengewicht von etwa 0,5 bis 2 Gramm verwendet, um das Eigenschwingungsverhalten des Messobjektes durch den Aufnehmer nicht zu beeinflussen. So steigt die Empfindlichkeit mit der Größe der Aufnehmer, allerdings ist damit der zusätzliche Masseneinfluss am größten.

Piezoelektrische Beschleunigungsaufnehmer sind neben den Messmikrofonen heute die mit Abstand am häufigsten verwendeten Sensoren in der Motor- und Fahrzeugakustik. Bei fachkundiger Anwendung liefern die Beschleunigungsaufnehmer reproduzierbare Messergebnisse, die als Basis für Modal-, Transferpfad- und Schwingungsanalysen verwendet werden.

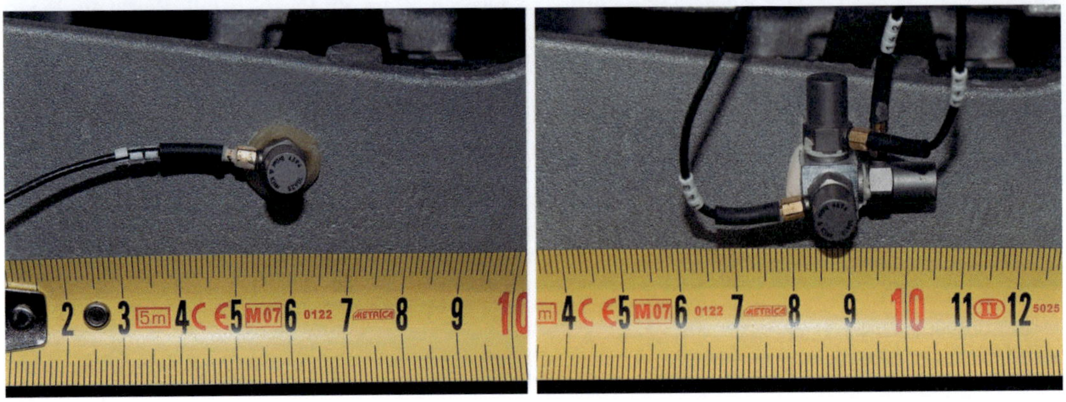


**Abb. 1.26.** Foto eines 1D und eines 3D Beschleunigungsaufnehmers

Für Anwendungsbereiche in denen es nicht möglich ist piezoelektrische Beschleunigungsaufnehmer anzubringen (Bsp. bei sehr hohen Temperaturen am Abgaskrümmer) können die Oberflächenvibrationen auch mit einem Laser-Doppler-Vibrometer gemessen werden (s. Kap. 1.3.10).

### 1.3.3 Kundtsches Rohr

Das Kundtsche Rohr ist eine Messeinrichtung, mit der man den Absorptionsgrad akustischer Materialien messen kann. Dabei werden die Materialproben in ein Rohr eingebracht und mit reinen Tönen beschallt. Dadurch bildet sich eine stehende Schallwelle im Rohr aus und die Betragsminima und -maxima der örtlichen Schalldruckverteilung werden entlang des Rohres mit einer Messsonde abgetastet. Aus dem Verhältnis zwischen den Druckminima und -maxima sowie dem Abstand des ersten Druckminimums von der Probe lassen sich die Kenndaten für die Schallabsorption der Materialprobe bei senkrechtem Schalleinfall bestimmen.

### 1.3.4 Reflexionsarme Räume

Reflexionsarme Räume sind mit schallabsorbierenden Materialien ausgekleidet, um Schallreflexionen von den Wänden, dem Boden und der Decke zu vermeiden. Dadurch kann der vom untersuchten Objekt (z. B. Motor oder Fahrzeug) emittierte Luftschall ohne störende Reflexionen gemessen werden. Diese Prüfstände werden umgangssprachlich auch als *schalltote* Räume bezeichnet. Sie bilden Freifeldbedingungen nach.

Ein *vollakustischer* reflexionsarmer Raum ist mit Absorptionsmaterial an den Wänden, der Decke und dem Boden ausgekleidet, ein *semiakustischer* reflexionsarmer Raum besitzt einen schallharten und somit reflektierenden Boden (z. B. Beton).

Motoren werden üblicherweise in vollakustischen oder semiakustischen Prüfständen vermessen. Fahrzeuge werden in *akustischen Rollenprüfständen* vermessen. Akustische Rollenprüfstände sind semiakustische Prüfstände, d. h. sie besitzen einen schallharten Boden.

Übliche Grenzfrequenzen für reflexionsarme Räume sind beispielsweise 80 Hz oder 100 Hz. Oberhalb der Grenzfrequenz eines reflexionsarmen Raumes werden keine Schallanteile reflektiert. D. h. in einem vollakustischen Motorprüfstand mit einer Grenzfrequenz von 100 Hz werden sämtliche Frequenzanteile über 100 Hz von den ausgekleideten Wänden absorbiert und somit sind nur die vom Motor kommenden Schallanteile und keine Wandreflexionen vorhanden.

Luftschallmessungen, d. h. Messungen des emittierten Luftschalls eines Objektes müssen in reflexionsarmen Räumen durchgeführt werden, um aussagekräftige akustische Messwerte erhalten zu können. In reflexionsarmen Räumen können oberhalb der Grenzfrequenz ausschließlich die vom Messobjekt emittierten Schalle (Direktschall) aufgezeichnet werden. Dadurch ist eine Schallquellenortung am Messobjekt möglich. Eine luftschallbezogene Schallquellenortung ist in einem nicht akustischen Prüfstand nicht möglich.

Körperschallmessungen hingegen, d. h. Messungen der Oberflächenvibrationen müssen nicht a priori in reflexionsarmen Räumen durchgeführt werden.

In Abb. 1.27 ist ein vollakustischer Motorprüfstand dargestellt. Der Ingenieur steht auf einem akustisch durchlässigen Metallgitter; unterhalb dieses Gitters sind, wie an den Wänden Absorptionskeile angebracht. Um Einflüsse auf die akustischen Messungen zu vermeiden ist die Abtriebswelle während den akustischen Messungen akustisch gekapselt und die Motorbremse befindet sich außerhalb des Messraumes.

**Abb. 1.27.** Vollakustischer Motorprüfstand

In Abb. 1.28 ist ein semiakustischer Antriebsstrangprüfstand abgebildet. Die Bremsanlagen befinden sich wie beim Motorprüfstand außerhalb des Prüfstandes, um mit ihrer Geräuschabstrahlung die akustischen Messungen nicht zu stören. Der Antriebsstrang kann für die akustischen Messungen entweder über einen Verbrennungsmotor (innerhalb des Prüfstandes) oder über einen E-Motor (außerhalb des Prüfstandes) angetrieben werden.

In Abb. 1.29 ist ein semiakustischer Fahrzeug-Rollenprüfstand dargestellt. Die Fahrzeuge können auf einem akustischen Rollenprüfstand im Unterschied zu Freifeldmessungen unter konstanten

**Abb. 1.28.** Semiakustischer Antriebsstrangprüfstand

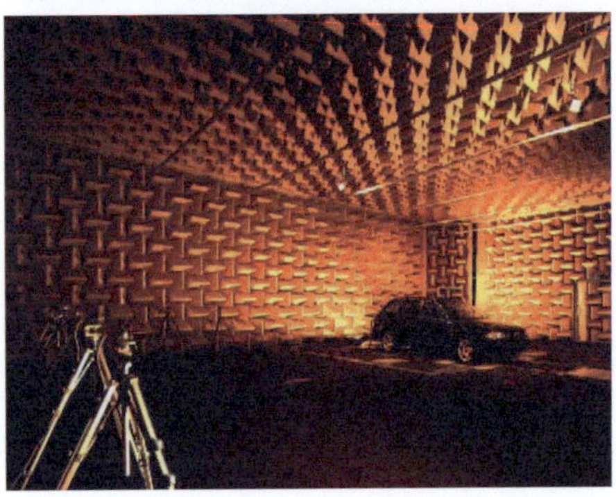

**Abb. 1.29.** Semiakustischer Fahrzeug-Rollenprüfstand

Bedingungen akustisch vermessen werden. Wetterbedingte Einflüsse wie Luftfeuchtigkeit und Temperatur haben einen Einfluss auf akustische Messergebnisse und werden gezielt ausgeschaltet. Der wohl wesentlichste Vorteil eines derartigen Prüfstandes besteht darin, dass das Fahrzeug trotz drehender Reifen relativ zum Boden steht und akustische Messungen sich dadurch am Fahrzeug *im Betrieb* um vieles einfacher und effizienter durchführen lassen. Allerdings kommt es dadurch auch zu Verfälschungen des akustischen Abstrahlgrades eines Fahrzeuges, d. h. die Messergebnisse von einem derartigen Prüfstand sind nicht vollkommen identisch mit Messungen im Felde.

### 1.3.5 Hallräume

Im Unterschied zu reflexionsarmen Räumen versucht man in einem Hallraum möglichst viele Reflexionen des Schallfeldes zuzulassen. Hierzu sind Oberflächen eines Hallraumes schallhart ausgeführt, d. h. sie ermöglichen eine möglichst gute Reflexion der Schallwellen. Um keine *stehenden* Schallwellen in Hallräumen zu erzeugen sind keine parallelen Oberflächen vorhanden.

Man versucht ein möglichst *diffuses* Schallfeld zu erzeugen, d. h. die Schallenergie soll sich möglichst gleichmäßig auf den gesamten Raum verteilen. Hierzu kann in Hallräumen die akustische Leistungsabgabe eines Objektes aus dem gemessenen Schalldruckpegel an einigen wenigen Punkten bestimmt werden.

### 1.3.6 Akustische Kamera

Unter den Überbegriffen *Akustische Kamera* versteht man Messsysteme, mit denen man Geräusche und deren Quellen, ähnlich einem Wärmebild, grafisch sichtbar machen kann. Meist werden dabei die Schallpegel in dBA farblich kodiert einem digitalen Foto des Messobjektes überlagert.

In Abb. 1.30 ist das Ergebnis einer Messung mit einer akustischen Kamera an einem Motor dargestellt. Die Kartierung ist in A-bewertetem Schalldruck, die roten Bereiche zeigen Bereiche mit hoher Schallabstrahlung, die blauen Bereich Zonen mit geringer Schallabstrahlung.

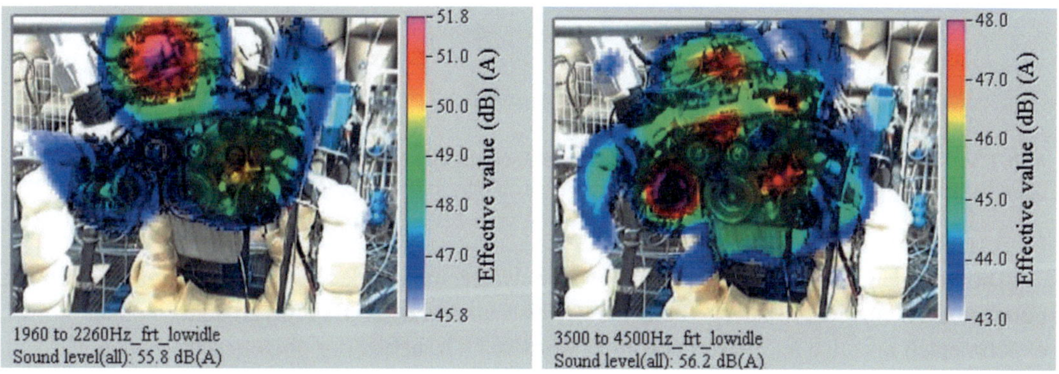


**Abb. 1.30.** Bildschirmdarstellung des mittels akustischer Kamera gemessenen Motorgeräusches in zwei Frequenzbändern

### 1.3.7 Modalanalyse

Jeder Körper schwingt und führt dabei physische Verformungen aus. Eine Modalanalyse beschreibt die dynamischen Eigenschaften einer Struktur, unabhängig von einer etwaigen Anregung. D. h. eine Modalanalyse gibt Auskunft darüber, bei welchen Frequenzen eine Struktur schwingen kann, in welchen Schwingungsformen die Struktur bei diesen Frequenzen schwingt und wie stark die *Schwingfreudigkeit* des Objektes bei bestimmten Frequenzen ist.

Die 3 Modalparameter (Modalfrequenz, Modaldämpfung und Modenform) sämtlicher Moden innerhalb eines betrachteten Frequenzbereiches bilden eine komplette Beschreibung der Strukturdynamik. D. h. die tatsächliche physische Verformung einer Struktur ist immer eine Kombination aller Modenformen der Struktur.

Zur Messung der einzelnen Schwingungsmoden beispielsweise eines Motorblockes wird der Motorblock *weich* (beispielsweise mit Gummielementen) aufgehängt und breitbandig *künstlich* angeregt. Diese Anregung kann beispielsweise ein Schlag mit einem Impulshammer sein oder die Anregung mit breitbandigem Rauschen über einen Shaker. Die Schwingungsformen des Motorblockes als Antwort auf diese Anregung werden messtechnisch z. B. mit einem Raster von Beschleunigungsaufnehmern gemessen.

In Abb. 1.31 sind einige Ergebnisse einer experimentellen Modalanalyse an einem Motorblock dargestellt. Die dargestellten Gitterpunkte entsprechen jeweils Messpunkten mit Körperschallaufnehmern.

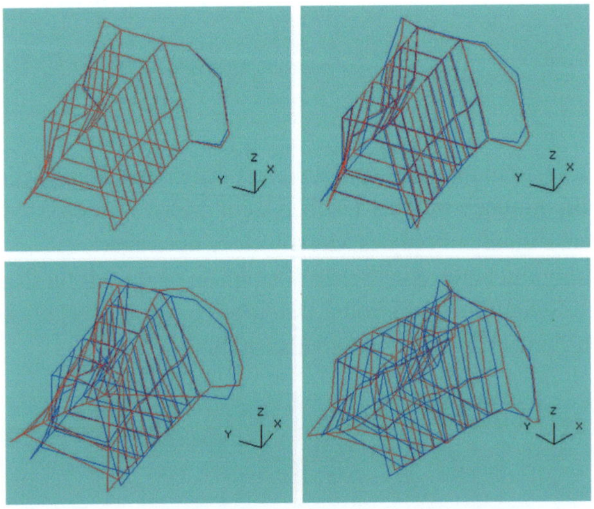

**Abb. 1.31.** Ergebnis einer experimentellen Modalanalyse an einem Motorblock. Links oben: Basis Gitterstruktur, rechts oben: Biegemode bei 870 Hz, links unten: Torsionsmode bei 500 Hz, rechts unten: Axialmode bei 330 Hz

Die Modalanalyse stellt eine wesentliche Analysetechnik in der Motorakustik dar. Die Schwingungsmoden einzelner Bauteile, beziehungsweise auch ganzer Bauteilverbände, können sowohl experimentell als auch analytisch bestimmt werden. D. h. neben der oben beschriebenen Messung der Schwingungsmoden einer Struktur können diese auch mit FE-basierten Computer-Modellen bestimmt werden.

### 1.3.8 Betriebsschwingungsanalyse

Im Unterschied zu der Modalanalyse beschreibt eine Betriebsschwingungsanalyse das Schwingungsverhalten einer Struktur *in Betrieb*, d. h. bei der im Betrieb vorhandenen Anregung. Am Beispiel des Motorblockes werden bei der Betriebsschwingungsanalyse die Schwingungsmoden bzw. -formen im gefeuerten Betrieb des Motors gemessen.

Die Aussagefähigkeit der Betriebsschwingungsanalyse ist höher einzuschätzen als die der Modalanalyse. Der Grund dafür ist, dass die Modalanalyse unabhängig von den im Betrieb vorhandenen Anregungen lediglich die *Schwingungsfreudigkeit* einer Struktur getrennt nach verschiedenen Schwingungsmoden beschreibt. Ein mittels der Modalanalyse bestimmter starker Schwingungsmode eines Motorblockes führt beispielsweise im gefeuerten Betrieb nur dann eine markante Schwingung aus, wenn er in der Resonanzfrequenz des Schwingungsmodes auch angeregt wird.

Die Optimierung einer Struktur nach schwingungstechnischen Gesichtspunkten ist stets in Kombination aus dem Eigenverhalten der Struktur und der entsprechenden Anregung durchzuführen. Das Schwingungsverhalten einer Struktur ist so abzustimmen, dass es im Betrieb (z. B. bei gefeuertem Motor) zu einem Minimum an Vibrationen kommt.

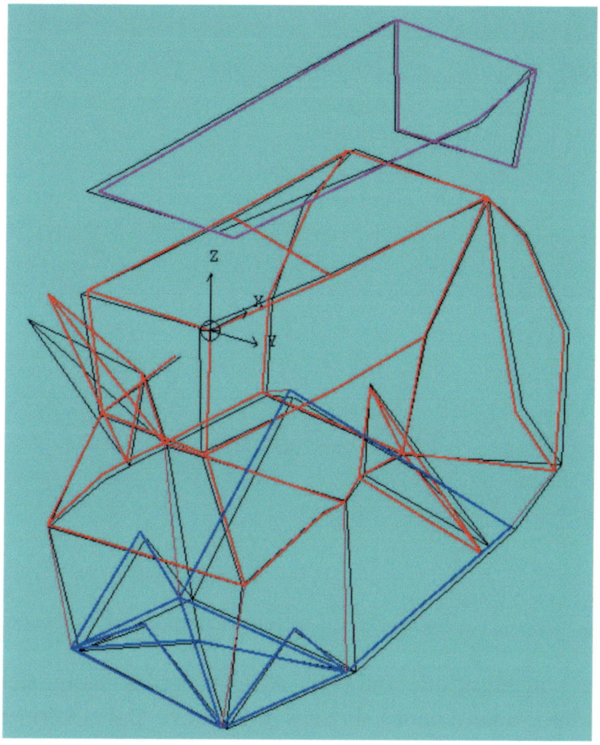


**Abb. 1.32.** Ergebnis einer Betriebsschwingungsanalyse an einem PKW-Motor. Dicke Line: Basis Gitterstruktur, dünne Linie: Schwingungsmode bei 330 Hz

Ebenso wie Modalanalysen können Betriebsschwingungsanalysen experimentell oder analytisch durchgeführt werden.

### 1.3.9 Transferpfadanalyse

Bei Transferpfadanalysen werden Übertragungsfunktionen an Objekten gemessen oder analytisch bestimmt. Eine Übertragungsfunktion stellt das Verhältnis zwischen einer Ausgangsgröße und einer Eingangsgröße als Funktion der Frequenz dar. Da üblicherweise lineare Systeme betrachtet werden, bedeutet dies, dass eine sinusförmige Eingangsgröße mit einem bestimmten Pegel eine sinusförmige Ausgangsgröße der gleichen Frequenz mit einem bestimmten Pegel bewirkt.

Als Beispiel für eine einfach zu messende Übertragungsfunktion ist das Verhältnis der Vibrationen an einem Motorlager-motorseitig zu den Vibrationen am Motorlager-chassisseitig in Abb. 1.33 dargestellt. Die 3 Funktionen entsprechen jeweils den Schwingungsrichtungen X, Y und Z. Diese Funktionen zeigen die frequenzabhängige Dämpfung des Motorlagers. X und Y bilden dabei die Horizontalebene (X liegt in Fahrzeugslängsrichtung, Y steht normal dazu). Z steht normal zu der von X und Y gebildeten Horizontalebene. Am Beispiel in Abb. 1.33 ist deutlich zu erkennen, dass dieses Motorlager in x und y Richtung um die Frequenz um 500 Hz eine geringe Dämpfung besitzt.

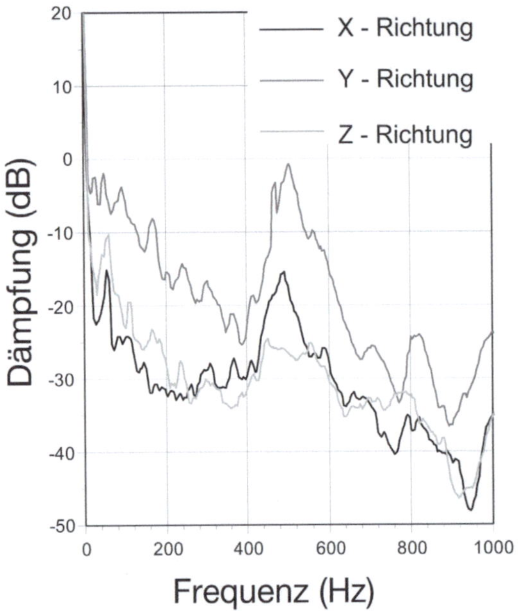


**Abb. 1.33.** Übertragungsfunktionen eines Motorlagers in X,Y,Z-Richtung

Übertragungsfunktionen zwischen einer Eingangsgröße und einer Ausgangsgröße lassen sich zwischen 2 beliebigen Punkten an einem Motor oder einem Fahrzeug bestimmen. Dabei können neben Körperschall zu Körperschall Übertragungsfunktionen auch Luftschall zu Luftschall, Luftschall zu Körperschall oder Körperschall zu Luftschallübertragungsfunktionen bestimmt werden.

Unter einer Transferpfadanalyse versteht man Untersuchungen, um die Übertragungspfade entlang eines Objektes zu bestimmen. Ein wichtiges Anwendungsbeispiel für eine Transferpfadanalyse ist die Untersuchung des Einflusses der Motorvibrationen an den Motorlagern auf das Innengeräuschverhalten eines Fahrzeuges. Dabei geht es darum zu verstehen, wie sich die vom Motor verursachten Vibrationen entlang der Fahrzeugstruktur ausbreiten und welchen Einfluss sie auf das Innengeräusch eines Fahrzeuges ausüben. Diese messtechnische Aufgabe ist sehr komplex und kann auch mit heutigen messtechnischen Möglichkeiten nicht mit hundertprozentiger Genauigkeit bestimmt werden.

In Abb. 1.34 ist ein vereinfachtes Teilergebnis einer Transferpfadanalyse an einem PKW dargestellt. Dieses Ergebnis bezieht sich auf die Vibrationen an den Motorlagerpositionen chassis-seitig, d. h. der Einfluss der Luftschallübertragung vom Motorraum in den Fahrgastraum ist dabei nicht berücksichtigt. Weitere Betrachtungen finden sich in Kap. 3.

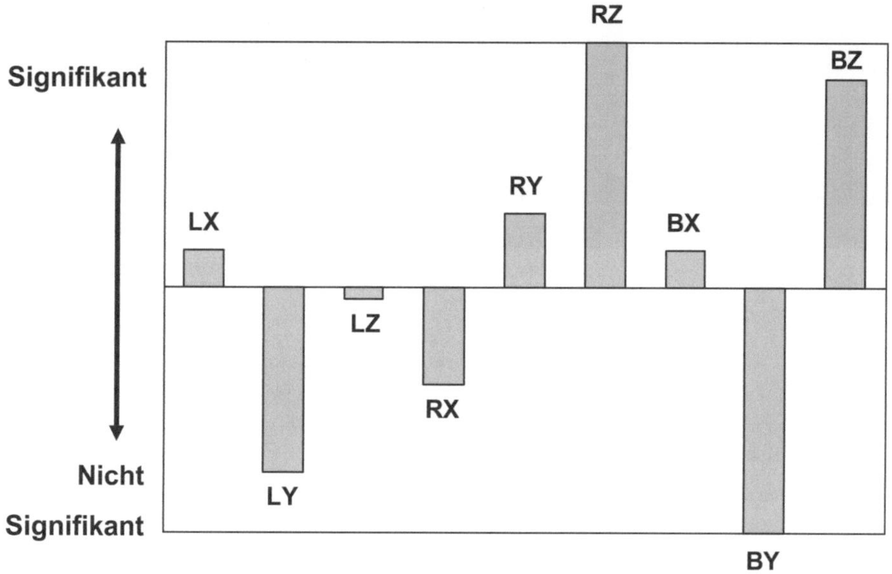


**Abb. 1.34.** Beispiel für den Einfluss der Motorlager-Vibrationen auf das Innengeräusch eines PKWs. LX, LY, LZ ... Linkes Lager, X-Y-Z-Richtung; RX, RY, RZ ... Rechtes Lager, X-Y-Z-Richtung; BX, BY, BZ ... Hinteres Lager, X-Y-Z-Richtung

### 1.3.10 Lasertechnik

Die Ermittlung von Schwingungsmustern einer Oberfläche ist mit konventioneller Messtechnik durch das Befestigen einer Vielzahl von Schwingungssensoren (Beschleunigungsaufnehmer) an der zu untersuchenden Struktur sehr aufwendig und kann zusätzlich zu einer unerwünschten Beeinflussung des Schwingungsverhaltens der Struktur führen. Die berührungslos arbeitende Schwingungsmesstechnik mittels Doppler-Frequenzverschiebung eines frequenzmodulierten Laserstrahls bietet hier Vorteile. Oberflächen können mit einem Laser sehr rasch *abgescanned* werden, der Laser beeinflusst das Schwingungsverhalten der Struktur nicht und es können Oberflächen mit sehr hohen Temperaturen wie beispielsweise glühende Auspuffkrümmer untersucht werden.

Ein wesentlicher Nachteil der Lasertechnik bestehen darin, dass der Laserstrahl im rechten Winkel auf eine Oberfläche auftreffen sollte. Jede Abweichung vom rechten Winkel bedingt einen sogenannten $\cos\alpha$-Fehler. Je größer die Abweichung vom rechten Winkel, desto größer ist der Messfehler. Dadurch ist es schwierig, Oberflächen mit einem Laser messtechnisch zu erfassen, die nicht plan sind. Plane Flächen sind in der praktischen Anwendung die Ausnahme. Zudem müssen die Oberflächen den Laserstrahl ausreichend reflektieren können und ein Lackieren der Oberflächen mit weißem Lack ist nicht für jede Anwendung durchführbar. Unter engen Raumverhältnissen wie beispielsweise in einem Motorraum eines Fahrzeuges kann ein Laser-Messgerät nicht installiert werden.

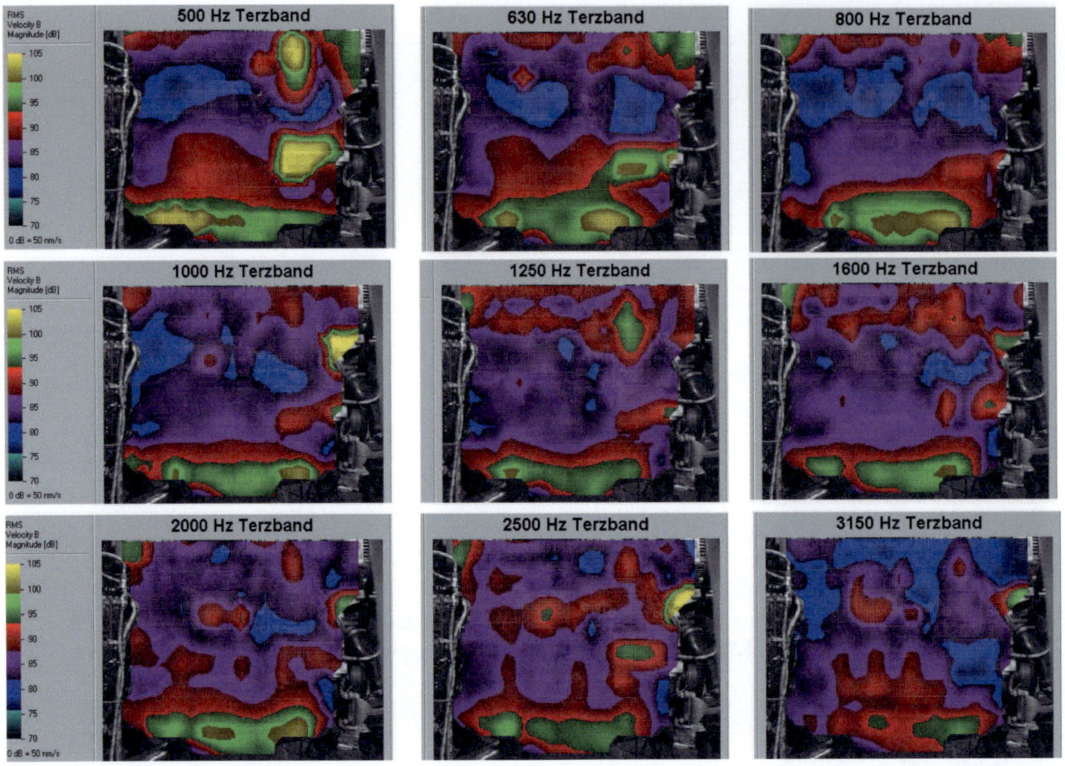


**Abb. 1.35.** Schwingschnellemessung mit Scanning Laser-Vibrometer an einem 6 Zyl. turbogeladenen Dieselmotor, Rechte Seite, 2500 1/min, Volllast

## 1.4 Simulation

In der akustischen Entwicklungsarbeit an Antriebssträngen und Fahrzeugen gewinnen Simulationsmethoden zunehmend an Bedeutung. Mit Hilfe von computergestützten Berechnungsverfahren können Optimierungen an virtuellen Objekten vorgenommen werden. Diese Entwicklungsarbeit ist sehr effizient, da der aufwendige Bau von Prototypen entfällt.

Die heutigen Simulations-Methodiken und Software-Werkzeuge stellen detaillierte Informationen über das akustische Verhalten von Motoren und Fahrzeugkomponenten zur Verfügung. Während die akustische Entwicklungsarbeit in der Vergangenheit zu einem verhältnismäßig späten Zeitpunkt im Entwicklungsprozess zum Einsatz kam, verschiebt sie sich mit Hilfe der Simulation mehr und mehr in Richtung früherer Abschnitte der Entwicklungsprozesse.

Die Ergebnisse der heutigen numerischen Simulationen an Antriebssträngen erlauben Rückschlüsse über notwendige konstruktive Änderungen, um optimale Lösungen bezüglich des akustischen Verhaltens zu erhalten. Die Rechenmodelle sind sehr komplex und stoßen trotz hoher Rechenleistungen heutiger Rechner an die Leistungsgrenze. So ist es auch mit heutigen Rechenleistungen notwendig, die Simulationsmodelle möglichst recheneffizient zu gestalten, um die Ergebnisse in den der Rahmenbedingungen erforderlichen Zeiträumen zu erzeugen und rechtzeitig im Entwicklungsprozess zur Verfügung zu haben.

Die folgenden Ausführungen konzentrieren sich in erster Linie auf die akustische Simulation von Motoren. Es werden die wichtigsten Methoden der akustischen Simulation, MKS (Mehrkörpersimulation), FEM (Finite Element Methode) und BEM (Boundary Element Methode) behandelt.

### 1.4.1 MKS – Mehrkörpersimulation

Bei Mehrkörpersimulationen (MKS) wird ein mechanisches System aus einzelnen Starrkörpern aufgebaut. Die einzelnen Starrkörper interagieren mit masselosen elastischen Elementen. Diese elastischen Elemente können auch nicht-lineare Federkonstanten besitzen. Im Unterschied zur FE-basierten Berechnung können mit MKS-Systemen große Auslenkungen simuliert werden, wie sie beispielsweise in Fahrwerken vorkommen. Ebenso lassen sich die Kolbenbewegungen eines Motors mit MKS-Systemen abbilden.

Nachteilig bei MKS-Systemen ist, dass sich die elastischen Elemente nicht als Masse abbilden lassen. Dies ist jedoch in einigen wichtigen Anwendungsfällen nicht von Bedeutung. Beispielsweise ist es in MKS-Systemen einfach möglich Motorlager als masselose dreidimensionale Federn abzubilden. Die Federkonstanten bestimmen dabei die Schwingungen des gesamten Motor-Getriebeverbandes. Die Massen der Motorlager sind im Vergleich zur Masse des gesamten Antriebsstranges vernachlässigbar.

Um das Masse-Federverhalten einzelner Bauteile abbilden zu können, bieten MKS-Systeme auch die Möglichkeit, FE-Matrizen in die Berechnungsmodelle zu integrieren. Damit lassen sich Eigenschwingungsmoden der einzelnen Bauteile in das MKS-Modell integrieren. Die Rechenzeiten dieser zusammengesetzten Modelle sind jedoch im Vergleich zu einer reinen FE-Berechnung sehr hoch. Sie werden daher verhältnismäßig selten eingesetzt.

Abb. 1.36 zeigt das MKS-Modell eines LKW-Motor-Getriebeverbandes zur Auslegung der Lagerung.

Basierend auf den Randbedingungen (z. B. Abmessungen Motor, Getriebe, Motorraum, Positionen der Lager) wird mit dem MKS Modell die Berechnung in 2 Stufen durchgeführt.

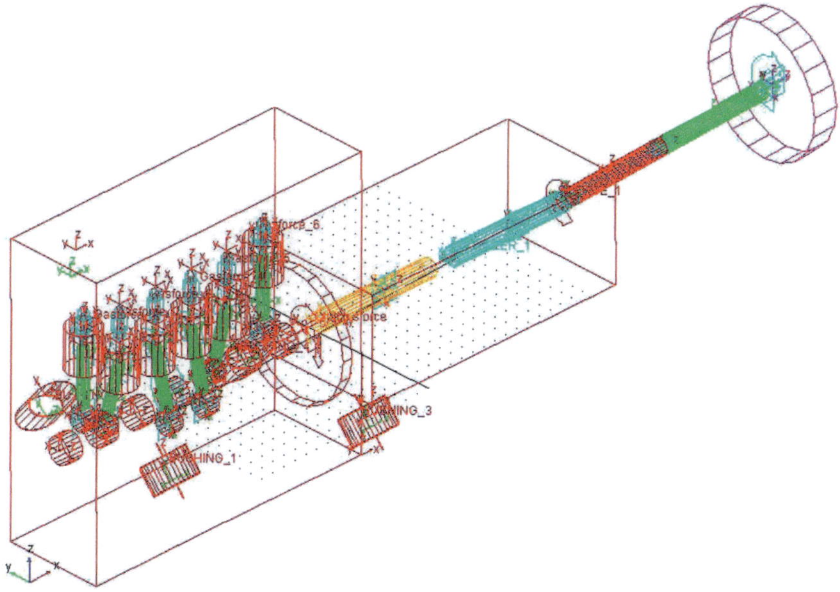

**Abb. 1.36.** MKS-Modell eines LKW Motor-Getriebeverbandes zur Auslegung der Lagerung

Stufe 1: *Statisches Modell.* Berechnung der statischen Auslenkungen beispielsweise an den Antriebsstrang-Lagern, an der Antriebswelle oder dem Zylinderkopf in einigen Betriebszuständen. Berechnung der Eigenfrequenzen und der Modenformen des Antriebsstranges. Der Antriebsstrang wird dabei als einzelner Starrkörper betrachtet, der auf elastischen Lagern gelagert ist.

Stufe 2: *Dynamisches Modell.* Detaillierte Modellierung des Kurbeltriebs (Kurbelwelle, Pleuel, Kolben) und Berechnung der durch die Verbrennung erzwungenen Anregungskräfte. Üblicherweise werden dabei folgende Betriebszustände betrachtet: Leerlauf, Drehzahl bei maximalem Drehmoment und Nenndrehzahl.

Ausgehend von einer grob vorausgelegten Lagerpositionierung ist im folgenden eine mögliche Strategie zur optimierten Auslegung der Antriebsstranglager angeführt:

1. Änderung der ursprünglich schräg angeordneten Lager in vertikaler Richtung. Dadurch erreicht man gut entkoppelte Schwingmodenformen und geringe Anregungen des Chassis in horizontaler Richtung.
2. Veränderung der Lagerpositionen, sowohl die hinteren als auch die vorderen Lager werden innerhalb des Fahrzeugrahmens positioniert; möglichst weite Distanzen zwischen den Lagern, um geringe Auslenkungen bei hohen Drehmomentbelastungen zu erreichen.
3. Auswahl der vertikalen Lagersteifigkeiten, um eine statische Auslenkung von 4 mm zu erreichen.
4. Auswahl der horizontalen Lagersteifigkeiten um 5 mm seitliche Auslenkung und 3 mm Auslenkung in Längsrichtung bei 1 g horizontaler Beschleunigung zu erhalten. Die hinteren Lager werden in Längsrichtung steifer ausgelegt als die vorderen Lager. Sie befinden sich näher am Massenschwerpunkt des Motor-Getriebe-Verbandes und ermöglichen dadurch eine bessere Stabilität bei Bremsvorgängen.
5. Kontrolle der Eigenfrequenzen, die tiefste Eigenfrequenz vom Motor-Getriebe-Verband sollte höher liegen als die höchste Eigenfrequenz des Fahrgestells auf dem Fahrwerk. Als unterstes Limit wird eine Frequenz von 6 Hz angestrebt. Die verschiedenen Eigenschwingungsformen und Eigenschwingungsfrequenzen müssen möglichst gut getrennt sein. Für den Abstand der Eigenfrequenzen gilt eine untere Grenzfrequenz von 0.2 Hz. Die vertikalen Schwingungsfrequenzen von LKWs liegen üblicherweise bei 11 Hz bis 12 Hz, die vertikalen Schwingungsfrequenzen vom Antriebsstrang sollten daher unter 9 Hz liegen. Bei dem betrachteten 6-Zylinder-Reihenmotor beträgt die Feuerfrequenz eines einzelnen Zylinders im Leerlauf 4 Hz und die 3te Motorordnung beträgt im Leerlauf 24 Hz. Der Roll-Mode des Antriebsstranges muss in genügendem Abstand von diesen Grenzfrequenzen zwischen diesen 4 Hz und 24 Hz liegen.
6. Festlegung der maximalen Auslenkungen, bei denen die Lager noch ihre Funktionstüchtigkeit beibehalten. Übliche Werte für LKW-Lager sind: längs 5–7 mm, seitlich 4–6 mm, vertikal nach oben 5–7 mm, vertikal nach unten 15–25 mm.

### 1.4.2 FEM – Finite Elemente Methode

Die Berechnung des dynamischen Verhaltens komplexer Strukturen wird meist mit der Finite Elemente Methode (FEM) ausgeführt. Für die Optimierung des Schwingungsverhaltens eines Motors bis 3500 Hz mittels FE-Simulation werden die im folgenden angeführten Arbeitsschritte ausgeführt:

In einem ersten Schritt wird ein 3D-FE Modell erstellt, d. h. es wird ein FE-Gitter für die Akustikberechnungen aus CAD-Zeichnungen aufgebaut. Diese Gitterstruktur, bestehend aus Finiten Elementen, kann den Motor in unterschiedlichen Detaillierungsgraden abbilden. Für Schwingungsanalysen an einem Motorblock kann es beispielsweise ausreichend sein ausschließlich den Block aus Finiten Elemente Elementen aufzubauen. Üblicherweise werden heute aber die Motoren inklusive ihrer Anbauteile modelliert. In Abb. 1.37 ist das FE-Modell eines 6-Zylinder-Nutzfahrzeugmotors abgebildet, das für die Simulation des Körperschalls bis 3,5 kHz geeignet ist.

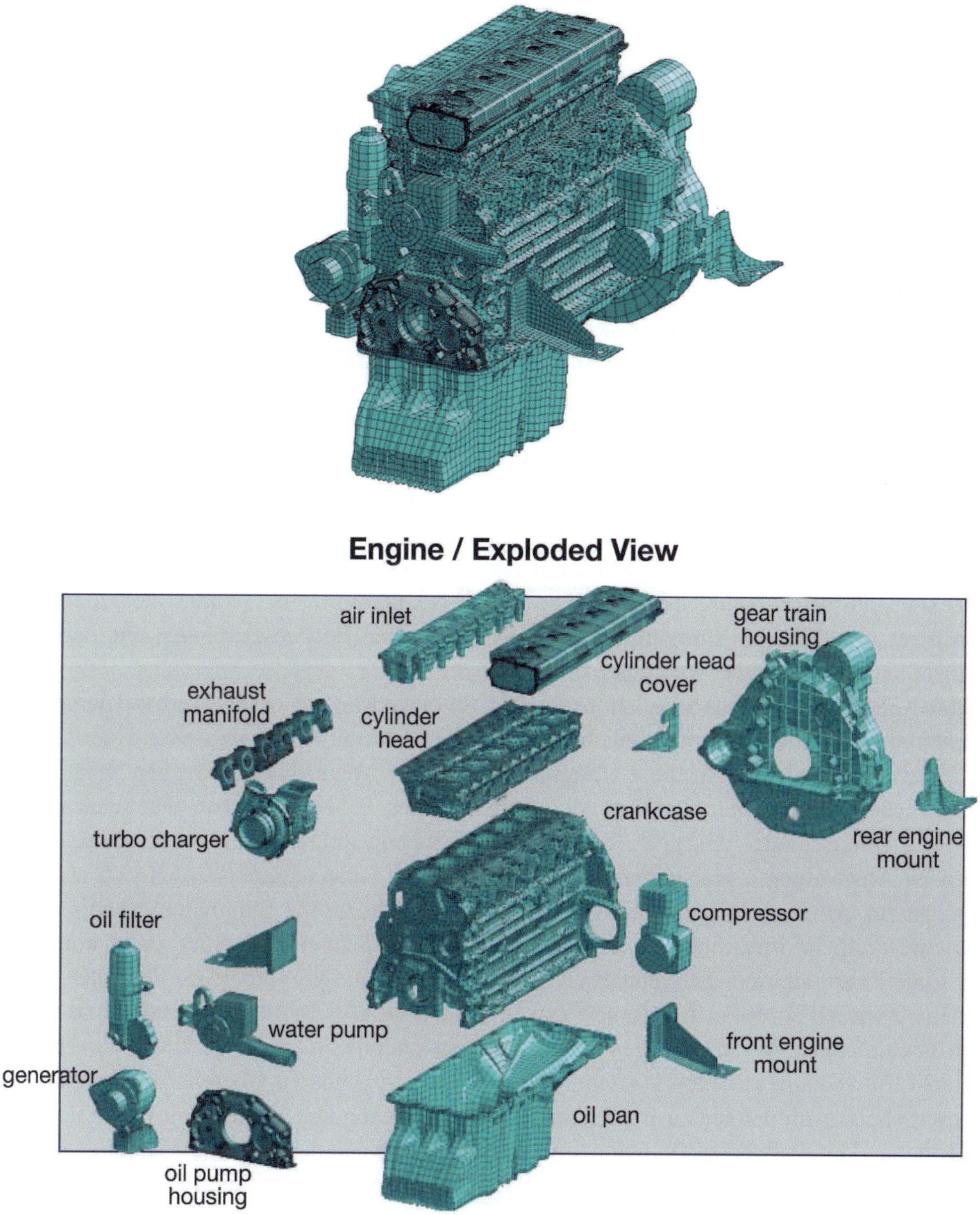


**Abb. 1.37.** Detailliertes FE-Modell eines 6-Zylinder-Nutzfahrzeugmotors

Je höher die Dichte des FE Gitters ist, desto höher-frequente Schwingungsmoden des Motors können abgebildet werden. Der Berechnungsaufwand steigt jedoch exponentiell mit der Dichte des FE-Gitters an. Der Einsatz von speziellen Softwareprogrammen zur automatisierten Vernetzung der CAD Zeichnungen beschleunigt den Aufbau der FE-Modelle signifikant, diese müssen jedoch per Hand nachbearbeitet werden. Diese Nachbearbeitung ist notwendig, da automatisierte Vernetzungsprogramme komplexe Konstruktionen oft nicht fehlerfrei interpretieren.

Neben dem Aufbau eines FE-Modells müssen auch die Anregungskräfte des Motors berechnet werden. Dabei werden heute üblicherweise folgende Anregungen berücksichtigt:

- Gaskräfte (Verbrennungsraumdruck) in den Zylindern
- Ventiltriebsanregungen im Zylinderkopf (Ventilsitze, Nockenwellenlager, etc.)
- Kolbenschlag
- Strömungsgeräusche der Ansaugtrakte
- Anregungen in den Hauptlagern
- Anregungen von Zahneingriffen und des Riementriebes.

Die berechneten Anregungen werden in einem weiteren Schritt auf die FE-Struktur des Motors aufgebracht und das Schwingungsverhalten wird als Antwort auf die Anregungskräfte simuliert. Die Simulation des Körperschalls wird meist in der Zeitbereichsdomäne durchgeführt. Für die Ergebnisdarstellung werden die Ergebnisse mit der Fourier Transformation in die Frequenzdomäne transformiert.

Als Ergebnis von FE-Simulationen werden üblicherweise Schwingungsmoden oder Vibrationspegel der Motoroberfläche nach Terzen unterteilt dargestellt. Für den Fall, dass der simulierte Motor in Hardware vorhanden ist, kann das Simulationsmodell mit Hilfe von experimentellen Prüfstandsdaten abgestimmt werden.

Die Anregungskräfte werden in signifikanten stationären Betriebszuständen wie beispielsweise Leerlauf, Drehzahl bei maximalem Drehmoment oder Nenndrehzahl bei Volllast berechnet. Des weiteren ist es möglich, die Anregungskräfte bei instationären Betriebszuständen wie beispielsweise einem langsamen Volllast-Hochlauf zu berechnen.

In Abb. 1.38 ist ein typisches Simulationsergebnis für einen Motor-Getriebe Verband dargestellt.

Berechnungsergebnisse stimmen üblicherweise nicht exakt mit den gemessenen Oberflächenpegeln überein. Die Ursachen für diese Unterschiede sind die Abweichungen der berechneten von den tatsächlichen Anregungen und die Abweichungen des FE-Modells von der tatsächlichen Struktur. Die Unterschiede zwischen Berechnungsergebnissen und experimentellen Messwerten sind, je nach Anwendung, sogar teilweise signifikant. Diese Unterschiede werden sich auch zukünftig nicht zur Gänze vermeiden lassen. Trotzdem liefern akustische Simulationsergebnisse bereits heute wertvolle Informationen über das Schwingungsverhalten eines Motors. Dabei kommt es in erster Linie darauf an, richtige Trendabschätzungen zu treffen. Die Vorhersage absoluter Vibrationspegel am virtuellen Motor funktioniert zum Teil heute bereits. In diesem Bereich sind in den nächsten Jahren weitere Verbesserungen der Simulationsmodelle zu erwarten. Die Schwerpunkte der weiteren Entwicklungsarbeiten konzentrieren sich auf ein genauere Übereinstimmung der Simulationsergebnisse mit den realen Bauteilen. Hier sind insbesondere Verbindungselemente, elastische Elemente, Verbundwerkstoffe und neue Materialien Themen der Forschungsarbeiten.

Zur Überprüfung der Vorhersagegenauigkeit eines FE-Modells werden die Ergebnisse der Modalanalyse verwendet. Dabei werden die berechneten und experimentellen Schwingungsmoden gegenübergestellt. Dieser Vergleich ist natürlich nur dann möglich, wenn der Motor in Hardware vorhanden ist.

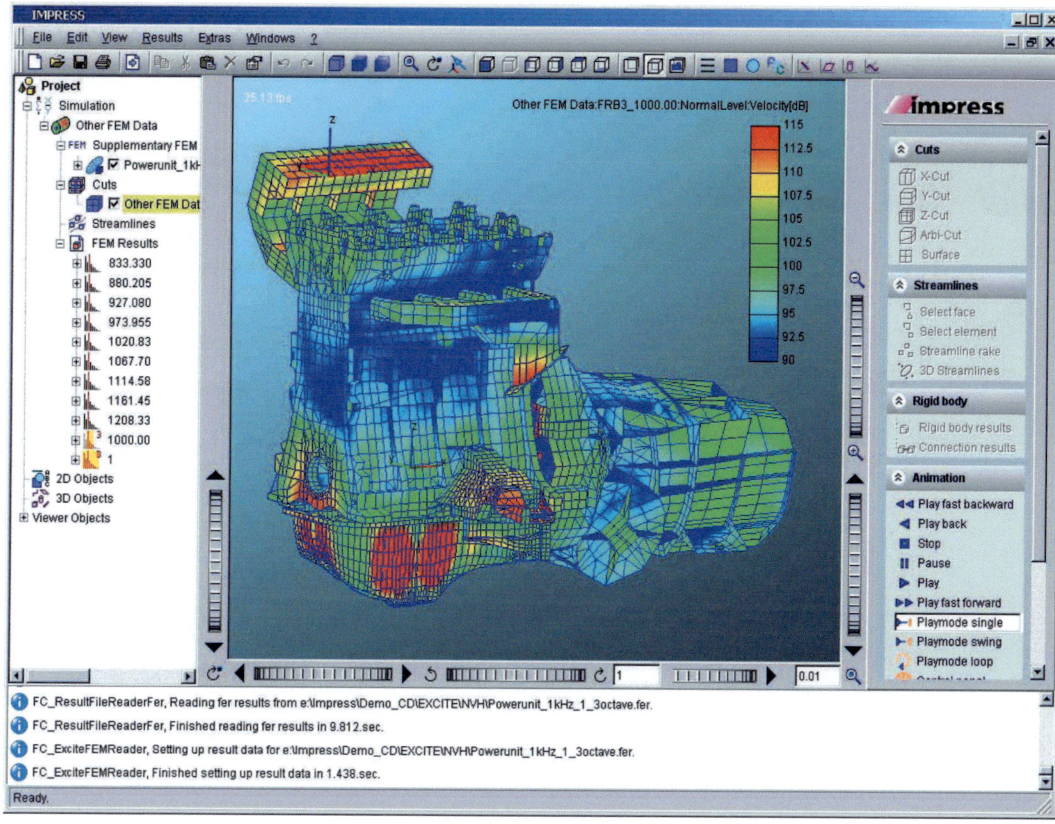


**Abb. 1.38.** Bildschirmdarstellung des berechneten Oberflächen-Körperschallpegels eines Motor-Getriebeverbundes im 1 kHz Terzband

In Abb. 1.39 ist ein Vergleich zwischen gemessenen und berechneten Schwingungsmoden eines Motors dargestellt. Dieser MAC (*Modal Assurance Criterion*) Vergleich zeigt die hohe Übereinstimmung zwischen berechneten und gemessenen Schwingungsmoden.

Bei einer hohen Übereinstimmung zwischen berechneten und gemessenen Moden des betrachteten Motors kann man davon ausgehen, dass das FE Modell des Motors die wesentlichsten strukturellen Schwingungseigenschaften des Motors abbildet.

Je nach Messpunkt können die Berechnungsergebnisse der Oberflächenvibrationen bis zu etwa 3 dB von den versuchstechnisch gemessenen Werten abweichen. Diese Abweichungen sind, wie oben bereits erwähnt, zu relativieren, da die Berechnungsergebnisse in erster Linie richtige Trendaussagen zu treffen haben.

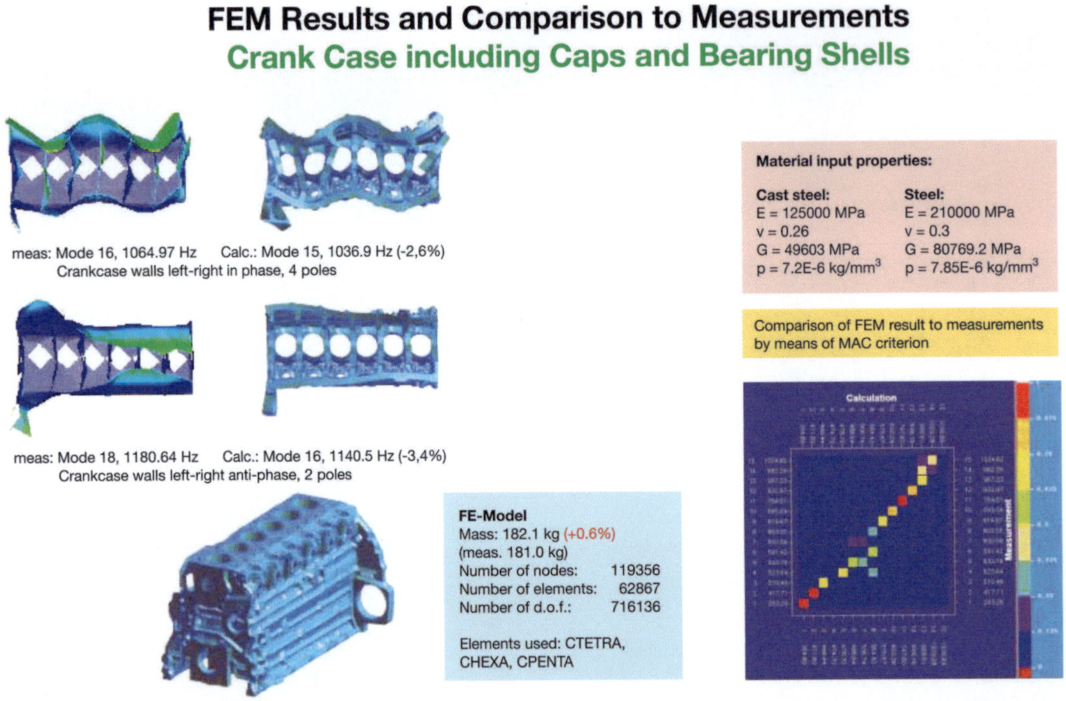


**Abb. 1.39.** Ergebnisse des MAC-Tests für die Schwingungsmoden eines Motors

### 1.4.3 BEM – Boundary Element Methode

Bei der BEM wird die gesamte Oberflächenstruktur eines Motors mit Boundary Elementen aufgebaut. Im Unterschied zu *Finiten Elementen* stellen die *Boundary Elemente* Oberflächenelemente dar.

Aus den Oberflächenvibrationen kann mit der BEM die kugelförmige Luftschallabstrahlung der Motoroberfläche berechnet werden. Die Simulation der Luftschallabstrahlung eines Motors ist hilfreich, um eine Abschätzung des 1 m Geräuschpegels zu erhalten. Weiters ist die Simulation der Luftschallabstrahlung notwendig, wenn weiterführende Simulationen ausgeführt werden. Beispielsweise die Simulation des Vorbeifahrtsgeräusches eines gesamten Fahrzeuges.

In Abb. 1.40 ist ein Beispiel für eine Simulation einer kugelförmigen Luftabstrahlung eines Motors dargestellt.

#### Luftschallabstrahlung von Fahrzeugen

Es ist heute bereits möglich das motorinduzierte Außengeräusch eines Fahrzeuges mit FE und BE basierten Methoden zu berechnen. Dabei wird die Luftschallabstrahlung des Motors als Anregungsquelle verwendet. In weiteren Schritten wird das Schallfeld innerhalb des Motorraumes und darauf aufbauend schließlich die kugelförmige Luftschallabstrahlung des gesamten Fahrzeuges berechnet.

Dafür muss die gesamte Fahrzeugstruktur mit Boundary Elementen abgebildet werden. Diese Fahrzeugmodelle stellen stark vereinfachte geometrische Abbildungen der tatsächlichen Struktur dar, um den Rechenaufwand zu beschränken. Die einzelnen Oberflächenelemente der Fahrzeug-BE-Modelle werden mit unterschiedlichen Absorptionskoeffizienten beaufschlagt.

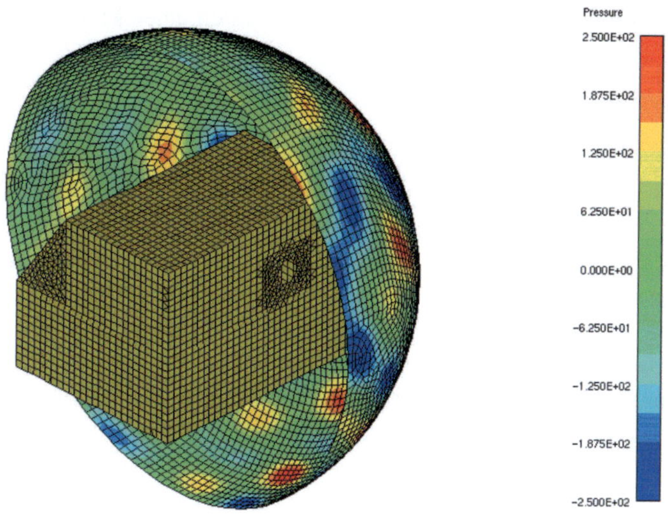


**Abb. 1.40.** Ergebnis der simulierten kugelförmigen Luftschallabstrahlung eines Motors

Das simulierte Außengeräusch beschränkt sich auf die Luftschallabstrahlung der Motorraum-Öffnungen, d. h. Luftschall-induzierte Schwingungen der Fahrzeug-Karosserie werden dabei nicht berücksichtigt. Der Frequenzbereich dieser Berechnungsmodelle erstreckt sich von etwa 0 Hz bis 3500 Hz.

### Optimierung der akustischen Eigenschaften eines Motors mit Hilfe von Berechnungsmodellen

Nach der Anregung der FE Struktur mit den simulierten Anregungskräften und der Analyse der Ergebnisse werden konstruktive Änderungen an der Struktur durchgeführt und/oder Anregungskräfte und deren Ursachen modifiziert. Nach dieser Änderung der Anregungen und der Struktur wird das Schwingungsverhalten nochmals berechnet und die Ergebnisse werden mit der ursprünglichen Version verglichen. Diese Optimierungsstufen können mehrmals ausgeführt werden und sind am virtuellen Motor sehr rasch und effizient durchführbar.

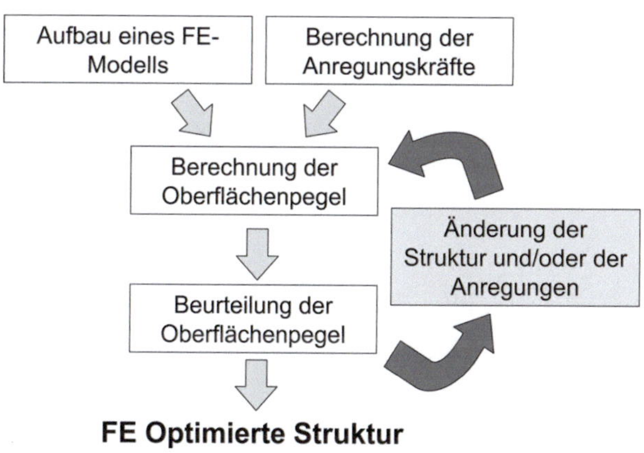


**Abb. 1.41.** Ablauf zur Optimierung der akustischen Eigenschaften am virtuellen Motor

In Abb. 1.41 ist der Ablauf zur Optimierung der akustischen Eigenschaften eines Motors grafisch abgebildet.

### 1.4.4 SEA – Statistical Energy Analysis

Die SEA *Statistical Energy Analysis* ist der bekannteste Vertreter unter den akustischen Berechnungsmethoden basierend auf der Energiebetrachtung.

Die Grundidee der SEA besteht darin, dass eine Struktur in Subsysteme aufgeteilt wird und die gespeicherten und ausgetauschten Energien analysiert werden. Jedes Subsystem wird dabei durch die aufgenommene, gespeicherte und abgegebene Energie charakterisiert. Ein Subsystem ist dadurch gekennzeichnet, dass es mehr oder weniger unabhängig von anderen Subsystemen schwingen kann und dass es in Schwingungsmoden schwingt. Bei einer sprunghaften Abschaltung der zugeführten Energie bedeutet dies, dass die Schwingungen des Subsystems langsam und nicht sprunghaft abklingen, wie dies bei einer Punktmasse der Fall wäre. Beispiele für derartige Subsysteme sind

- Hohlräume (charakterisiert durch Volumen, Materialkennwerte und Absorptionsparameter)
- Platten (charakterisiert durch Fläche, Dicke, Materialkennwerte, Dämpfung)
- Balken (charakterisiert durch Länge, Form des Querschnittes, Materialparameter, Dämpfung).

Die Vorteile der SEA Methode bestehen in:

- Das Leistungs-Energie-Verhältnis verhält sich relativ stabil gegenüber kleinen Parametervariationen.
- Energieeinheiten lassen sich leicht mitteln.
- Das angestrebte Berechnungsergebnis ist oftmals eine Energiegröße.

Die Nachteile bzw. die Einschränkungen der SEA-Methode bestehen in:

- Die SEA Theorie basiert auf Annahmen, die in der Praxis nicht immer zutreffen. Beispiele: weiche Kopplung der Subsysteme, Dämpfung sollte weder zu hoch noch zu nieder sein, homogenes Verhalten der Subsysteme, Schallfelder werden als diffus betrachtet.
- SEA erfordert hohes Know-how für den Aufbau der Simulationsmodelle.
- SEA liefert keine Informationen über die lokale Verteilung der Vibrationen auf den Sub-Systemen.
- SEA Modelle sind zu FEM/BEM Modellen nicht kompatibel, d. h. es ergeben sich hohe Modellierungskosten.

Die SEA wird heute in vielen Bereichen, insbesondere bei höher-frequenten vibroakustischen Anwendungen eingesetzt. Anwendungsbeispiele für die SEA Methode sind:

- Gebäudeakustik
- Flugzeug- und Schiffsakustik
- Fahrzeugakustik (Berechnung des Innengeräusches über 500 Hz, Modellierung der Übertragungswege entlang der Fahrzeugstruktur, Modellierung des Fahrzeug *Sound Packages*).

### 1.4.5 Neue Verfahren zum Schließen der Frequenzlücke

Der Fahrzeugentwicklungsprozess erfordert zunehmend effizientere und genauere Methoden zur Vorhersage des Fahrzeuginnengeräusches basierend auf CAD Daten.

Die heutigen Methoden zur Berechnung des Fahrzeug-Innengeräusches können den wesentlichen Frequenzbereich nicht zufriedenstellend abdecken. Die Finite Elemente Methode (FEM) ist für den tiefen Frequenzbereich bis etwa 250 Hz einsetzbar. Insbesondere die Modellierung der einzelnen Lufträume wie beispielsweise des Motorraumes oder des Fahrgastraumes würde eine Gitterdichte erfordern, die vorhandene Rechenleistung bei weitem übersteigt.

Für hohe Frequenzen wird zur Berechnungen des Fahrzeuginnengeräusches heute üblicherweise die Statistical Energy Analysis Methode (SEA) mit einer unteren Grenzfrequenz von etwa 500 Hz eingesetzt. Die Einschränkung der SEA-Methode zu tieferen Frequenzen ergibt sich daraus, dass die für die SEA erforderliche Modendichte unter etwa 500Hz nicht mehr hoch genug ist, um valide Berechnungsergebnisse liefern zu können. Eine weitere Einschränkung der SEA ergibt sich daraus, dass keinerlei Phaseninformation vorhanden ist, was insbesondere für den tieferen Frequenzbereich von Bedeutung ist.

Um Schallberechnungen über einen weiten Frequenzbereich durchführen zu können und die bekannten Einschränkungen der FEM/BEM und SEA Methoden zu umgehen, wurde eine Vielzahl an neuen Methoden entwickelt. Diese Methoden befinden sich noch in der Entwicklungsphase, d. h. sie werden für den Fahrzeug-Entwicklungsprozess heute noch nicht eingesetzt. Im folgenden sind einige dieser neuen Methoden angeführt.

- Bei der *Wave Based Prediction Technique* (WBT) werden die Variablen des dynamischen Feldes in Form von Wellenfunktionen angegeben. Diese Wellenfunktionen stellen homogene Lösungen der Wellengleichungen dar. Mit der WBT können Frequenzen von Fahrzeuginnenraumgeräuschen bis zu 1000 Hz simuliert werden.
- Die *Wave Intensity Analysis* (WIA) funktioniert ähnlich wie die SEA, mit dem Unterschied, dass eine Fourier Analyse der Schallfeldintensität innerhalb eines Subsystems durchgeführt wird. Dies lockert die SEA Diffusfeld Annahme.
- Bei dem *Smooth Energy Model* (SEM) oder der *High Frequency Boundary Element Method* HFBEM werden Energievariablen in BEM-Modellen eingeführt.
- Der *Energetic Mean Mobility Approach* (EMMA) ermöglicht die Berücksichtigung heterogener Strukturen.
- Bei der *Complex Envelope Distribution Analysis* (CEDA) werden statt Frequenzspektren sogenannte *cepstrums* verwendet.
- *Hybride Methoden* integrieren meist modales Schwingungsverhalten von Subsystemen in SEA-Modelle.

### 1.4.6 Ladungswechsel-Simulation

Die Mündungsgeräusche und die Oberflächenabstrahlung von Ansaug- und Abgasanlagen können einen wesentlichen Bestandteil der Geräuschabstrahlung eines Fahrzeuges bilden. Zum einen geht es dabei darum das verursachte Geräuschniveau zu senken, zum anderen sind diese beiden Geräuschquellen sehr wesentlich, wenn es darum geht einen guten *Sound* für ein Fahrzeug, sowohl innen als auch außen zu erzeugen.

Mit Simulationen des Ladungswechsels von Motoren können Vorhersagen über das Leistungsverhalten, thermodynamische Prozesse und die Geräuschabstrahlung der Mündungsgeräusche getroffen werden.

Die thermodynamischen Prozesse eines Arbeitsspiels können entsprechend den herrschenden Druckniveaus in zwei Phasen eingeteilt werden. Die erste Phase, die Hochduckphase, umfasst die Verdichtung, die Verbrennung und einen Teil der Expansion der Verbrennungsgase. Die zweite

Phase, der Ladungswechsel, umfasst das Verlassen der Verbrennungsgase und das Einbringen von Frischluft in den Zylinder. Die Druckwellenausbreitungen, die sich durch die Ventilbewegungen ergeben, bestimmen gleichzeitig die Ansaug- und Abgasgeräusche.

Die Strömung in den Rohrleitungen wird dabei meist 1-dimensional nachgebildet. Dies bedeutet, dass Drücke, Temperaturen und Strömungsgeschwindigkeiten als Lösungen der nichtlinearen Gleichungen der Gasdynamik als Mittelwert über den Leitungsquerschnitt zu sehen sind. Strömungsverluste, die durch 3-dimensionale Effekte an bestimmten Stellen im Motor auftreten, werden mit Strömungskoeffizienten berücksichtigt.

Die Anforderungen an die Genauigkeit dieser Simulationsmodelle werden, ebenso wie bei allen anderen Berechnungswerkzeugen, von den jeweiligen Anwendungsbereichen bestimmt. Für die Bewertung des Außengeräusches eines Fahrzeuges in Hinblick auf die Erreichung der gesetzlichen Vorbeifahrtsvorschriften ist es meist ausreichend den A-bewerteten Gesamtpegel der Mündungsgeräusche zu berechnen. Für die Arbeit zur *Sound Gestaltung* sind die Anforderungen deutlich höher, hier müssen die dominanten Motorordnungen in ihren absoluten Schallpegeln vorhergesagt werden können. Sowohl das Ansaug- als auch das Abgasmündungsgeräusch weisen einen ausgeprägten Ordnungscharakter auf, d. h. diese beiden Schallquellen eignen sich besser zur *Sound Gestaltung* als alle anderen Geräuschquellen eines Fahrzeuges.

Das Auspuffgeräusch weist einen höheren Schallpegel als das Ansauggeräusch auf, da die Druckschwankungen im Abgassystem durch den höheren Restdruck im Zylinder am Ende der Expansion höher sind. Die Ursache dafür ist das stärkere Druckgefälle zwischen Zylinder und Abgaskrümmer beim Öffnen der Auslassventile.

Die Ansaugmündung ist bei PKWs meist im Motorraum untergebracht. Es ist daher naheliegend, diesen Geräuschanteil für die Fahrzeuginnenraum *Sound* Gestaltung zu verwenden. In einem ersten Schritt werden dabei diejenigen Motorordnungen, die einen guten Fahrzeugsound ergeben, an der Ansaugmündung verstärkt bzw. erzeugt. In einem zweiten Schritt werden die Übertragungswege von der Ansaugmündung in die Fahrgastzelle verstärkt.

Die höheren Druckamplituden und Strömungsgeschwindigkeiten sowie die höheren Temperaturunterschiede entlang des Abgassystems erschweren die Simulation des Abgassystems im Vergleich zum Ansaugsystem erheblich. Die Berechnungsergebnisse der Ansaugmündungsgeräusche entsprechen daher genauer den tatsächlich gemessenen Geräuschspektren als die der Abgasmündungsgeräusche.

Bei hohen Durchsätzen kann das Strömungsgeräusch des Ansaugsystems eine bedeutende Rolle spielen (Jet-Noise). Die Simulation dieses Strömungsgeräusches wird heute noch nicht in der praktischen Entwicklungsarbeit eingesetzt.

## 1.5 Gesetzliche Vorschriften, Richtlinien und Messverfahren

Speziell in Städten ist der Straßenverkehr heute die dominante Schallursache. Um die Lärmbelastung der Einwohner in Grenzen zu halten oder gar zu reduzieren, hat der Gesetzgeber nahezu in jedem Land der Erde Grenzwerte und Prüfverfahren zur Beurteilung der Fahrzeugaußengeräusche vorgeschrieben. In der Europäischen Union gab es erstmals 1970 mit der Richtlinie 70/157/EEC harmonisierte Geräusch-Vorschriften für Straßenfahrzeuge. Die Überführung in das nationale Recht der Bundesrepublik Deutschland erfolgt durch die Übernahme in die Straßenverkehrszulassungsordnung. Die zugehörigen Messungen finden im Rahmen der sogenannten Typprüfung bei dem Hersteller oder einer Prüfvereinigung wie dem Technischen Überwachungsverein oder Dekra statt. Das Ergebnis der Messung entscheidet über die Zulassung des Fahrzeugs zum Straßenverkehr.

### Das Prüfverfahren

In den meisten Ländern wird das Außengeräusch nach dem im ISO-Standard 362 definierten Verfahren ermittelt. Die zugehörigen Grenzwerte sind allerdings in den Ländern verschieden. In diesem Standard sind Anforderungen an die Instrumentierung sowie die Durchführung der Messung und Prüfung spezifiziert. Abb. 1.42 zeigt die Außengeräusch-Messanordnung nach ISO 362, Tab. 1.4 einige derzeit gültige europäische Grenzwerte für die Ermittlung gemäß ISO 362.

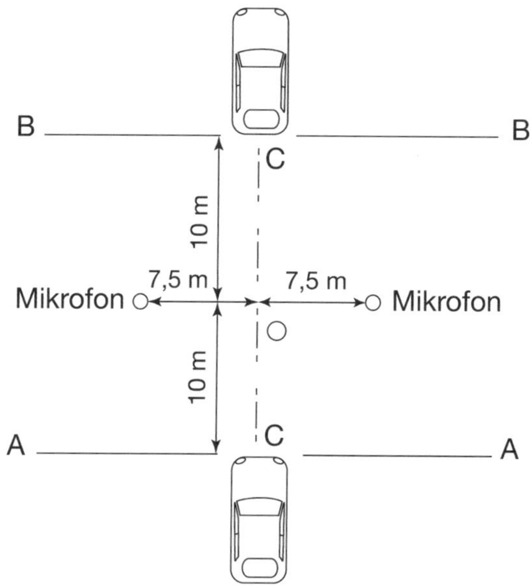


**Abb. 1.42.** Außengeräusch-Messanordnung nach ISO 362; Mikrofonhöhe 1,2 m

**Tabelle 1.4.** Europäische Außengeräusch-Grenzwerte gemäß EU-Richtlinie 2007/34/EC, ermittelt nach ISO 362

| Fahrzeugkategorie | Grenzwert [dB(A)] |
|---|---|
| Personenkraftwagen mit max. 9 Sitzen | 74 |
| Fahrzeuge zur Personenbeförderung mit mehr als 9 Sitzen und Nutzfahrzeuge<br>– max. zulässiges Gesamtgewicht bis 2 t<br>– max. zulässiges Gesamtgewicht von über 2 t bis 3,5 t | <br>76<br>77 |
| Fahrzeuge zur Personenbeförderung mit mehr als 9 Sitzen mit mehr als 3,5 t max. zul. Gesamtgewicht<br>– Motorleistung < 150 kW<br>– Motorleistung ab 150 kW | <br>78<br>80 |
| Nutzfahrzeuge mit mehr als 3,5 t max. zulässigem Gesamtgewicht<br>– Motorleistung < 75 kW<br>– Motorleistung von 75 kW bis < 150 kW<br>– Motorleistung ab 150 kW | <br>77<br>78<br>80 |

Bei dem Verfahren gemäß ISO 362 wird das zu prüfende Fahrzeug durch die 20 m lange Messstrecke gefahren, in der mittig zu AA und BB jeweils im Abstand von 7.5 m senkrecht zur Fahrachse CC ein Mikrofon (z. B. in einem Schallpegelmesser) auf einer Höhe von 1.2 m angebracht ist, welches den Schalldruckverlauf aufnimmt.

Zur Gültigkeit der Messung müssen verschiedene Randbedingungen erfüllt sein, wie:

- Windgeschwindigkeit an den Mikrofonen kleiner als 5 m/s
- Keine störenden Elemente mit Reflexionen in der Nähe der Messstrecke
- Hintergrundgeräusch mindestens 10 dB kleiner als das Geräusch des Testfahrzeugs
- Der Belag muss vorgegebene Oberflächenanforderungen einhalten.

Bei Einfahrt der Fahrzeugfront in die Messstrecke bei AA wird das Fahrzeug mit Volllast so lange beschleunigt, bis das Fahrzeugheck die Messstrecke in BB wieder verlässt. Die Durchfahrt erfolgt auf der Achse CC. Die Einfahrgeschwindigkeit ist ebenso wie die Gänge, in denen die Prozedur gefahren werden muss, die Ermittlung des gültigen Gesamtwertes aus den Einzelwerten etc. in der Vorschrift geregelt. Bei der Messung können eine ganze Menge von Messabweichungen auftreten, die das Ergebnis verfälschen und zu Messunsicherheiten führen. Schließlich entscheidet bei der Typprüfung die Messung an einem Fahrzeug über die Zulassung des Fahrzeugs zur Serie. Beispiele für Abweichungen sind:

- Einfahrgeschwindigkeit
- Seitenabweichung
- Wetter
- Schallpegelmesseinrichtung.

**Weiterentwicklung der Vorschrift**

Abb. 1.43 zeigt die Entwicklung des Außengeräusch-Grenzwertes für PKW in Europa seit der ersten harmonisierten Festlegung 1970. Man erkennt, dass die Werte kontinuierlich reduziert wurden.

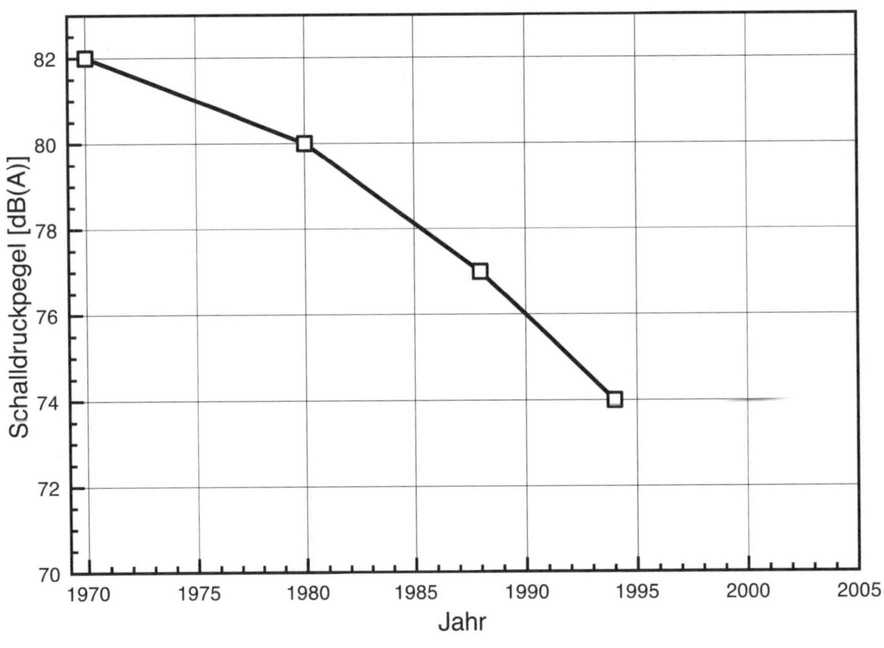


**Abb. 1.43.** Entwicklung des Außengeräusch-Grenzwertes für PKW in Europa

Seit 1994 wurde der Grenzwert für PKWs in Europa allerdings nicht mehr angepasst. Hintergrund hierfür ist, dass die derzeit gültige Prüfvorschrift weniger das durchschnittliche Fahrgeräusch, sondern mehr das maximale Geräusch wie bei einem scharfen Anfahren an einer Ampel bewertet, womit z. B. leistungsstärkere Fahrzeuge durch das Verfahren benachteiligt werden. Insgesamt erwies sich der Typprüfungsbetrieb nach ISO 362 als zu wenig repräsentativ für den typischen Fahrbetrieb im städtischen Straßenverkehr, so dass sich trotz deutlicher Absenkung der Geräuschgrenzwerte seit 1970 in der Lärmbelastung der (städtischen) Bevölkerung kaum eine Verminderung ergab. Daher wurde ein neues Prüfverfahren entwickelt, indem man die Messstrecke nicht mehr nur mit Vollastbeschleunigung durchfährt, sondern auch mit konstanter Geschwindigkeit, um anschließend wieder über eine gewichtete Mittelwertbildung den Typprüfwert zu ermitteln. Dieses neue Prüfverfahren, definiert in der UN/ECE Richtlinie Nr. 51 (aktualisierte Version vom 18. 6. 2007), liefert tendenzmäßig niedrigere Messergebnisse als das Verfahren nach ISO 362. Um bei der Festlegung von neuen Außengeräusch-Grenzwerten diese Auswirkungen der neuen Testprozedur berücksichtigen zu können, wurde von der EU eine zweijährige Übergangsphase zur Sammlung relevanter Daten eingerichtet, in der für die Typenzulassung nach wie vor ISO 362 gilt, aber parallel dazu auch nach dem neuen Verfahren gemessen werden muss und die Ergebnisse an die EU zu berichten sind. Diese Übergangsphase läuft vom 6. Juli 2008 bis zum 6. Juli 2010.

Neben der Vorbeifahrvorschrift gibt es auch eine Geräuschvorschrift für Reifen (EU-Richtlinie 2001/43/EC) sowie in einigen Ländern Vorschriften zu Standgeräuschmessungen, bei denen in definiertem Abstand zum Schalldämpferendrohr gemessen wird. Vorschriften zum Innengeräusch finden sich nur in wenigen Staaten oder teilweise für Fahrzeuge von Behörden etc.

Während bei der Typprüfung nur maximale Messwerte von Bedeutung sind, kommt es für den Entwickler darauf an, die gemessenen Verläufe zu interpretieren und Rückschlüsse auf die beteiligten Schallquellen zu ziehen. Hierzu wendet er die Teilschallquellenanalyse an, die in Kap. 3 angesprochen wird, mit deren Hilfe er in die Lage versetzt wird, Spitzen in den Verläufen über die Zuordnung innerhalb der Messstrecke und mit Hilfe der links/rechts Signalunterschiede an den Mikrofonen der jeweiligen Schallquelle zuzuordnen.

# 2 Akustik des Fahrzeugantriebs

## 2.1 Allgemeiner Überblick Motorakustik

### 2.1.1 Geräuschquellen im Motor

Die Entstehung des von der Motoroberfläche abgestrahlten Geräusches kann anhand des in Abb. 2.1 dargestellten Prinzips erläutert werden. Die anregenden Kräfte resultieren einerseits aus den periodischen Druckschwankungen im Brennraum, insbesondere während des Zeitpunktes der Verbrennung, und andererseits aus mechanischen Stoßvorgängen zwischen Kolben und Zylinderbüchse sowie zwischen Pleuel, Kurbelwelle und Hauptlagern, den mechanischen Anregungen im Ventiltrieb, im Steuerrädertrieb und in den Hilfsmaschinen. Als Beispiel für solche erregenden Kräfte sind in Abb. 2.2 links der Brennraumdruck, Stoßkräfte infolge der Ventil- und Kolbenbewegung sowie Massenkräfte durch ihre Frequenzspektren dargestellt.

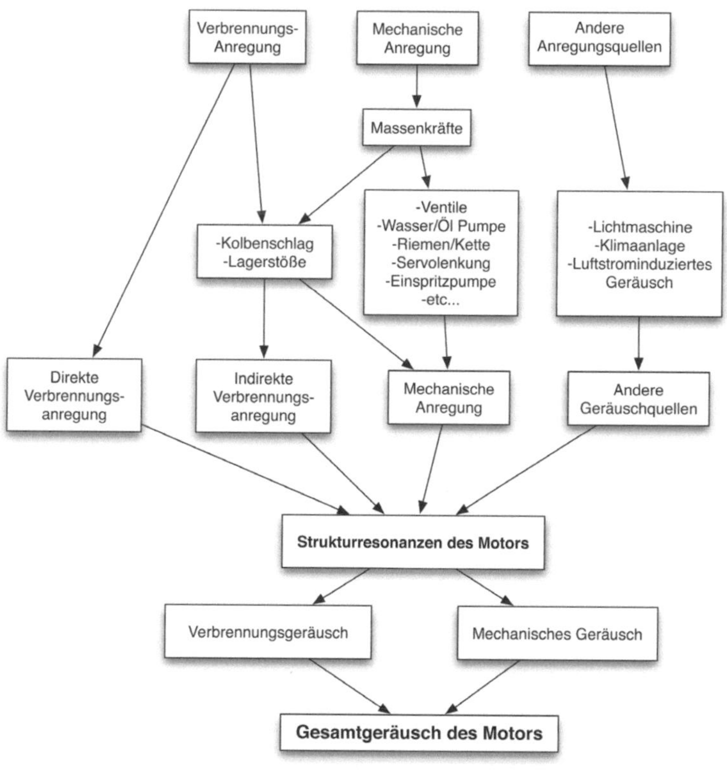


**Abb. 2.1.** Entstehung des Motorgeräusches aus Quellen und Transfercharakteristik der Motorstruktur

### 2.1.2 Geräuschabstrahlung von der Motoroberfläche

Das von der Motoroberfläche von Verbrennungsmotoren abgestrahlte Geräusch ist durch die anregenden Kräfte und die Bauart der Motoren innerhalb gewisser Grenzen bestimmt. Die Größenordnung dieses Geräusches lässt sich aus dem akustischen Wirkungsgrad, das ist das Verhältnis der abgestrahlten Schalleistung zur Nutzleistung abschätzen, und liegt im Bereich von $10^{-7}$ bis $10^{-5}$, mit ansteigender Tendenz bei zunehmender Nenndrehzahl.

Jede der anregenden Kräfte bewirkt infolge der Übertragung über die Motorstruktur an der Motoroberfläche Vibrationen (Körperschall). Der Zusammenhang zwischen Anregung und Körperschall ist durch die konstruktive Ausbildung der Motorstruktur gegeben. Er lässt sich durch Übertragungsfunktionen beschreiben, die sich aus Eingangs- und Übertragungsimpedanz zusammensetzen und die durch das Verhältnis zwischen erregender Kraft $F$ und Schwingschnelle $v$ an der Oberfläche definiert sind.

Als Beispiel für die Anregung und den Körperschall an der Motoroberfläche sind in Abb. 2.2 der prinzipielle Verlauf der Frequenzspektren der Anregungsphänomene, der Schwingschnelle und der Luftschallabstrahlung dargestellt, die in Summe einen bestimmten abgestrahlten Luftschallpegel ergeben.

Rechts im Bild ist das Frequenzspektrum des gesamten abgestrahlten Luftschalles dargestellt. Der Luftschall ergibt sich aus den Schwingschnellen der den Luftschall abstrahlenden Motoroberflächen. Er ist zusätzlich eine Funktion des Abstrahlgrades, der von der Frequenz sowie von der Größe der Fläche, dem Material, der Wandstärke und der konstruktiven Ausbildung der Oberfläche abhängt.

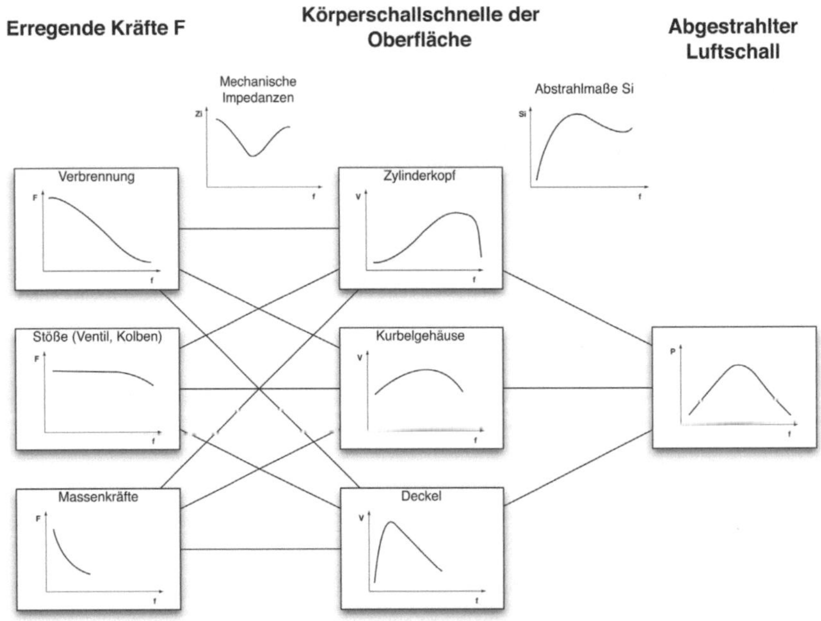


**Abb. 2.2.** Schema der Entstehung und Weiterleitung des von den Motoroberflächen abgestrahlten Geräusches

### 2.1.3 Vibrationsverhalten des Motors

Infolge des Arbeitsprozesses treten an der gesamten Motoroberfläche Schwingungen auf. Diese Schwingungen beeinflussen, wie vorher erwähnt, die Geräuschabstrahlung des Motors aber auch die Schwingungseinleitung in das Fahrzeug über die elastische Lagerung zwischen Motor und Karosserie. Speziell an allen Koppelpunkten zum Fahrzeug wie Aggregatlagerung, Abgas- und Ansaugsystemaufhängung, Schlauchverbindungen etc. werden die dort am Motor vorhandenen Schwingungen über die Koppelelemente in das Fahrzeug eingeleitet. Normalerweise erfolgt eine weitgehende Reduktion dieser Schwingungseinleitung dahingehend, dass elastische Zwischenelemente alle hochfrequenten Schwingungsanteile deutlich reduzieren.

### 2.1.4 Allgemeine Voraussetzung für eine wirksame Geräusch- und Vibrationsabminderung

Geräuschverminderungen ergeben sich durch die Reduktion des abgestrahlten Luftschalles. Da sich das Gesamtgeräusch aus dem Beitrag verschiedener Abstrahlorte- und Flächen zusammensetzt, lässt sich, wenn nicht alle abstrahlenden Quellen vermindert werden, das Geräusch auch im günstigsten Fall nur auf den Anteil der unbehandelten Quellen herabsetzen. Nimmt man beispielsweise fünf gleich starke Quellen, schaltet vier hiervon völlig aus, so dass nur eine unbehandelte Quelle mit 30% des ursprünglich abgestrahlten Luftschalles verbleibt, dann erfolgt in diesem Fall eine Verminderung des Schalleistungspegels um

$$\Delta L_p = 10 * \log \frac{100}{20} = 7 \text{ dB}. \tag{2.1}$$

Diese 7 dB Verminderung werden subjektiv als eine Absenkung des Geräuschpegels um ca. 30–40% vom menschlichen Gehör wahrgenommen.

Man erkennt daraus, wie schwierig es ist, deutlich merkbare und damit *hörbare* Geräuschverminderungen durch Reduktion der Abstrahlung zu erzielen.

Auf das gesamte Motorgeräusch angewendet bedeutet dies, dass für eine wirksame Geräuschverminderung die Anteile aller abstrahlenden Teile der Motoroberfläche deutlich verringert werden müssen. Dies kann daher prinzipiell nur durch eine Reduktion der Anregungsphänomene, und/oder durch eine Verminderung der Vibrationsübertragung, sowie eine Beeinflussung des Abstrahlgrades erfolgen. Ähnliche Überlegungen gelten auch für eine Reduktion der Vibrationen an den Koppelstellen zwischen Motor und Fahrzeug.

Der größte Erfolg bei der Geräuschverminderung lässt sich durch sogenannte Primärmaßnahmen, also Maßnahmen zur Verringerung der Geräuschentstehung, erzielen. Durch Verminderung der Anregung, d. h. Verbrennung und Mechanik wird möglichst wenig Körperschall erzeugt und in der Struktur weitergeleitet.

Die mechanische Anregung setzt sich aus verschiedenen Anteilen zusammen, wobei hier die Spiele, die Massen und geometrische Verhältnisse für die Größe der Stoßanregung eine deutliche Rolle spielen. Eine Verminderung der mechanischen Anregungen erfordert eine Verkleinerung der Spiele, sowie eine Reduktion der bewegten Massen und in Bezug auf Kolbenschlag eine Änderung der geometrischen Verhältnisse.

Diese Überlegungen und auch die praktische Erfahrung zeigt, dass Geräuschverminderungen durch Verringerung der Anregung je nach Ausgangssituation, d. h. Entwicklungsstand des Verbrennungssystems und der mechanischen Teile, im allgemeinen durch realistische Randbedingungen mit 2 bis 5 dBA begrenzt sind. Eine weitere wirksame Herabsetzung des von der Motoroberfläche abgestrahlten Geräusches setzt daher Verbesserungsmaßnahmen an der Übertragung in der Motorstruktur und an den abstrahlenden Oberflächen voraus.

Abgesehen von den bisher genannten Möglichkeiten, kann durch Abschirmung der gesamten oder von Teilen der Motoroberfläche eine weitere Verminderung der Abstrahlleistung in der Größenordnung von 5–10 dBA erreicht werden. Diese Geräuschminderung wird heute je nach Fahrzeug durch weitgehende Abschirmung des Antriebsaggregat erreicht.

Generell besteht allerdings die Aufgabe zur Motorgeräuschverringerung darin, Lösungen am Motor selbst mit bestmöglichem Verhältnis zwischen Aufwand, Kosten, Betriebssicherheit und akustischer Wirkung zu erarbeiten.

### 2.1.5 Abgasgeräusch

Das Abgasgeräusch liefert, wenn keine Schalldämpfer verwendet werden, in jedem Fall den höchsten Beitrag zum Gesamtgeräusch eines Motors. Es würden hier Schalleistungspegel von 130 bis 140 dB auftreten.

An den Abgaskrümmer schließt daher im allgemeinen ein Abgassystem an, in das die Abgasreinigungseinheit mit Katalysator und Partikelfilter und ein oder mehrere Schalldämpfer eingefügt sind.

Die Abgasschalldämpfer bestehen im allgemeinen aus mehreren Resonanzsystemen, durch deren Verkettung sich die erforderliche breitbandige Gesamtwirkung einer Geräuschreduktion im unteren Frequenzbereich ergibt. Zusätzlich wird luftschallabsorbierendes Material im Schalldämpfer zur Reduktion der hochfrequenten Anteile des Abgasgeräusches verwendet.

Die Abgasmündung stellt, da in Folge der Auslassventilsteuerung die Abgase zeitlich unregelmäßig ausströmen, eine *punktförmige* Volumenschallquelle dar, die – falls Nichtlinearitäten vernachlässigt werden können – bei Abwesenheit von reflektierenden Flächen ein kugelsymmetrisches Schallfeld erzeugt.

### 2.1.6 Ansauggeräusch

Für das Gesamtgeräusch eines Motors spielt das Ansauggeräusch eine geringere aber ähnliche Rolle wie das Abgasgeräusch.

Das Ansauggeräusch entsteht auf ähnliche Weise wie das Abgasgeräusch. Die Ansaugmündung stellt ebenfalls in erster Näherung eine Punktgeräuschquelle dar.

Die erheblich geringere Ansauggeräuschanregung über die Einlassventile erklärt sich vor allem dadurch, dass das Ansaugvolumen weniger als ein Drittel des Abgasvolumens darstellt, so dass bereits bei gleichartigem zeitlichen Verlauf der Ansaug- und Abgasvolumenströme (Produkte aus Schnelle und Mündungsquerschnitt) der Ansaugvolumenstrom und auch dessen zeitliche Ableitung weniger als ein Drittel der Werte beim Abgas betragen. Das ergibt etwa einen 10 dB niedrigeren Schalldruckpegel im Bereich des Ansaugkrümmers als beim Abgaskrümmer. Zusätzlich ist der Druckunterschied zwischen Zylinder und Röhrenwerk beim Öffnen der Auslassventile deutlich höher als beim Öffnen der Einlassventile. Eine gezielte Ansaugsystem Modifikation kann auch, wenn gewünscht, zur Erzeugung eines speziellen Fahrzeugsounds verwendet werden, da sich damit die einzelnen Motorordnungen sehr gut dem jeweiligen Zielsound entsprechend modellieren lassen.

### 2.1.7 Geräusch von Zusatzaggregaten

Für den Betrieb eines Verbrennungsmotors im Fahrzeug sind im allgemeinen folgende Zusatzaggregate akustisch maßgebend:

- Einspritzanlage
- Turbolader bei aufgeladenen Motoren
- Startermotor
- Lichtmaschine/Generator.

Zusätzlich werden für die Erhöhung des Fahrkomforts im Fahrzeug weitere Zusatzaggregate wie

- Lenkhilfepumpe
- Klimakompressor

notwendig.

Diese Zusatzaggregate erzeugen einerseits bei ihrem Betrieb selbst Geräusche und leiten Vibrationen in die Motorstruktur ein, andererseits wird bei starrer Montage am Motor Körperschall von der Motorstruktur in die Zusatzaggregate eingeleitet, der von deren Oberflächen als Luftschall abgestrahlt wird. Zusätzlich ist darauf zu achten, dass die Zusatzaggregate so steif am Motorblock angebracht sind, dass die erste auftretende Eigenschwingungsform der Zusatzaggregate inklusive deren Ankopplung an die Motorstruktur deutlich über der Frequenz der Anregung durch die Verbrennungssequenzen und die der freien Massenkräfte liegt.

#### Einspritzausrüstung

Das Geräusch der Einspritzausrüstung setzt sich zusammen aus dem Geräusch, welches im Inneren der Pumpe, den Einspritzleitungen und in den Injektoren durch mechanische Vorgänge und Druckpulsationen entsteht und dem Geräusch, welches vom Motor durch Körperschalleinleitung über die Befestigungsteile in der Einspritzausrüstung erzeugt wird. Infolge der starren Befestigung der Pumpe an der Motorstruktur wird die dort erzeugte Schallenergie zum Teil auch in den Motoraufbau eingeleitet und von der Motoroberfläche abgestrahlt. Ein anderer Teil wird an die Einspritzleitungen weitergeleitet und von dort abgestrahlt. Auch die innere Anregung der Einspritzelemente am Zylinderkopf ist eine weitere Geräuschquelle der Einspritzausrüstung.

Das bei Dieselmotoren von der Einspritzausrüstung abgestrahlte Geräusch ist im allgemeinen bei Nennleistung geringer als das vom Motor selbst erzeugte und von der Motoroberfläche abgestrahlte Geräusch, jedoch kann mit heutigen noch immer weiter zunehmenden Einspritzdrücken das Pumpengeräusch in den Bereich des Motorgeräusches ansteigen.

Die Anteile des Einspritzpumpengeräusches werden von der Motorbauart, der Pumpenbauart, der Art der Pumpenbefestigung und dem Pumpen-Betriebszustand stark beeinflusst. In Abb. 2.3 sind die Geräuschanteile des Einspritzsystems am gesamten Motorgeräusch dargestellt. Bei ungünstiger Pumpenbefestigung am Motor, z. B. auf einer zu weichen Konsole, die an einer relativ biegeweichen Stelle des Kurbelgehäuses angebracht ist, kann tieffrequent der von der E-Pumpe abgestrahlte Geräuschanteil eine nicht unerhebliche Größe infolge Resonanzverstärkung erreichen.

#### Turbolader

Der Turbolader beeinflusst einerseits den direkt erzeugten Luftschall des Motors in der Art, dass durch den Verdichter und damit durch das erhöhte Ansaugvolumen das Ansauggeräusch und Abgasgeräusch erhöht wird, wobei die Turbine, als Drossel im Abgassystem wirkend, das Abgasge-

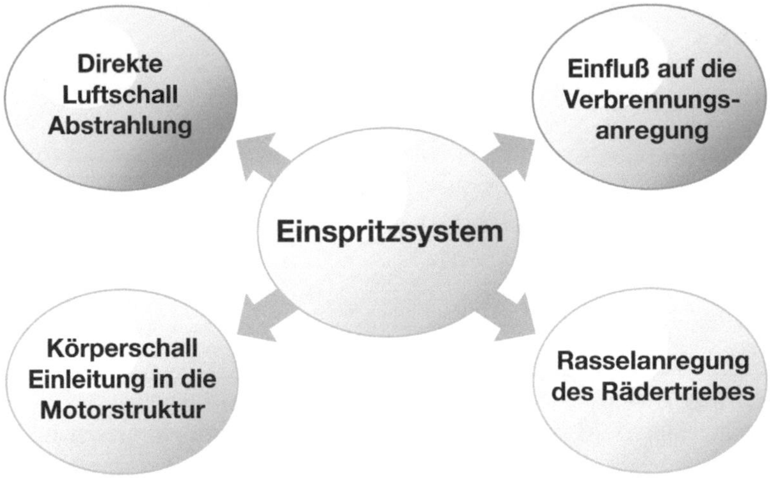


**Abb. 2.3.** Geräuschanteile hervorgerufen durch das Einspritzsystem

räusch etwas abmindert. Andererseits strahlt der Turbolader und das zugehörige Röhrenwerk von seiner Oberfläche Luftschall ab, der durch Körperschall, erregt von den Vorgängen in einer Strömungsmaschine, und durch Körperschall, eingeleitet über die Verbindungselemente vom Motor, hervorgerufen wird. Schließlich kann auch hier ein gewisser Teil der im Turbolader entstehenden Körperschallenergie in den Motoraufbau geleitet und von der Motoroberfläche abgestraht werden.

Infolge der hohen Drehzahl beeinflusst das vom Turbolader hervorgerufene Geräusch hauptsächlich den hohen Frequenzbereich, wobei verschiedenste Geräuschphänomene auftreten. Die Hauptphänomene sind an die Laderdrehzahl gekoppelt und betreffen Unwuchterregung, Strömungspulsaktionen (Laderdrehzahl mal Schaufelzahl von Turbine und/oder Verdichter) und normalerweise weniger ausgeprägt Eigenschwingungsformen der Rotoren im mittleren Frequenzbereich.

### Startermotor

Der Startermotor ist starr an der Motorstruktur befestigt und mit Ausnahme des Startvorganges keine eigene Geräuschquelle. Die Geräuschabstrahlung des Startermotors erfolgt über die Körperschallanregung via die starre Starteranbindung an die Motorstruktur. Diese sollte daher so steif als möglich ausgebildet sein, um zumindest Resonanzen im Anregungsbereich der Verbrennungs- und Massenkraftanregung zu vermeiden. Das Startgeräusch selbst ist eher in Hinblick auf Geräuschqualität als in Hinblick auf Geräuschpegel bedeutungsvoll.

### Lichtmaschine/Generator

Die Lichtmaschinengeräusche stammen zum Großteil von magnetischer- und Strömungsanregung, falls ein Lüfterrad verwendet wird. Die Körperschallanregung ist damit drehzahlproportional (Kombinationen von Magnetpolanzahl, Schaufelanzahl, Anzahl der Lüftungsschlitze etc.). Das Lüftergeräusch entfällt bei wassergekühlten Lichtmaschinen. In Bezug auf tieffrequente Geräuschphänomene ist darauf zu achten, dass die Anbindung der Lichtmaschine an die Motorstruktur so steif als möglich ausgeführt ist, um zumindest Schwingungsformen der gesamten Lichtmaschine als Massepunkt im Bereich der Massen- und Gaskraftanregung zu vermeiden.

#### Lenkhilfepumpe und Klimakompressor

Diese beiden Geräuschquellen sind für den akustischen Komfort des Fahrzeugs maßgebend. In beiden Aggregaten ist die Geräuschanregung hauptsächlich durch Strömungsvorgänge und Druckpulsationen dominiert. Die Anbindung an den Motor muss wieder wie bei anderen Zusatzaggregaten so steif wie möglich ausgeführt sein, um zumindest Resonanzanregung durch die Verbrennungs- und Massenkraftanregung zu vermeiden.

## 2.2 Akustik des Verbrennungsmotors

Wie bereits in Abschnitt 2.1 angeführt, sind eine Vielzahl von internen Anregungsmechanismen für das Schwingungs- und Geräuschverhalten eines Motors verantwortlich. Durch die Arbeitstakte ansaugen, verdichten, verbrennen und ausschieben werden zum einen über Druck- und Stoßimpulse und zum anderen durch Strömungsvorgänge Schwingungen der Motorstruktur angeregt und daraus folgend Luftschall abgestrahlt. Zusätzlich erfolgen Anregungen über Riemen- und/oder Kettentriebe/Rädertriebe sowie über die am Motor befestigten oder integrierten Zusatzaggregate wie Einspritzpumpe, Lichtmaschine, Lenkhilfepumpe, Öl-/Wasserpumpe etc. Als Beispiel der einzelnen Beiträge der Motorbauteile zur gesamten Luftschallabstrahlung ist in Abb. 2.4 und Abb. 2.5 das Ergebnis einer Intensitätsanalyse (siehe Kap. 1.1.4) eines Ottomotors dargestellt.

Im Folgenden wird auf die einzelnen Anregungsphänomene, auf das Schwingungsverhalten und die Luftschallabstrahlung eines Verbrennungsmotors eingegangen.

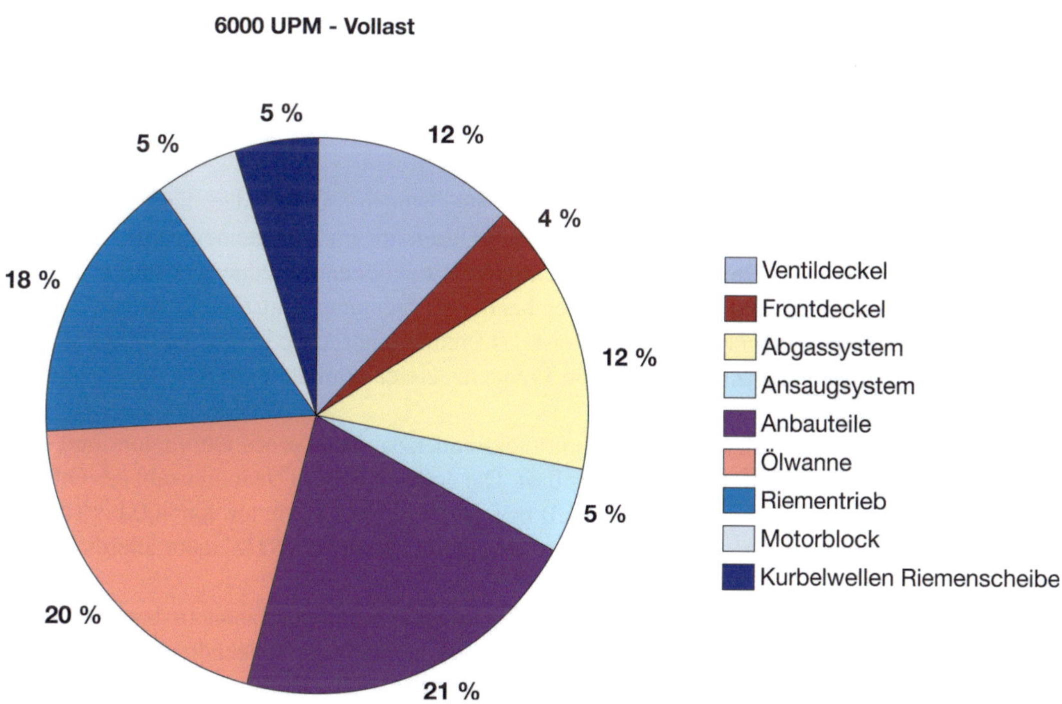


**Abb. 2.4.** Ergebnis eine Intensitätsanalyse eines Ottomotors

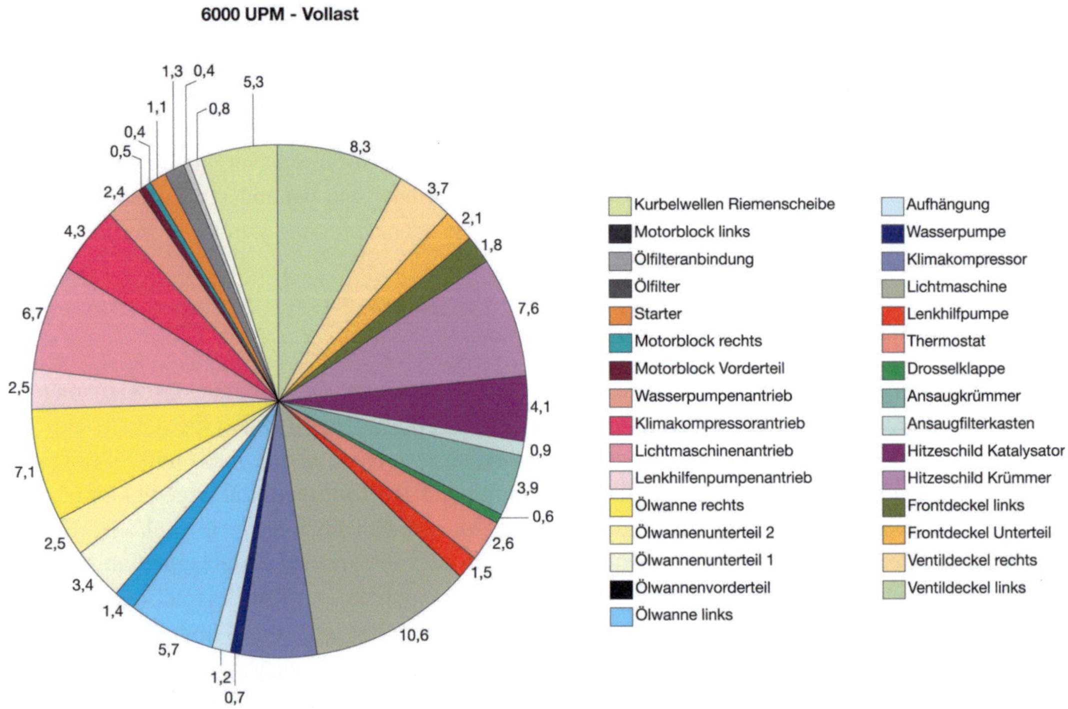


**Abb. 2.5.** Detailliertes Ergebnis eine Intensitätsanalyse eines Ottomotors

### 2.2.1 Innermotorische Anregung

#### Verbrennungsanregung

Der zeitliche Brennraumdruckverlauf ist eine der maßgebenden, insbesondere beim Dieselmotor häufig sogar die dominierende Anregung. Der beim Ottomotor im allgemeinen zeitlich weichere Verbrennungsablauf ergibt Brennraumdruckspektren, die bei höheren Frequenzen stärker abfallen als beim Dieselmotor. Obwohl der Druckanstieg bei der Verbrennung beim Ottomotor im allgemeinen weicher verläuft als beim Dieselmotor, weist das Brennraumdruckspektrum des Ottomotors infolge der höheren Nenndrehzahl im mittleren Frequenzbereich ähnlich hohe Anregungspegel auf wie das des Dieselmotors.

Abb. 2.6 zeigt als Beispiel die Brennraumdruckfrequenzspektren eines Ottomotors und eines Dieselmotors, beide bei Nenndrehzahl und Vollast. Die deutlich höhere Nenndrehzahl des Ottomotors (5500 gegenüber 4000 U/min beim Diesel) bewirkt, dass der Ottomotor von 400 bis 1600 Hz sogar höhere Pegel aufweist und dass sich das Verhältnis erst ab 1600 Hz, dann allerdings sehr deutlich, umkehrt.

Das Brennraumdruckfrequenzspektrum ist von folgenden Druckparametern beeinflusst: Im niedrigen Frequenzbereich sind die Pegel der Fourieramplituden vom Spitzendruck abhängig und sie fallen mit $20\ \log f$ ab, wobei $f$ für die Frequenz steht. Bei höheren Frequenzen wird der Pegel durch die Maximalwerte der ersten Ableitung des Druckverlaufes über der Zeit, dem Druckgradienten beeinflusst, wobei der Abfall für die Fourieramplituden mit $40\ \log f$ gegeben ist. Dies

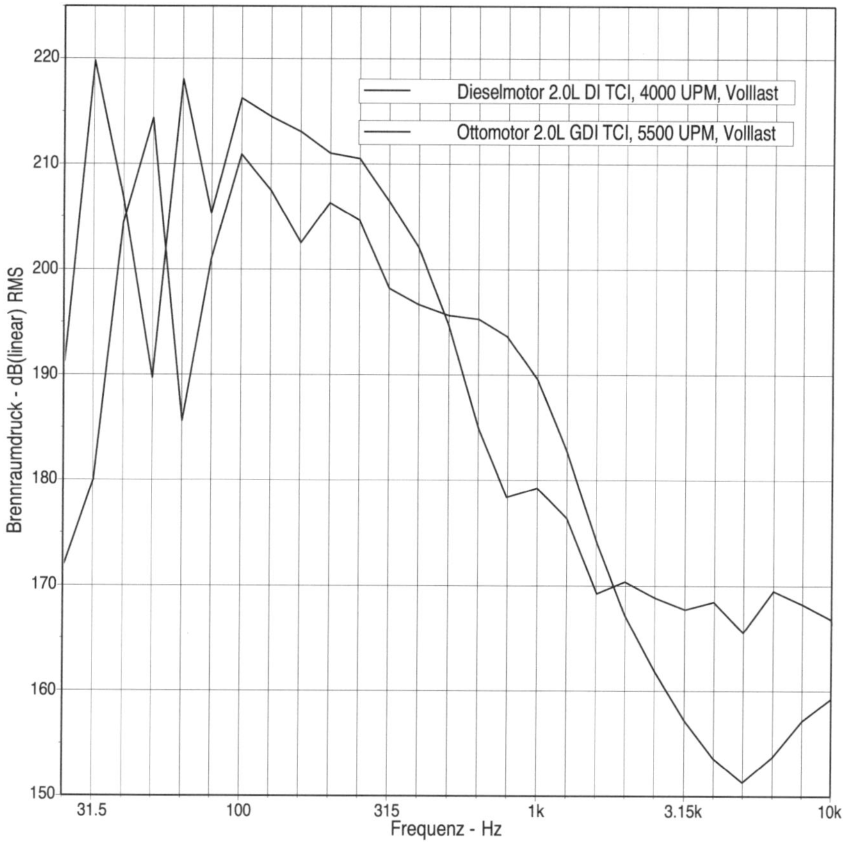


**Abb. 2.6.** Typisches Zylinderdruckspektrum für einen Diesel- und Ottomotor

setzt sich in ähnlicher Weise mit den höheren Ableitungen und entsprechend stärkeren Neigungen weiter so fort.

Tritt im zeitlichen Brennraumdruckverlauf ein sehr steiler Anstieg auf, so kommt eine weitere Grenzlinie, deren Höhenlage durch die Höhe dieses Anstieges bedingt ist, hinzu, die den Pegel der Fourieramplituden wieder mit einer Neigung von 20 $\log f$ begrenzt. Bei Dieselmotoren kann dies auftreten, da abhängig vom Einspritzverlauf zu Beginn der Verbrennung eine relativ große Brennstoffmenge zündfähig aufbereitet sein kann und daher nahezu gleichzeitig schlagartig verbrennt.

Zu diesem Frequenzspektrum kommen schließlich noch Druckamplituden hinzu, die auf Druckschwingungen im Brennraum zurückzuführen sind. Ihre Frequenzen entsprechen den im Brennraum möglichen Gaseigenresonanzen, die bei offenem Brennraum (Dieselmotor mit direkter Einspritzung, Ottomotor) bei einer Frequenz beginnen (ab etwa 4 kHz), deren Wellenlänge proportional den Abmessungen von Brennraummulde und Zylinder sind. Die Anregung dieser Druckschwingungen hängt vom Verbrennungsverlauf ab. Beim Dieselmotor werden diese Druckschwingungen im Brennraum je nach Verbrennungsablauf zwar verschieden stark, aber praktisch immer merkbar angeregt, bei Ottomotoren erfolgt eine Anregung im allgemeinen nur bei klopfender oder sehr schneller Verbrennung [4].

Der Einfluss der Drehzahl auf die Brennraumdruckspektren bewirkt, das sich die Frequenzspektren proportional zur Drehzahl in der Frequenz verschieben.

Mit der Last nimmt beim Ottomotor mit Drosselregelung die Brennraumdruckanregung viel stärker zu als beim Dieselmotor. Dementsprechend ändert sich auch das Brennraumdruckspektrum. Da bei normaler Verbrennung der Druckverlauf über der Zeit bereits niedriger ist als beim Dieselmotor, lässt sich hier das Brennraumdruckspektrum deutlich von Last und Drehzahl beeinflussen [5].

Bei selbstansaugenden Dieselmotoren hingegen ist, bedingt durch den nahezu lastunabhängigen Kompressionsdruck und dem meist wenig unterschiedlichen ersten Teil der Verbrennung, der Einfluss der Last auf das Brennraumdruckspektrum im weiten Bereich sehr gering. Heutige turboaufgeladene Dieselmotoren haben allerdings mit der Last zunehmenden Kompressions- und Spitzendruck. Dadurch steigen zwar die Amplituden des Frequenzspektrums des Brennraumdruckes bei tiefen Frequenzen an, infolge der gleichzeitig höher werdenden Verdichtungsendtemperatur verringert sich der Zündverzug, wodurch sich entsprechend den früheren Erläuterungen bereits im mittleren, vor allem aber im höheren Frequenzbereich niedrigere Brennraumdruckamplituden ergeben.

Ganz allgemein lässt sich feststellen, dass beim Dieselmotor unabhängig von Last und Drehzahl erhebliche Unterschiede im Brennraumdruckspektrum, vor allem bei mittlerer und höherer Frequenz, möglich sind [6]. Dies wird durch einen geregelten Verbrennungsverlauf bewirkt, indem man den Zündverzug und damit die Menge des bei Brennbeginn vorhandenen Kraftstoffes begrenzt. Dies geschieht durch die Steuerung der Einspritzmenge über der Zeit bzw. durch Voreinspritzverfahren, bei denen gezielt vor Beginn der Haupteinspritzung eine geringe Treibstoffmenge eingespritzt wird, welche bereits bei Beginn der Haupteinspritzung brennt und damit den Zündverzug der Haupteinspritzung minimiert. Voreinspritzungen können mit nahezu allen heute gängigen Einspritzsystemen bewerkstelligt werden, das größte Potential scheinen derzeit Common Rail Systeme zu haben [7]. Auch die Haupteinspritzung kann noch akustisch günstig beeinflusst werden und zwar durch Lochanzahl, Lochquerschnitt und Einspritzdruck an der Düse. Damit wird die Zerstäubung des Dieseltreibstoffes und damit der Brennverlauf beeinflusst. Die optimale akustische Abstimmung der Verbrennungsanregung erfolgt heute im gesamten Drehzahl- und Lastbereich. Besonderes Augenmerk wird auf den Leerlauf im kalten Zustand und auf die Beschleunigung aus einem niedrigen Last- und Drehzahlbereich gelegt. In diesen Fällen sind die Zündverzüge durch die niedrigeren Brennraumtemperaturen generell länger und damit tritt eine höhere Verbrennungsanregung auf, welche sich auch im Luftschall als verbrennungsdominierendes Motorgeräusch unangenehm bemerkbar machen kann, falls nicht durch Änderung des Einspritzgesetzes gegengesteuert wird [8].

Die akustische Optimierung der Verbrennungsanregung hat immer in Kombination mit der Verbrennungsentwicklung und Kalibration zu erfolgen, um einen optimalen Kompromiss zwischen Akustik, Emissionen, Verbrauch und Fahrbarkeit zu erhalten.

In Abb. 2.7 ist der Einfluss einer gesteuerten Einspritzung auf die Verbrennungsdruckregelung über Drehzahl und Last dargestellt. Speziell im unteren Drehzahlbereich ergibt sich durch Minimierung des Zündverzuges eine deutliche Reduktion der Verbrennungsanregung.

Der durch die Verbrennung hervorgerufene Geräuschanteil am vom Motor abgestrahlten Luft schall wird Verbrennungsgeräusch genannt [9]. Das Verbrennungsgeräusch ist somit definiert als der durch die Abschwächung der Motorstruktur (Strukturantwort) sich ergebende Geräuschanteil der Verbrennungsanregung am gesamten Motorgeräusch (s. Abb. 2.8).

Das Verbrennungsgeräusch kann durch Auftrennung des gesamten Motorgeräusches in das Verbrennungsgeräusch und die Summe der mechanischen Geräusche erhalten werden [10]. Aus dem Verbrennungsgeräusch und der Verbrennungsanregung im Zylinder kann die Strukturantwort erhalten werden [11].

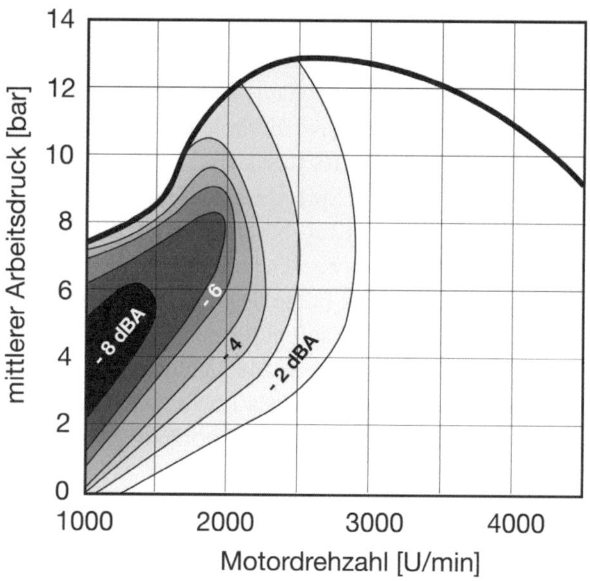


**Abb. 2.7.** Einfluss einer gesteuerten Einspritzung auf die Verbrennungsanregung eines Dieselmotors

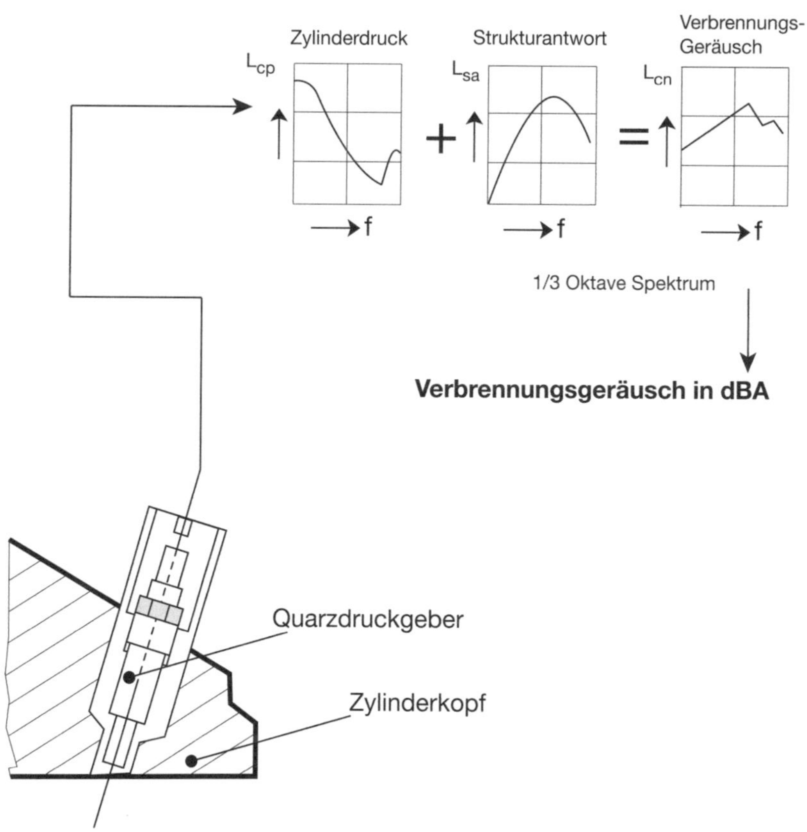


**Abb. 2.8.** Vorgang zur Ermittlung des Verbrennungsgeräusches

**Mechanische Anregung**

Bedingt durch die hin- und hergehenden sowie rotierenden Bewegungen sowohl des gesamten Kurbel- als auch des Ventiltriebes und die sonstigen periodischen mechanischen Vorgänge im Motor kommt es zwischen den bewegten und starren Teilen zu sich wiederholendem Wechsel der Kraftrichtung oder zu periodisch auftretenden Kräften. Dabei muss das zwischen den bewegten Teilen bzw. zwischen den bewegten und festen Teilen notwendige Spiel durchlaufen werden. Während dieser Zeit ist der Kraftschluss unterbrochen. Die wirkende Kraft beschleunigt den einen Teil und es kommt zu einem Stoßvorgang beim Wiederaufnehmen des Kraftschlusses [4].

Ein typisches Beispiel dafür ist die Kolbenseitenbewegung als Folge des durch die Pleuelstangenbewegung hervorgerufenen Seitenkraftwechsels oder die Stoßanregung bei der Verbrennung ausgehend von Kolben über die Pleuellager, Kurbelwellenlager zum Kurbelgehäuse. Ein anderer Fall ist der Anlagewechsel zwischen den Zahnflanken der Steuerräder als Folge eines periodisch wechselnden Drehmomentes, welches u. a. durch die Ansteuerung der Einspritzpumpe oder des Ventiltriebes verstärkt wird.

Je härter also der Stoß, d. h. je kürzer die Stoßdauer und je größer die Stoßkraft, desto mehr wird die Motorstruktur bis zu höheren Frequenzen angeregt.

### 2.2.2 Körperschallweiterleitung in der Motorstruktur

Die Motorstruktur setzt sich einerseits aus kraftführenden Bauteilen wie Zylinderkopf, Zylinderblock, Kurbelgehäuse, Räderkasten, Schwungradgehäuse, Triebwerk und teilweise Ölwanne, sowie andererseits aus den nicht kraftführenden Anbauteilen wie Deckel, Sammelrohre und teilweise Ölwanne zusammen. Massen, Dämpfungen und Elastizitäten bzw. Steifigkeiten in der Motorstruktur ergeben ein schwingungsfähiges Gebilde mit einer Vielzahl von Eigenschwingungsformen, die abhängig von Motor- und Bauteilabmessungen von ca. 150 Hz für die ersten Biege- und Torsionsschwingungsformen des Gesamtaggregates bis zu über 5 kHz der einzelnen Teilflächen vorhanden sind.

Für das abgestrahlte Geräusch sind dabei Schwingungsvorgänge, bei denen die zur Motoroberfläche gehörenden Wandteile und Komponenten Starrkörper- und Biegeschwingungen ausführen, maßgebend.

Besonders stark im Hinblick auf eine Geräuschabstrahlung von Motorbauteilen wirken sich Kräfte aus, die Biegemomente in äußeren Wandteile einleiten, da dies zwangsläufig zu Biegeschwingungen dieser Bereiche führt. Anbauteile wie Deckel oder Ölwannen aber auch Motortragarme, welche die Verbindung zur elastischen Lagerung im Fahrzeug darstellen, werden daher besonders stark angeregt, wenn sich deren Verbindung zu kraftführenden Teilen an Stellen größerer Schwingungsausschläge befindet [4].

Der Zusammenhang zwischen den anregenden Kräften und den Schwingungen im Motoraufbau kann durch Impedanzen $Z$ beschrieben werden (siehe Kap. 1.1.7), die definiert sind als das Verhältnis einer wirkenden Kraft und der durch sie an einer bestimmten Stelle hervorgerufenen Schwinggeschwindigkeit oder Schwingschnelle.

Man unterscheidet zwischen Eingangsimpedanz, wenn es sich um die Schwingschnelle am Angriffspunkt der Kraft handelt, und Übertragungsimpedanz, wenn die Schwingschnelle an anderen Stellen der Motorstruktur auf den Kraftanregungspunkt bezogen wird.

Große Schwingungseinleitung ergibt sich somit entweder bei großer Krafteinleitung und/oder kleiner Eingangsimpedanz. Die durch die Kraft eingeleitete Körperschallleistung verteilt sich, abhängig vom Frequenzbereich, der Kraftangriffstellen und den angeregten Eigenresonanzen auf verschiedenen Wegen über die Motorstruktur. Sie wird zum Teil als Luftschallengergie abgestrahlt, ein anderer Teil wird durch Dämpfungsmechanismen in Wärmeenergie umgewandelt und ein weiterer Teil wird als Körperschallenergie in Bauteile, die mit dem Motor in Verbindung stehen (z. B. Getriebe, Zusatzaggregate), fortgeleitet.

Man erkennt, dass die Bestimmung der Eingangsimpedanz nicht ausreicht, um Aufschluss über die zur Luftschallabstrahlung führenden Oberflächenschwingungen zu erhalten. Hierzu ist auch die Übertragungsimpedanz, die den direkten Zusammenhang zwischen erregender Kraft eines bestimmten Ortes und Schwingschnelle an den verschiedensten Stellen der Motoroberfläche beschreibt, maßgebend.

Geringe Schwingschnelle an der Motoroberfläche – eine der Voraussetzungen für niedrige Geräuschabstrahlung – setzt also voraus, dass neben hohen Eingangsimpedanzen die Übertragungsimpedanzen der Struktur möglichst groß sind.

Sehr wichtig ist daher die Kenntnis der Übertragungsimpedanzen der einzelnen im Kraftfluss befindlichen Bauteile der Motorstruktur. Bedingt durch deren Abmessungen sind die Übertragungsimpedanzen von Triebwerk und Kurbelgehäuse im mittleren Frequenzbereich um 1–3 kHz hoch, da hier das System Pleuelstange, Kurbelwelle bzw. Hauptlagerbügel und Kurbelgehäuseunterteil Resonanzfrequenzen aufweist [10, 11]. Der Übertragungsweg über den Zylinderkopf hat infolge höherer Steifigkeit normalerweise einen deutlich geringeren Einfluss.

Ein typisches gesamtes Übertragungsverhalten einer Motorstruktur ist in Abb. 2.9 dargestellt. Daraus ist ersichtlich, dass im Frequenzbereich von ca. 500 Hz bis 3 kHz die Motorstruktur am deutlichsten auf die Anregung reagiert.

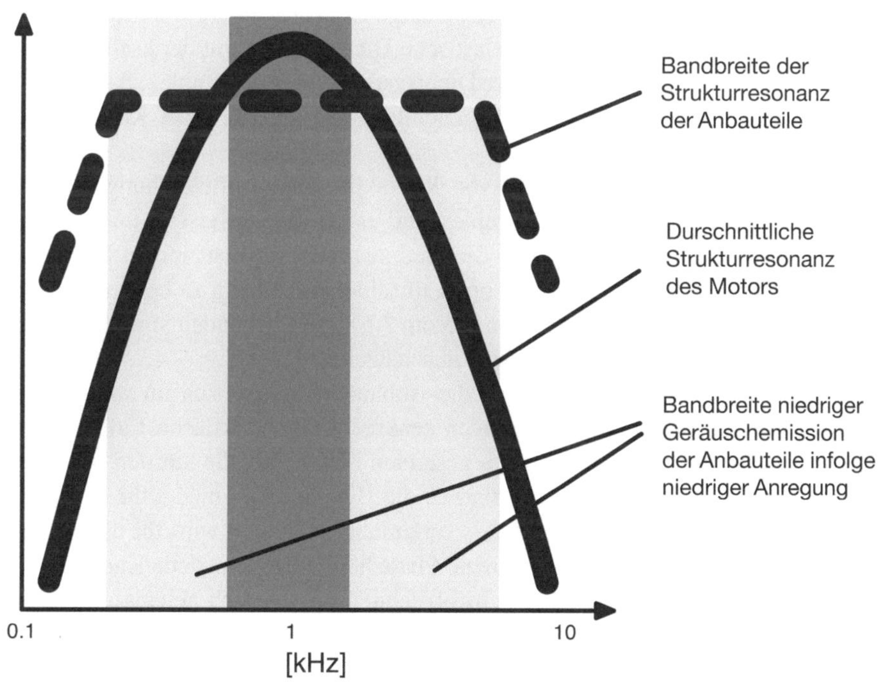


**Abb. 2.9.** Übertragungsverhalten einer Motorstruktur

Dieses gesamte Übertragungsverhalten des Motors lässt sich wie in Kap. 2.2.1 erwähnt aus der Verbrennungsanregung und dem Verbrennungsgeräusch des Motors ableiten.

Wie aus der Definition für die Impedanz einfacher Bauteile hervorgeht, sind große Steifigkeiten oder große Massen günstig. Unvermeidliche Eigenresonanzen in der Motorstruktur, könnten im Prinzip durch Dämpfung reduziert werden (siehe auch Kap. 1.1.7). Allerdings ist die Materialdämpfung der Materialien, welche für die kraftführende Motorstruktur verwendet werden, relativ niedrig. Es ist daher nicht einfach, Maßnahmen, die eine weitere Dämpfungserhöhung bewirken, vorzusehen.

Große Massen führen auch zu einer unerwünschten Gewichtserhöhung des gesamten Motors, so dass hier deutliche Grenzen gesetzt sind.

Fügestellen zwischen steifen Motorbauteilen wie zwischen Zylinderkopf und Kurbelgehäuse, haben dagegen ein deutlich höheres Dämpfungspotential (*Fügestellendämpfung*) als die Materialdämpfung. Auch ergibt sich eine zusätzliche Dämpfung durch den Ölfilm zwischen den bewegten Teilen Kolben – Pleuel – Zylinderbüchse [12, 13].

Eine Erhöhung der Strukturdämpfung ist relativ einfach an nicht kraftführenden dünnen Strukturen wie an Deckeln und Ölwannen durch Sandwichbauweise möglich, bei denen zwischen zwei dünnen Blechen eine elastische Zwischenschicht eingebracht ist. Treten Biegeschwingungen auf, wird durch Verformung der Zwischenschicht dem System Energie entzogen [14]. Die Zwischenschichten sind vom Materialaufbau so ausgelegt, dass sie bei bestimmten Temperaturen ihr maximales Dämpfungsverhalten aufweisen (z. B. Ölwanne 120 °C, Deckel 80 °C).

Eine weitere wirksame Maßnahme zur Erhöhung der Übertragungsimpedanzen zu nicht kraftführenden Teilen der Motorstruktur ist die der Körperschallisolierung, d. h. das Zwischenschalten von elastischen Gliedern. Hier wird oberhalb der Resonanzfrequenz die Körperschallübertragung im höherfrequenten Bereich deutlich reduziert (siehe Kap. 1.1.7). Beispiele dafür sind die nicht kraftführenden Strukturen wie Zylinderkopfdeckel, stirnseitige Deckel, Ansaugröhrenwerk und in letzter Zeit auch teilweise Ölwannen, welche über elastische Dichtsysteme mit der kraftführenden Motorstruktur verbunden sind. Die Auslegung dieser Dichtsysteme ist sehr komplex, da neben der Schwingungsisolation auch die Dauerhaltbarkeit, die Dichtheit und die Höhe der Kosten in Betracht zu ziehen sind.

Der Aufbau der Verbrennungsmotoren infolge von Kontaktstellen, Krafteinleitung, Struktur, Ölfilm und Fügestellendämpfungen ist äußerst komplex und es wird daher erst in mittelfristiger Zukunft möglich sein, auf theoretischem Weg über Simulationsmodelle vollständigen Einblick in die Zusammenhänge der Körperschallweiterleitung und Luftschallabstrahlung zu bekommen [15]. Wesentliche Einflüsse, die zur besseren Übersicht in diesem Abschnitt behandelt sind, lassen sich jedoch auch aus vereinfachten Modellen erkennen und abschätzen.

Sowohl der kraftführende Motoraufbau als auch die Anbauteile setzen sich im wesentlichen aus Platten zusammen, die durch Schwingbewegungen senkrecht zur Oberfläche Luftschall abstrahlen. Sieht man von der Festkörperbewegung des gesamten Motors ab, die nur den tiefen Frequenzbereich bis ca. 100–200 Hz betreffen, dann sind es die Biegeschwingungen dieser Platten, die für die Luftschallabstrahlung maßgebend sind. Als vereinfachtes Modell wird für die weiteren theoretischen Überlegungen eine punktförmig angeregte Platte herangezogen (siehe Kap. 1.1.3).

Abb. 2.10 zeigt schematisch den Verlauf der Schwingschnelle $v$, der sich abhängig vom Abstand $r$ von der Anregungsstelle bei punktförmiger Anregung einer Platte ergibt [4]. Während bei unendlich ausgedehnten Platten die Schnelle mit der Entfernung von der Anregungsstelle fortlaufend abnimmt (Freifeld), kommt es bei endlicher Plattengröße durch Reflexionen der Biegewellen an den Plattenrändern zum Aufbau eines sogenannten Hallfeldes in der Platte.

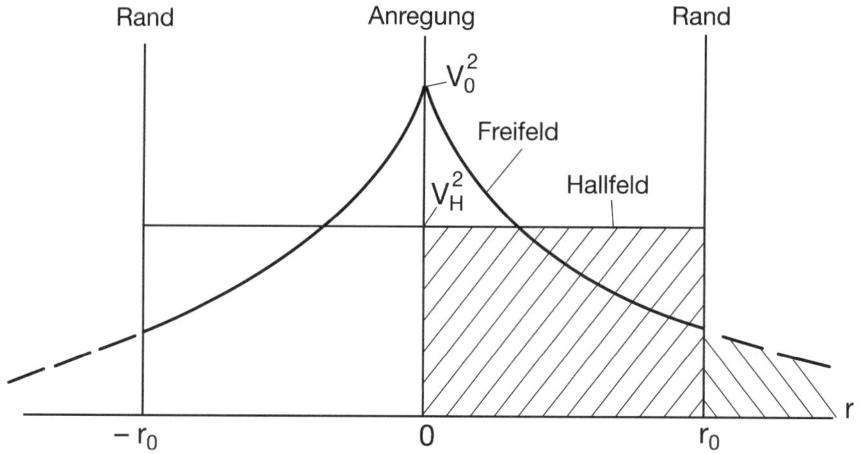


**Abb. 2.10.** Verlauf der Schwingschnelle $v$ bei unendlich ausgedehnten und endlich begrenzten, punktförmigen angeregten Platten

Der Pegel bzw. die mittlere Schwingschnelle aus Hallfeld und Freifeld stellt sich so ein, dass die an der Anregungsstelle eingespeiste Schalleistung gleich der in der Platte durch die Materialdämpfung absorbierten Schalleistung ist.

Die Eingangsimpedanz von punktförmig angeregten, unendlich ausgedehnten Platten ist reell und lautet nach [16, 17]

$$Z = 8\sqrt{B * m}, \tag{2.2}$$

mit der Biegesteifigkeit

$$B = EI/(1-\mu^2) \tag{2.3}$$

dem Flächenträgheitsmoment $I$ des Plattenquerschnittes und der Querkontraktionszahl $\mu$.

Die Größe

$$m = \rho\ h \tag{2.4}$$

mit der der Dichte $\rho$ steht für die Masse pro Flächeneinheit.

Für homogene Platten der Dicke $h$ ergibt sich mit

$$I = \frac{h^3}{12}(1-\mu^2) \tag{2.5}$$

die Biegewellenlänge zu

$$\lambda_B = \sqrt{\frac{2\pi}{f}}\sqrt[4]{\frac{B}{m}}, \tag{2.6}$$

$$\lambda_B \cong \sqrt{\frac{1{,}8\ h\ C_L}{f}}. \tag{2.7}$$

Die Biegewellenlängen von Stahl- und Aluminiumplatten verschiedener Dicken in Abhängigkeit von der Frequenz $f$ sind für beide Materialien nahezu gleich groß. Die Biegewellenlängen in Graugussplatten sind etwas kleiner als bei Stahl- bzw. Aluminiumplatten, und zwar entsprechend etwa dem Verhältnis der E-Module und der Dichte.

### 2.2.3 Schallabstrahlung von Motorstrukturen

Der abgestrahlte Luftschall von Motorbauteilen ist durch die Oberflächenschwingungsformen der Motorstruktur und dem Abstrahlgrad bestimmt. Als Abstrahlgrad $S$ wird im allgemeinen das Verhältnis zwischen der abgestrahlten Luftschalleistung $P$ und dem Produkt aus Oberfläche $A$, Wellenwiderstand der Luft $\rho\ c$ und dem mittleren Schwingschnellequadrat $v^2$ der schwingenden Oberfläche bezeichnet (s. Kap. 1.1.6),

$$S = \frac{P}{\rho\ c\ A\ v^2} \tag{2.8}$$

Bei einer konphas schwingenden, unendlich ausgedehnten Wand pflanzt sich die Schnelle der Luftteilchen, die an der Wandoberfläche zwangsläufig gleich groß wie die Schnelle $v$ der schwingenden Wand ist, senkrecht zur Wandoberfläche mit Schallgeschwindigkeit fort, und zwar praktisch unvermindert, da bei den in Betracht gezogenen Abständen zwischen schwingender Struktur und menschlichem Ohr die innere Reibung in der Luft vernachlässigbar klein ist. Entsprechend dem Gesagten ist demnach $S = 1$. Motorstrukturen haben jedoch weder eine unendliche Ausdehnung, noch ist die Bewegung ihrer Oberflächen (mit Ausnahme des unteren Frequenzbereiches, wo der Motor als Festkörper konphas schwingt) in höheren Frequenzenbereich als konphas anzusehen. Diese Bewegungen lassen sich daher im wesentlichen in zwei Arten von Bewegungen aufteilen. Und zwar einerseits in eine Festkörperbewegung, bei der Motor und Anbauteile als starre Körper unter der ersten Gesamtmotorresonanzfrequenz verschiedenartige Schwingungen auf der elastischen Motorlagerung ausführen, und andererseits in die Biegeschwingungen der Außenwände.

Der Abstrahlgrad ist bei der Festkörperbewegung bei tiefen Frequenzen wegen der großen Luftschallwellenlängen in Relation zu den Motorabmessungen gering. Er steigt mit zunehmender Frequenz und abnehmender Luftschallwellenlänge allerdings steil an und bleibt dann nach Erreichen eines bestimmten Wertes bis zur höchsten Frequenz konstant. Der Knickpunkt im Verlauf über der Frequenz, ab der der Abstrahlgrad konstant ist, liegt in einem Frequenzbereich, in dem die halbe Luftschallwellenlänge etwa mit den linearen Festkörperabmessungen des Motors übereinstimmt.

Bei PKW-Motoren kann man z. B. mit Abmessungen von bis zu 1000 mm rechnen. Der Abstrahlgrad aus der Festkörperbewegung wird daher bei solchen Motoren unter einer Frequenz von ca. 200 Hz sehr niedrig sein. Nimmt man Drehzahlen von 3000 bis 6000 U/min an, so erkennt man, dass die 1. und 2. Ordnung (Drehzahlfrequenz) von 50 bis 200 Hz noch darunter liegt und erst Festkörperschwingungen, die den höheren Motorordnungen entsprechen, (ab 4. Ordnung) in den Bereich konstanten d. h. maximalen Abstrahlgrades fallen. Allerdings treten ab ca. 150–200 Hz bereits erste Biege- und Torsionsschwingungen der Motorstruktur auf.

Für die Luftschallabstrahlung einer zu Biegeschwingungen angeregten Wand ist es maßgebend, ob die Biegewellenlänge kleiner oder größer als die Luftschallwellenlänge ist. Da die Ausbreitungsgeschwindigkeit $c_B$ der Biegewellen nicht nur vom Material (Dichte $\rho$, Elastizitätsmodul $E$, Querkontraktionszahl $\mu$) und der Dicke $h$ der Platten abhängt, sondern proportional der Quadratwurzel der Frequenz $f$ ist, [17], gibt es jeweils eine sogenannte Grenzfrequenz

$$f_g = \frac{c^2}{h} \sqrt{\frac{\rho(1-\mu^2)}{E}} \sqrt{\frac{3}{\pi^2}}, \tag{2.9}$$

bei der die Biegewellenlänge gleich groß wie die Luftschallwellenlänge ist.

Eine Abstrahlung von Biegewellen einer ungedämpften unendlich ausgedehnten Platte ist unterhalb der Grenzfrequenz daher nicht möglich und der Abstrahlgrad ist daher Null. Bei der Grenzfrequenz ist der Abstrahlgrad theoretisch unendlich, geht aber sehr rasch auf den bis zu höchsten Frequenzen gleichbleibenden Wert 1 über.

Durch die endliche Begrenzung der Platten, wie dies bei Motoroberflächen der Fall ist, ändert sich das Abstrahlverhalten oberhalb der Grenzfrequenz praktisch nicht. Unterhalb der Grenzfrequenz kommt es dabei allerdings auch zu einer Schallabstrahlung, diese geht aber nur von den Randzonen der Platten aus.

Die Grenzfrequenz liegt bei 1 mm Stahlblech bei $f_g = 12.000$ Hz. Für Kurbelgehäusewandteile aus Guss mit einer Wandstärke von 5 mm ergibt sich eine Grenzfrequenz von etwa 2.500 Hz, was im Bereich starker Erregungsamplituden und ausgeprägter Eigenresonanzen dieser Wandteile liegt (s. Abb. 2.11) [4].

Ist der biegeschwingende Wandbereich im Vergleich zur Luftschallwellenlänge klein, dann ergeben sich Abstrahlverhältnisse ähnlich wie bei einer konphas schwingenden Platte.

Wenn man die hier besprochenen Zusammenhänge der Luftschallabstrahlung betrachtet, ergeben sich daraus als wirksame Maßnahmen zur Geräuschreduktion durch Verringerung des Abstrahlgrades die Erhöhung der Grenzfrequenzen. Damit liegt der Bereich starker Körperschallanregung unterhalb der Grenzfrequenz. Dies bedeutet eine Vergrößerung der Platten, und/oder eine Reduktion der Wandstärken. Somit sollten z. B. Deckel oder Ölwannen eher aus Blech mit geringerer Wandstärke und dann möglichst großflächig ausgebildet werden, da hierdurch höhere Grenzfrequenzen erreicht werden können (Abb. 2.9).

Kraftführende Wandbereiche eines Motors erfordern aber größere Wandstärken, wodurch die Grenzfrequenz im mittleren Frequenzbereich (0,5–3 kHz) zu liegen kommt. Vom Standpunkt des Abstrahlgrades lässt sich hier kaum etwas verbessern. Eine wirksame Maßnahme zur Geräuschreduktion stellt die Erhöhung der Steifigkeit und damit das Verschieben der Eigenfrequenzen in den höheren Frequenzbereich dar, wo die anregenden Amplituden bereits kleiner sind (Abb. 2.9).

Ganz allgemein ist zu bedenken, dass Änderungen der Wandausbildung und des Wandmaterials, die den Abstrahlgrad beeinflussen, auch meist die Übertragungsimpedanz und die Schwingschnelle dieser Wand verändern. Solche Maßnahmen sind daher hinsichtlich aller ihrer Wirkungen abzuschätzen.

Schließlich kann die Luftschallabstrahlung noch durch zusätzliche Abschirmungen der Motoroberfläche, die die Luftschallabstrahlung stark reduzieren, deutlich vermindert werden. Ihre Anwendung ist sowohl bei kraftführenden als auch nicht kraftführenden Bauteilen möglich, wobei generell auf Platzbedarf, Kühlung und Zusatzkosten Rücksicht zu nehmen ist.

In Abb. 2.9 ist dargestellt, in welchem Frequenzbereich nicht kraftführende Motorbauteile ihre Resonanzfrequenzen haben müssen, um die Vorteile des niedrigen Abstrahlgrades oder steifer Strukturen ausnützen zu können.

**Schallabstrahlung von Biegeschwingungen in Platten**

Wie bereits in Kap. 1.1.6 ausgeführt, wird die Schallabstrahlung von Platten durch den Abstrahlgrad $S$ beschrieben.

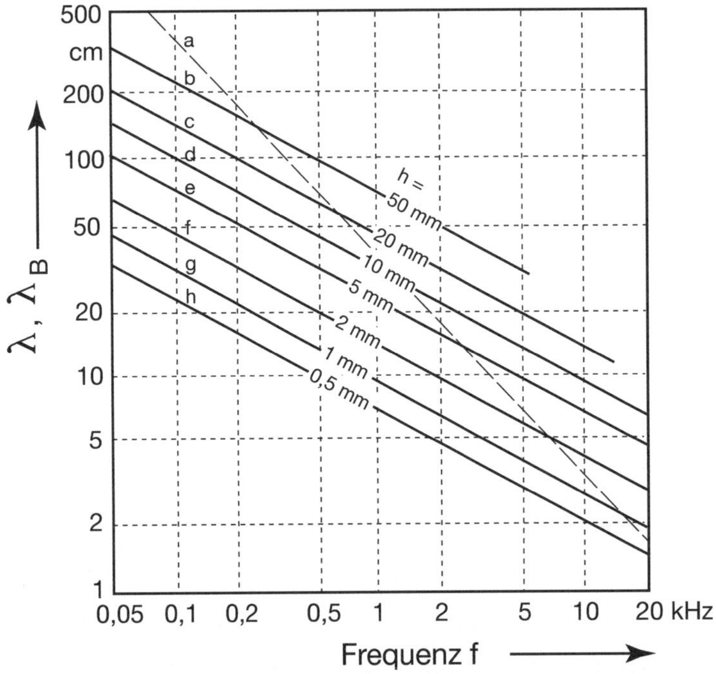


**Abb. 2.11.** Luftschallwellenlänge $\lambda$ und Biegewellenlänge $\lambda_B$ für Stahlplatten unterschiedlicher Dicke $h$ (gilt $\approx$ auch für Al-Platten), wobei a...Luftschallwellenlänge; b-h... Biegewellenlänge nach Gleichung (2.7)

Unter der Grenzfrequenz $f_g$ existiert nur in der Nähe der unendlich ausgedehnten Plattenoberfläche ein Nahfeld; die Luftteilchen weichen der für eine Schallabstrahlung in das Fernfeld erforderlichen Kompression aus (hydrodynamischer örtlicher Kurzschluss), über $f_g$ ist $S = 1$.

Bei endlich begrenzten Platten existieren die beiden unterschiedlichen Abstrahlbereiche ebenfalls. Der hydrodynamische Kurzschluss unterhalb der Grenzfrequenz ist jedoch auf den freibleibenden Plattenbereich beschränkt und gilt nicht für Diskontinuitäten wie Plattenränder, Anregungsstellen oder Versteifungen.

An diesen Diskontinuitäten ist der hydrodynamische Kurzschluss gestört und es kommt dort sehr wohl zu einer Luftschallabstrahlung. Diese Abstrahlung ist von den Randbedingungen und Plattenabmessungen abhängig. Der Abstrahlgrad unterhalb der Grenzfrequenz ist demnach für endliche Platten oder Platten mit Diskontinuitäten verschieden von Null. Oberhalb der Grenzfrequenz ist der Abstrahlgrad wiederum hoch, die Richtwirkung jedoch nicht so ausgeprägt wie bei der unendlich ausgedehnten Platte.

Bei stark gedämpften Platten, z. B. durch Verwendung von schalldämpfender Beschichtung oder Platten mit schalldämpfender Zwischenschicht, tritt bei endlich begrenzten Platten das Biegewellenfeld in der Umgebung der Anregungsstelle gegenüber dem durch Reflexionen an den Plattenrändern entstehenden Hallfeld stark hervor. Dementsprechend macht sich auch die Schallabstrahlung an der Diskontinuität *Anregungsstelle* mit einem deutlichen Maximum bemerkbar [4].

Da die an der Anregungsstelle abgestrahlte Schalleistung $P_A$ unabhängig von der in der Platte vorhandenen Dämpfung (Verlustfaktor $d$) ist, wirkt sich eine Veränderung der Dämpfung auf die gesamte abgestrahlte Schalleistung nur dann aus, wenn die von den Plattenrändern abgestrahlte Schalleistung gleich oder größer als die an der Anregungsstelle abgestrahlte Schalleistung ist.

Oberhalb der Grenzfrequenz gilt auch bei stark gedämpften, endlich begrenzten Platten mit punktförmiger Anregung für den Abstrahlgrad $S = 1$. Dies betrifft die Abstrahlung des gesamten Biegewellenfeldes, also auch aller Diskontinuitäten. Die abgestrahlte Schalleistung errechnet sich dementsprechend in diesem Frequenzbereich direkt aus dem Mittel des Effektivwertquardrates der Schwingschnelle auf der gesamten Platte.

**Einfluss von Steifigkeit und Massebelegung auf die Schallabstrahlung**

Wie schon vorher angeführt, ist eine Reduktion der Schwingungsschnelle und damit der Geräuschabstrahlung von Motorstrukturen durch die Parameter Steifigkeit, Masse und Dämpfung möglich.

Da die Schallabstrahlung unterhalb der Grenzfrequenz niedrig ist, besteht grundsätzlich das Bestreben, wenn die Festigkeit ausreicht, Bauteile so auszubilden, dass die Grenzfrequenz hoch liegt. Das lässt sich grundsätzlich durch Vergrößerung der spezifischen Masse $m$ (Masse pro Einheit der Bauteiloberfläche) oder Verringerung der Steifigkeit $B$ erreichen.

Handelt es sich, wie allgemein üblich um Platten, dann kann die Erhöhung der Grenzfrequenz im wesentlichen nur durch Verringerung der Wandstärke erreicht werden, wenn man das Material beibehält.

Der enthaltene Materialeinfluss zwischen Stahl und Aluminium ist sehr gering. Grauguss gibt aufgrund des kleineren Elastizitätsmoduls gegenüber Stahl einen gering höhere Grenzfrequenz.

Die Grenzfrequenz liegt, wie bereits erwähnt, bei dünnen Platten sehr hoch, z. B. für 1 mm Stahlblech bei 12.000 Hz. Bei der Wandstärke gegossener, insbesondere kraftführender Bauteile mit h = 3 mm bis 8 mm verschiebt sich diese auf 1.000 Hz bis 4.000 Hz. In diesem mittleren Frequenzbereich sind die Amplituden der anregenden Kräfte noch relativ hoch, und damit hat auch die Schallabstrahlung einen merklichen Einfluss auf die gesamte abgestrahlte Schallleistung eines Bauteiles (siehe Abb. 2.11).

Die ersten Eigenschwingungsformen von Kurbelgehäuseteilen liegen zwischen 500 Hz und 3000 Hz und damit großteils oberhalb der Grenzfrequenz. Damit liegen auch die Oberschwingungen durchwegs über der Grenzfrequenz.

Eine Verschiebung von Eigenresonanzen zu höheren Frequenzen durch Steifigkeitserhöhung wirkt sich allerdings vorteilhaft aus, da die Frequenzspektren der anregenden Kräfte eine mit zunehmender Frequenz fallende Tendenz aufweisen. Gelingt es z. B. die Grundfrequenzen der Biegeschwingungen der Gusswände des Kurbelgehäuses deutlich durch z. B. Verrippungen zu erhöhen, dann überwiegt der Vorteil geringerer anregender Kraftamplituden den Nachteil der Schallabstrahlung infolge Verschiebung in den Bereich oberhalb der Grenzfrequenz.

Neben der Massevergrößerung bewirkt auch eine Dämpfungserhöhung und Biegesteifigkeitsverkleinerung eine Verringerung der abgestrahlten Schallleistung.

Für den Fall der Schnelleanregung verhält sich die Schallleistung umgekehrt zur Kraftanregung: Für große Dämpfung, große Platten und hohe Frequenzen folgt eine Proportionalität mit $h^2$, so dass sich bei einer Verdoppelung der Wandstärke der Schalleistungspegel erhöht.

Anbauteile, die im allgemeinen eine Schnelleanregung erfahren, wie z. B. Deckel am Motorgehäuse, sollten daher die maximal mögliche geringe Wandstärke haben und bedämpft sein.

In Bezug auf die Schallabstrahlung im Bereich oberhalb der Grenzfrequenz ergibt sich bei Kraftanregungen die Schalleistung zu

$$P \simeq \frac{1}{h} \frac{1}{m\sqrt{mB}}, \tag{2.10}$$

d. h. sowohl eine Vergrößerung von Masse $m$, Biegesteifigkeit $B$ und Dämpfung bringen eine Verringerung der abgestrahlten Schallleistung.

### Einfluss der Bedämpfung von Platten auf die Schallabstrahlung

Die Dämpfungskonstante oder der Verlustfaktor $d$ von metallischen Werkstoffen ist, wie aus der Tab. 1.1 in Kap. 1.1.7 zu ersehen ist, relativ klein. Deutlich höher ist er bei zusammengesetzten Konstruktionen, wie sie Verbrennungsmotoren darstellen, da hier die Dämpfung durch die diversen Fügestellen dazukommt. Diese liegen um ca. eine Zehnerpotenz höher als die Materialdämpfung. Eine weitere Erhöhung der Dämpfung bei Motorbauteilen setzt daher zusätzliche Maßnahmen voraus. Dies ist durch Verwendung von Dämpfungsmaterial, das entweder als einfacher oder als Sandwich-Belag (Dämpfungsmaterial zwischen zwei Metallplatten) angeordnet ist, möglich.

Beim einfachen Belag befindet sich das Dämpfungsmaterial auf einer Seite der zu dämpfenden Grundplatte (Abb. 2.12). Die charakteristischen Größen bei einfachem Belag sind die Schichtstärken von Grundplatte $h_1$ und Belag $h_2$, die Verlustfaktoren $d_1$, $d_2$ und $d$ sowie die Elastizitätsmodule $E_1$, $E_2$ und $E$ (Index 1 für Grundplatte, Index 2 für Dämpfungsmaterial und ohne Index für die Gesamtanordnung).

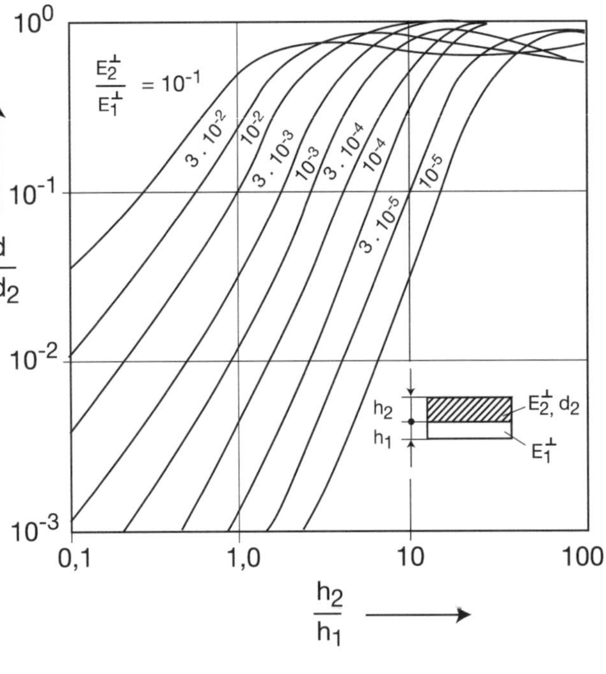


**Abb. 2.12.** Normierter Verlustfaktor $d/d_2$ einfacher Dämpfungsbeläge in Abhängigkeit vom Dickenverhältnis $h_2/h_1$ und vom Verhältnis der E-Moduln $E_2/E_1$

Für die Grundplatte ist der Verlustfaktor im Vergleich zum Belag sehr klein, d. h. $d_1 \sim 0$, der Elastizitätsmodul ist dann praktisch reell, während für den Dämpfungsbelag der Elastizitätsmodul komplex ist.

$$\underline{E}_2 = E_2(1 + jd) \tag{2.11}$$

Nach [16] ergibt sich für den resultierenden Verlustfaktor $d$ (bezogen auf den Verlustfaktor $d_2$ des Dämpfungsmaterials) die in Abb. 2.12 wiedergegebene Abhängigkeit vom Elastizitätsmodulverhältnis $E_2^1/E_1^2$ und dem Belagdickenverhältnis $h_2/h_1$. Die folgende Gleichung für den Verlustfaktor $d$ der Gesamtanordnung gibt mit der Biegesteifigkeit $B$ nach [16, 17] eine gute Annäherung für diese Kurven.

$$d = d_2 E_2 \frac{h_2 S^2}{B} \tag{2.12}$$

Die Gleichung (2.12) vermittelt folgende wichtige Erkenntnisse:

1. Der Verlustfaktor $d$ der Gesamtordnung ist frequenzunabhängig, sofern die elastischen Koeffizienten der Grundplatte und des Dämpfungsmaterials sowie der Verlustfaktor $d_2$ des Dämpfungsmaterials frequenzunabhängig sind.
2. Der Elastizitätsmodul des Dämpfungsmaterials muss möglichst groß sein. Wird die Forderung erfüllt, und ist der Dämpfungsbelag mit $\underline{E}_2 > 5 * 10^8$ N/mm$^2$ doppelt so stark wie die Grundplatte, wird ein Verlustfaktor $d$ der Gesamtanordnung erreicht, der nahe dem Verlustfaktor $d_2$ des Dämpfungsbelages ist.
3. Der Verlustfaktor $d$ der Gesamtanordnung kann auch im Extremfall nicht größer werden als der Verlustfaktor $d_2$ des Dämpfungsbelages. Dieser sollte daher möglichst hoch sein.

Als Dämpfungsmaterial werden vorwiegend Kunststoffe verwendet.

Schwierigkeiten bei der Auswahl der Kunststoffmaterialien bereiten jedoch die Temperaturbandbreite deren viskoelastischer Bereiche. Letztere sind in erster Näherung umgekehrt proportional zum Maximalwert des Verlustfaktors.

Die sich ergebenden Verlustfaktoren $d$ der Gesamtanordung liegen damit merklich tiefer als die möglichen Maximalwerte $d_2$ des Dämpfungsmaterials. Es ist daher in der realen Anwendung an Motorkonstruktionen nur sinnvoll wirklich dünne Wandstärken zu bedämpfen, wobei auf zusätzliche Faktoren wie Beständigkeit gegen Betriebsstoffe, Dauerhaltbarkeit, Wärmeleitvermögen etc. zu achten ist.

In Abb. 2.13 ist die Geräuschminderung eines 6-Zylinder-LKW-Motors dargestellt, wenn der original Aluminiumgussdeckel durch einen hochdämpfenden Kunststoff-Rädertriebsdeckel ersetzt wird. Ab 1,2 kHz ergibt sich infolge Materialdämpfung eine deutlich niedrigere Geräuschabstrahlung.

Bei Sandwich-Anordnungen ist gegenüber dem einfachen Belag das zu bedämpfende Material dreischichtig aufgebaut, wobei eine zumindest durch ihre Dehnsteife wirkende Kunststoffschicht zwischen den beiden zu bedämpfenden Materialien eingebracht ist.

Zum Unterschied vom einfachen Belag wird hier das Dämpfungsmaterial auf Schub beansprucht. Maßgebend ist daher der komplexe Schubmodul dieses Materials.

Da die Dämpfung über die Schubbeanspruchung der Kunststoffschicht erfolgt, ist der erreichbare Verlustfaktor auch temperaturabhängig. Daher sind hier bei einer niedrigen Gesamtschichtstärke hohe Verlustfaktoren erreichbar, die allerdings von der Bauteiltemperatur abhängen. Damit wird üblicherweise durch verschiedene Kunststoffzwischenschichten der Verlustfaktor der mittleren Bauteiltemperatur im Motortriebwerk angepasst.

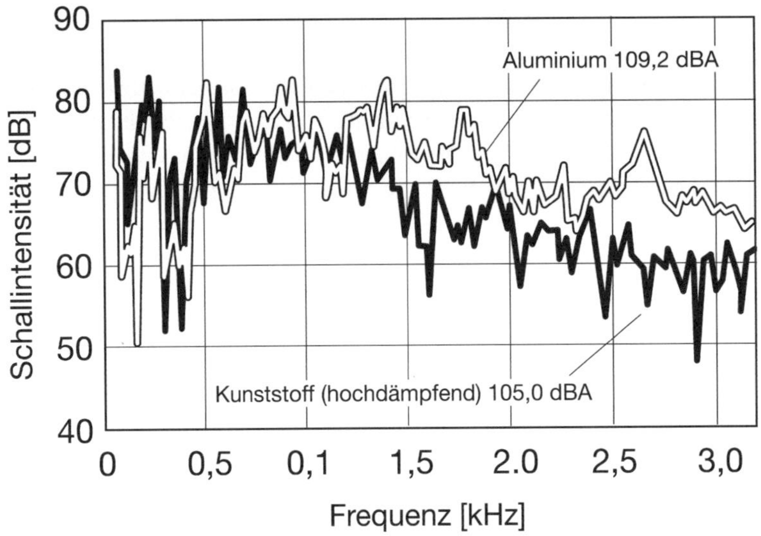


**Abb. 2.13.** Reduktion der Geräuschabstrahlung durch Einsatz eines Kunststoff-Rädtriebdeckels an einem 6 Zyl. LKW Motor

Die vorherigen besprochenen Geräuschminderungsmaßnahmen durch Optimierung von Anregung, Abstrahlgrad, Steifigkeit, Dämpfung und Abschirmung werden in Tab. 2.1, Abb. 2.14 und 2.15 beispielhaft dargestellt. Hier handelt es sich um einen 2l 16 V Benzinmotor, bei welchem auf Grund der Ergebnisse einer experimentellen Analyse die Schallabstrahlung deutlich reduziert wurde.

In Tab. 2.1 sind die maßgebenden schallabstrahlenden Bauteile und der jeweilige Frequenzbereich dargestellt. Daraus werden die jeweiligen möglichen Maßnahmen zur Geräuschreduktion und eine Abschätzung deren Auswirkungen auf das Motor-Gesamtergebnis durchgeführt. In Abb. 2.14 ist die gesamte Geräuschreduktion des 1 m Luftschallpegels dargestellt, in Abb. 2.15 ist die Reduktion im Frequenzbereich bei Nenndrehzahl und Nennleistung gezeigt.

**Tabelle 2.1.** Maßgebende schallabstrahlende Bauteile und der jeweilige kritische Frequenzbereich, basierend auf einer Analyse an einem 4-Zylinder-2 l-16 V Benzinmotor

| Bauteil | Motorseite | Dominanter Bereich | Mögliche Reduktion |
|---|---|---|---|
| Kurbelgehäuse | rechts | 800–2000 Hz | 0,5 dBA |
| Motoroberseite | oben | 500–5000 Hz | 0,4 dBA |
| Auspuffabschirmung | links | 1000–2000 Hz | 0,3 dBA |
| Hauptlagerspiel | allseitig | 800–5000 Hz | 0,4 dBA |
| Motorvorderseite | vorn | 1200 Hz | 0,5 dBA |
| Lichtmaschine | oben, rechts, vorne | 1000–5000 Hz | 0,6 dBA |
| Ölwanne | links, rechts | 600–2000 Hz | 0,8 dBA |

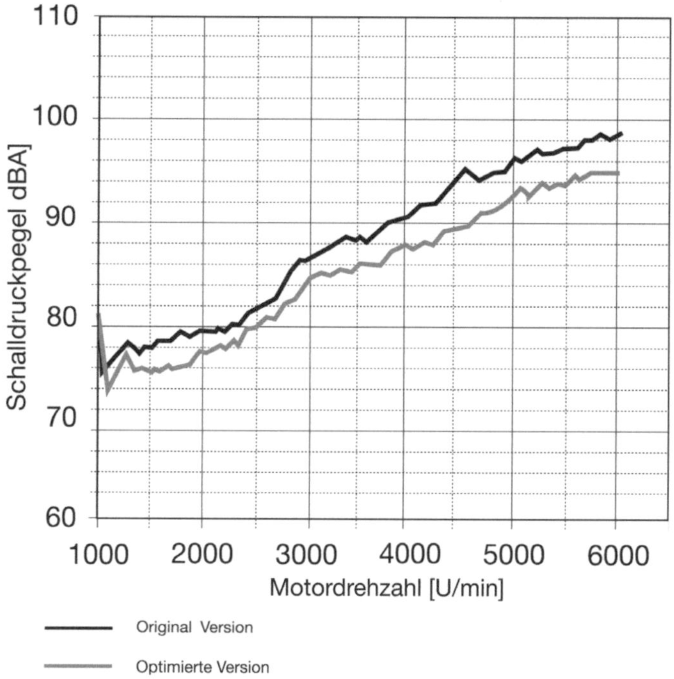


**Abb. 2.14.** Ergebnis der Geräuschreduktion eines 2l.-16V-Benzinmotors als Vergleich der Basis und der optimierten Version, als Luftschallpegel in 1 m Entfernung

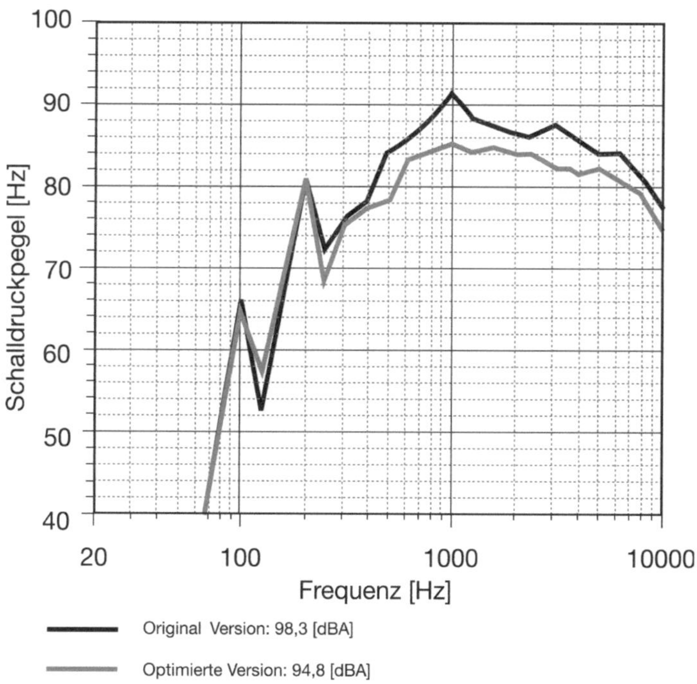


**Abb. 2.15.** Ergebnis der Geräuschreduktion eines 2l.-16V-Benzinmotors. Vergleich der Basis und der optimierten Version im Frequenzbereich bis 10 kHz bei Nenndrehzahl und Nennleistung, gemessen als Luftschallpegel in 1 m Entfernung

### 2.2.4 Auswirkungen der Körperschallisolierung von Motorbauteilen

Körperschallisolierung ist eine Maßnahme, die bei Anbauteilen am Motor, die keine Kräfte zu übertragen haben, zur Reduktion der Schallabstrahlung angewendet wird (siehe Kap. 1.1.7 Schalldämmung und Absorption).

Sie ist auch notwendig bei der Befestigung schalldämmender Verkleidungen, um die Körperschalleinleitung in diese zu verringern.

Eine Hauptanwendung der Körperschallisolierung ist natürlich die Isolierung des gesamten Antriebsaggregates gegenüber der Fahrzeugkarosserie durch die elastischen Traglager zwischen Motor und Fahrzeugkarosserie (siehe Kap. 3.2.2).

Die Körperschallisolierung folgt im Prinzip einem einfachen Schwingsystem, bestehend aus masseloser Feder, starrer Masse $M$ und parallel geschalteter Dämpfung. Damit ergibt sich für die Dämmung $D = 20 \log v_1/v_2$ wobei $v_1$ bzw. $v_2$ die Schwingschnelleamplituden der Masse bzw. des freien Federendes sind, die Gleichung

$$D = 20 \log \sqrt{\frac{\left(\frac{1-\omega^2}{\omega_0^2}\right)^2 + d^2}{1 + d^2}}, \tag{2.13}$$

mit

$$\omega_0 = \frac{K}{m} \tag{2.14}$$

als Kreisfrequenz des ungedämpften Systems bei Resonanz, $K$ als Federsteife, $m$ als Masse, $\omega$ als Erregerkreisfrequenz und $d$ als Dämpfungskonstante.

Gummimaterialien, die für die Körperschallisolierung hauptsächlich in Frage kommen, haben im Temperaturbereich des gummielastischen Zustandes mit der Frequenz zunehmende dynamische Elastizitätsmodule $E$ und Dämpfungskonstanten $d$. Elastische Materialien wie Gummi als reale Systeme weichen im allgemeinen aus mehreren Gründen vom Ersatzmodell eines einfachen Feder-Masse-Systems ab. Zunächst kann das Kontinuum Gummi, das als körperschallisolierendes Element verwendet wird, durch eine masselose Feder mit Dämpfung nicht ausreichend beschrieben werden.

Wie Abb. 2.16 nach [18] am Beispiel der gerechneten Dämmung eines massebehafteten Gummielementes gegen eine starre Masse zeigt, ist diese nur bis zum Auftreten der ersten Eigenresonanz im Gummimaterial mit jener des einfachen Feder-Masse-Systems ähnlich. Von dieser Frequenz aufwärts tritt entsprechend den Eigenschwingungsformen des Gummielementes eine Vielzahl von Dämmungseinbrüchen auf, deren Höhe von der Materialdämpfung und der Geometrie des Gummielementes abhängt.

In Abb. 2.17 ist jene Geräuschreduktion dargestellt, die man durch eine Körperschallisolierung des Ventildeckels eines LKW-Dieselmotors erhält. Wie aus dem Ergebnis ersichtlich, wird vor allem die Geräuschabstrahlung im Frequenzbereich von 500 Hz bis 2 kHz deutlich abgesenkt.

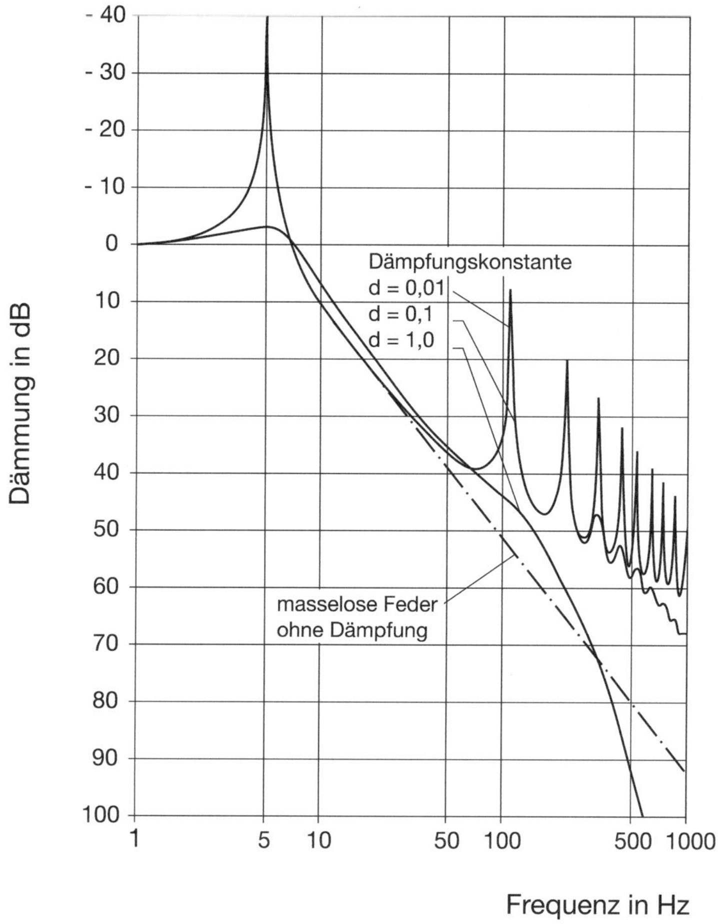


**Abb. 2.16.** Dämmung $D$ eines massebehafteten Gummielementes gegen eine starre Masse, gerechnet für verschiedene Dämpfungskonstanten $d$

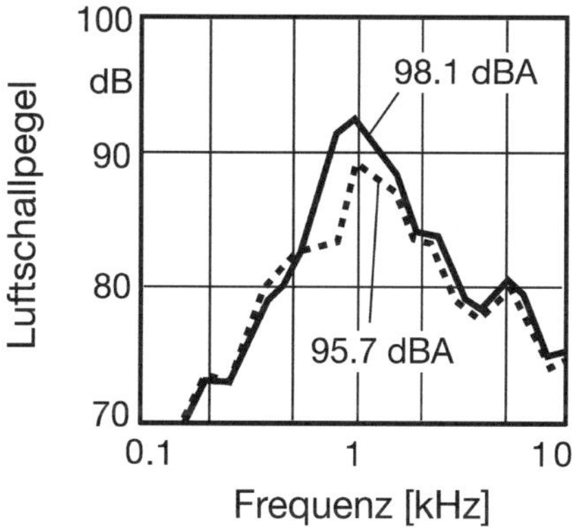


**Abb. 2.17.** Schallabstrahlung eines Ventildeckels mit und ohne Körperschallisolierung

### 2.2.5 Geräuschverminderung durch schalldämmende Verkleidungen

Werden einzelne Bereiche bzw. Bauteile der Motoroberfläche oder im Extremfall der ganze Motor durch Abschirmungen verdeckt, dann wird die von diesen Bereichen direkt abgestrahlte Luftschallleistung massiv beeinflusst.

Die Wirkung der Abschirmungen wird im wesentlichen durch drei Einflüsse bestimmt: Durch die Luftschalldämmung der Abschirmung (siehe Kap. 1.1.7), den abgeschlossenen Luftraum zwischen Abschirmung und Motoroberfläche, sowie die Körperschalleinleitung vom Motor über die Befestigungselemente dieser Abschirmung. Die geräuschvermindernde Wirkung von Verkleidungen ist in ihrer Gesamtheit einer mathematischen Behandlung derzeit noch nicht komplett zugänglich. Im folgenden werden daher einzelne Vorgänge bzw. Einflüsse anhand vereinfachender Modelle beschrieben, um deren Wirkung im realen Fall abschätzen zu können.

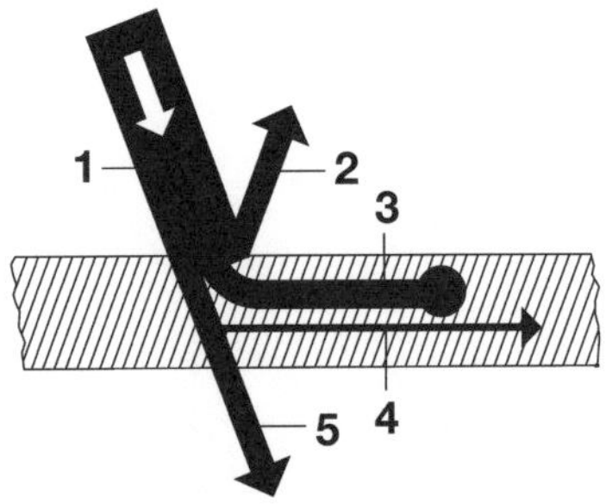


1 auffallender Schall
2 reflektierter Schall
3 Verlust durch Umwandlung in Wärme
4 Verlust durch Ableitung als Körperschall
5 abgestrahlter Schall

**Abb. 2.18.** Schalldurchgang durch ein Hindernis [19]

Für die Luftschalldämmung von ebenen Platten zeigt Abb. 2.18 schematisch den Vorgang, der sich bei der Behinderung der Luftschallausbreitung durch ein Hindernis, z. B. eine Platte ergibt. Ein Teil der auftreffenden Schallenergie wird an der Platte reflektiert, der übrige Teil bewirkt zunächst eine Körperschallanregung der Platte. Von dieser Körperschallenergie wird ein Teil durch die Dämpfung des Plattenmaterials in Wärme umgewandelt, ein Teil gelangt durch Körperschallfortleitung in angrenzende Bauteile und ein Teil wird als Luftschallenergie auf der anderen Seite der Platte abgestrahlt (siehe Kap. 1.1.7).

Die Schalldämmwirkung eines Bauteiles wird durch das Verhältnis der auftreffenden Schallleistung $P_1$ zur abgestrahlten Schalleistung $P_2$ gekennzeichnet. Das allgemein verwendete ist definiert durch

$$R = 10 \log \frac{P_1}{P_2}. \tag{2.15}$$

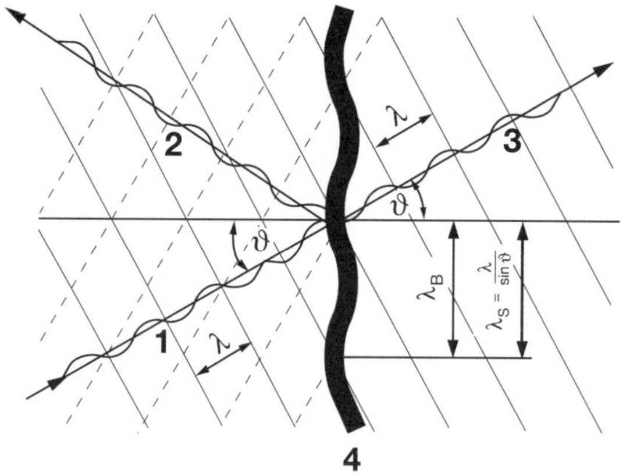


**Abb. 2.19.** Zur Entstehung einer erzwungenen Biegewelle [19]

Treffen periodische Luftschallwellen flächenhaft und mit einem beliebigen, von der Wandnormalen abweichenden Winkel auf eine elastische Platte, dann werden im allgemeinen in dieser Wand Biegewellen hervorgerufen. Abb. 2.19 zeigt diesen Vorgang schematisch am Beispiel einer ebenen, dünnen Platte.

Die Wellenlänge $\lambda_{Be}$ dieser erzwungenen Biegewellen ist, zum Unterschied von der Wellenlänge $\lambda_B$ der Biegewellen der freischwingenden Platte (freie Biegewellen) nach Gleichung (2.6), gegeben durch

$$\lambda_{Be} = \frac{\lambda}{\sin\alpha} = \frac{c}{f\sin\alpha} \tag{2.16}$$

mit der Luftschallwellenlänge $\lambda$, dem Einfallswinkel $\alpha$, der Frequenz $f$ und der Luftschallgeschwindigkeit $c$.

Ist die Platte nicht unendlich ausgedehnt sondern begrenzt, dann kommt es an den Plattenrändern zur Reflexion der Biegewellen, wobei freie Biegewellen mit der Wellenlänge $\lambda_B$ zurücklaufen.

Es kann daher bei einem bestimmten Einfallswinkel Koinzidenz auftreten, d. h.

$$\lambda_{Be} = \lambda_B \tag{2.17}$$

und

$$f = f_K = \frac{f_g}{\sin^2\alpha}, \tag{2.18}$$

wobei $f_g$ die Grenzfrequenz wie in Kap. 1.1.6 und 1.2.3 beschrieben und $f_K$ die Koinzidenzfrequenz ist.

Bei Koinzidenz ist die Trennimpedanz der Wand gleich 0, d. h. dass oberhalb der Grenzfrequenz je nach Schalleinfallswinkel keine Schalldämmung besteht. Schalldämmende Verkleidungen sollten daher ihre Grenzfrequenz weit oberhalb des zu dämmenden Frequenzbereiches haben.

Unterhalb der Grenzfrequenz verliert die Biegesteifigkeit ihren Einfluss und die Trennimpedanz $\underline{Z} = j\omega m$ entspricht der reinen Masseimpedanz [4].

Das Schalldämmmaß errechnet sich aus der Trennimpedanz und man erhält das sogenannte Massegesetz

$$R = 10 \log \left[ 1 + \left( \frac{\omega\, m}{2\rho c} \cos\alpha \right)^2 \right]. \tag{2.19}$$

Da im allgemeinen

$$\frac{\omega\, m}{2\rho c} \gg 1 \tag{2.20}$$

ist und als Mittel über verschiedenen Einfallswinkel in erster Näherung $\alpha = 45°$ ist, ergibt sich für einen diffusen Schalleinfall

$$R_{diff} = 20 \log \frac{\omega\, m}{2\rho c} - 3 \simeq R_{max}. \tag{2.21}$$

Dies gilt insbesondere für große ausgedehnte Platten, hier ist das Schalldämmaß weitgehend von Masse und Frequenz abhängig.

Das Schalldämmmaß verschlechtert sich bei kleinen Platten bzw. geringer Dämpfung. Gleichung (2.21) gibt daher das maximal mögliche Dämmmaß $R_{max}$.

Kleine Platten bzw. Platten ohne Dämpfung haben das geringstmögliche Dämmmaß, da die an den Plattenrändern reflektierten freien Biegewellen einen maßgebenden Einfluss haben.

In Abb. 2.20 ist für Stahlblech verschiedener Stärke der Verlauf des minimalen und maximalen Schalldämmmaßes, gültig bis zu einer Frequenz $f = 0{,}7\ f_g$, bei der die Wand noch als biegeweiche Platte wirkt, dargestellt. Die Differenz $R_{max} - R_{min}$ gibt die Verbesserungsmöglichkeit an, die durch zusätzliche Dämpfung erzielt werden kann.

Die Schalldämmung steigt hier steiler als unterhalb der Grenzfrequenz an und zwar mit der 3. Potenz der Frequenz ($\omega = 2\pi f$). Es gibt auch keine Grenze für die Wirkung der Dämpfung. Jegliche Erhöhung der Dämpfung vergrößert das Schalldämmmaß.

In Abb. 2.21 ist nach [20] schematisch der Dämmungsverlauf über der Frequenz für ein Blech mit und ohne Dämpfung dargestellt. Es gibt deutliche Einbrüche im Bereich der Grundfrequenz der freischwingenden Platte auf ihrer elastischen Aufhängung und bei den tiefsten Eigenfrequenzen der Blechplatte.

Je geringer die Dämpfung, desto größer der relative Dämmungseinbruch. Während das Dämmmaß unterhalb der Grenzfrequenz je nach Dämpfung verschieden stark ansteigt, verläuft es oberhalb parallel und ergibt auch bei $d > d_{gr}$ deutliche Unterschiede.

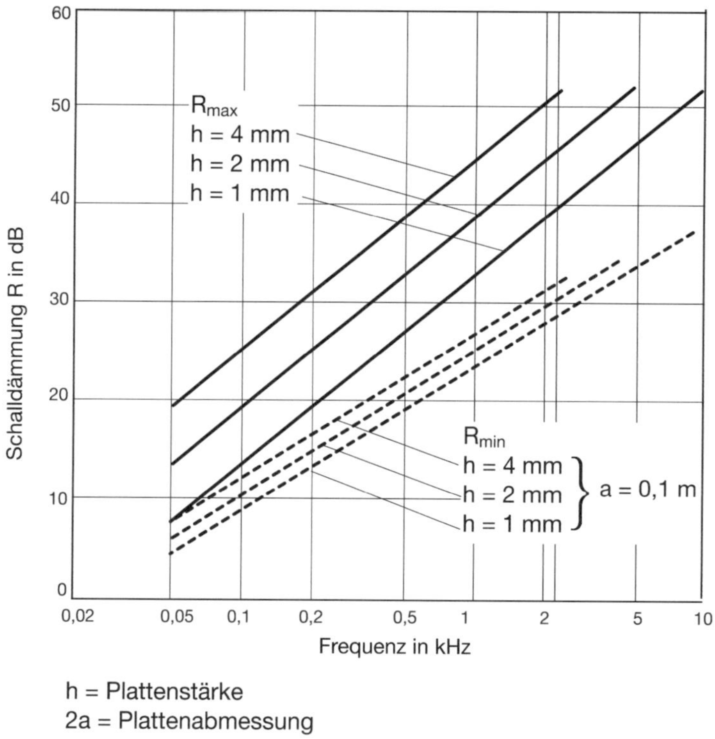


**Abb. 2.20.** Theoretischer Verlauf des Luftschalldämmmaßes ebener Platten aus Stahlblech unterhalb der Grenzfrequenz [4]

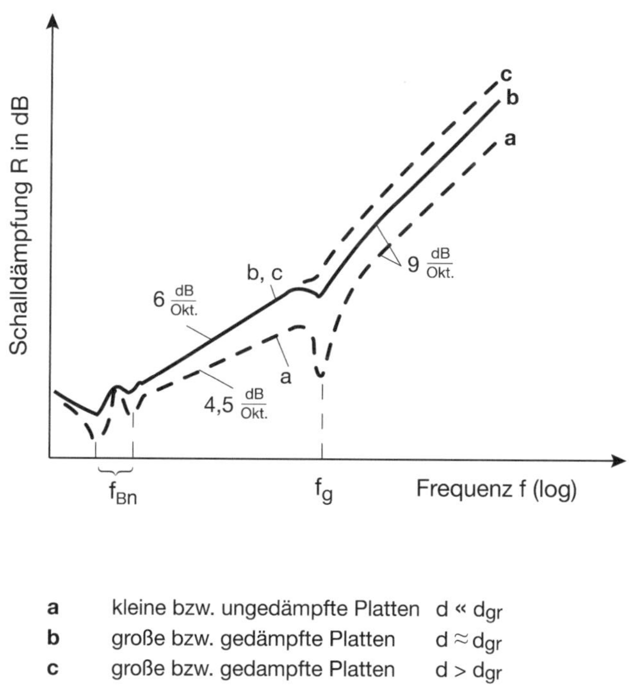


**Abb. 2.21.** Prinzipieller Verlauf der Luftschalldämmung für ebene Platten unterhalb und oberhalb der Grenzfrequenz mit und ohne Dämpfung [20]

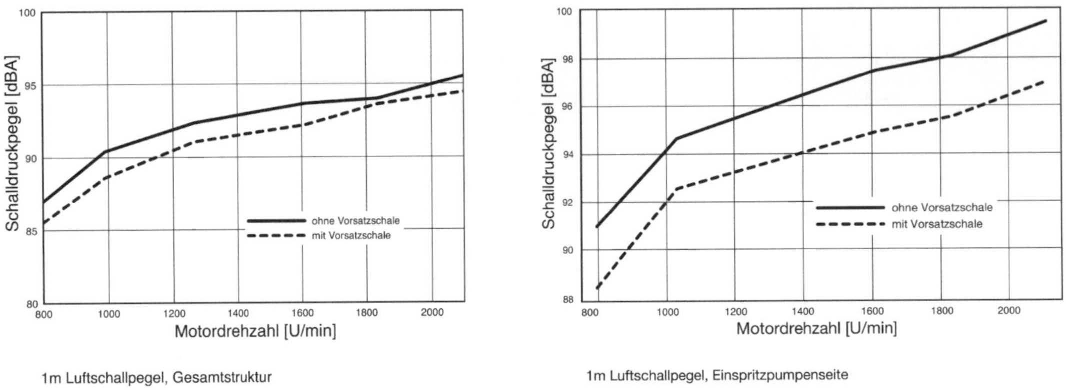


**Abb. 2.22.** Einfluss der Abschirmung einer Einspritzpumpe mittels Vorsatzschale

In Abb. 2.22 ist der Effekt einer Abschirmung der Einspritzpumpe mittels einer Vorsatzschale in Bezug auf die Luftschallabstrahlung eines Dieselmotors gezeigt. Speziell auf der Einspritzpumpenseite des Motors ergibt sich damit eine deutliche Geräuschreduktion.

Die Luftschalldämmung von zylindrischen Schalen folgt anderen Gesetzen als bei ebenen Platten. Zylindrische Bauteile finden u. a. in Bauteilen von Abgas- und Ansauganlagen Anwendung. Deren Luftschallabstrahlung hängt u. a. von der Luftschalldämmung dieser Bauteile ab.

Zylindrische Schalen haben nach [19] wie in Abb. 2.23 schematisch dargestellt ein von ebenen Platten abweichendes Dämmverhalten. Charakteristisch sind die sogenannten Durchlassfrequenzen $f_{Dn}$, die gegeben sind durch die Gleichung (2.22)

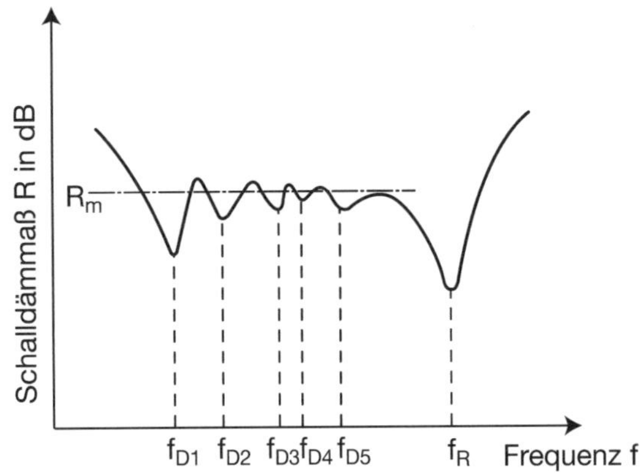


**Abb. 2.23.** Prinzipieller Verlauf der Luftschalldämmung von Zylinderschalen [19]

$$f_{Dn} = \chi_n \frac{c}{2\pi r}, \tag{2.22}$$

mit der Luftschallgeschwindigkeit $c$ und dem Zylinderradius $r$, wobei für die Ordnungen $n$ die folgenden Werte $\chi_n$ gelten:

| $n$ | 1 | 2 | 3 | 4 | 5 |
|---|---|---|---|---|---|
| $\chi_n$ | 1,9 | 3,2 | 4,7 | 5,3 | 6,3 |

Der in Abb. 2.23 gezeigte weitere Dämmungseinbruch ergibt sich bei der Ringdehnungsfrequenz

$$f_R = \frac{c_L}{2\pi r} \tag{2.23}$$

die durch die Longitudinalwellengeschwindigkeit $c_L$ im Zylindermantel bestimmt wird.

Im Bereich zwischen der ersten Durchlassfrequenz und der Ringdehnungsfrequenz ist die Dämmung, abgesehen von den schmalen Einbrüchen bei den Durchlassfrequenzen, annähernd frequenzunabhängig. Sie beträgt im Mittel, vorausgesetzt dass die Anregung durch ein Geräusch mit etwa Oktavbandbreite erfolgt,

$$R_m \simeq 10 \log \frac{c_L \rho_\omega h}{2\rho c r} \tag{2.24}$$

wobei $\rho_\omega$ die Dichte des Wandmaterials, $h$ die Wandstärke und $\rho$ die Luftdichte ist.

Eine weitere Anwendung von schalldämmenden Verkleidungen sind sogenannte Vorsatzschalen. Mit Vorsatzschalen sind Verkleidungen gemeint, die in einem gewissen Abstand vor luftschallabstrahlenden Oberflächen angebracht sind, um deren Schallabstrahlung weitgehend abzuschirmen. Um die direkte, von der verkleideten Oberfläche ausgehende Schallausbreitung zu verhindern, wird dabei vorausgesetzt, dass der Luftraum unter der Vorsatzschale an den Rändern elastisch und schalldicht durch umlaufende Dichtungen abgeschlossen ist.

Die Vorsatzschalen werden einerseits durch den Luftschall im Raum zwischen der Motoroberfläche und der Vorsatzschale sowie andererseits durch Körperschalleinleitung über die Befestigungs- und Abdichtelemente zu Biegeschwingungen, die die Luftschallabstrahlung nach außen bewirken, angeregt.

Für den durch Luftschall innerhalb der Vorsatzschale entstehenden Anteil ist einerseits die im Abschnitt 2.2.5 behandelte Luftschalldämmung von Platten maßgebend, andererseits sind die akustischen Eigenschaften des zwischen Motoroberfläche und Vorsatzschale entstehenden abgeschlossenen Luftraumes von Einfluss.

Die einfachste Form, den Luftraum unter der Vorsatzschale zu berücksichtigen, ist die Betrachtung eines eindimensionalen Systems, bestehend aus Vorsatzschale als Masse, Luft als masselose dämpfungsfreie Feder und Motoroberfläche als mit der Schnelle $v_E$ erregtes Federende.

Da bei eindimensionaler Betrachtung der Abstrahlgrad von Motoroberfläche und Vorsatzschale generell $S = 1$ ist, entspricht in diesem Fall das Luftschalldämmmaß dem Quadrat des Schnelleverhältnisses der beiden Wände, also

$$R \simeq D = 20 \log \left| \frac{v_E}{v_1} \right| = 20 \log \left| 1 - \left( \frac{\omega}{\omega_0} \right)^2 \right| . \tag{2.25}$$

Die Verhältnisse an realen Vorsatzschalen sind komplexer und u. a. von der Steifigkeit der umlaufenden elastischen Dichtung zur schallerzeugenden Oberfläche (z. B. Motoroberfläche) abhängig.

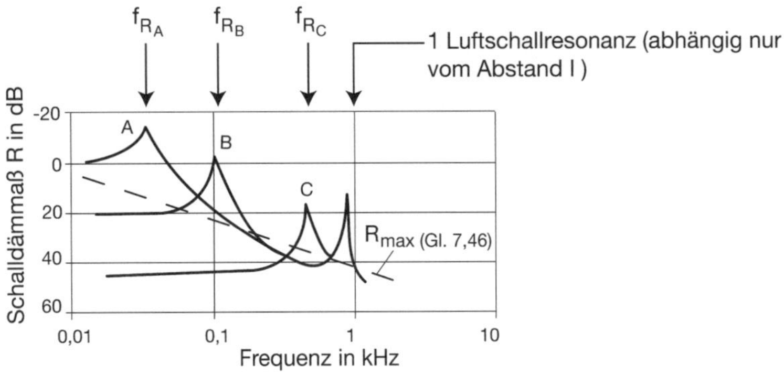


**Abb. 2.24.** Theoretischer Verlauf der typischen Luftschalldämmung Vorsatzschale mit 3 verschieden steifen Abstützungen (A, B, C)

Die Kurven in Abb. 2.24 zeigen die starken Dämmungseinbrüche bei der Grundfrequenz der Schale auf der Luftfeder und bei der dargestellten 1.Resonanz des Luftkörpers zwischen Motoroberfläche und Vorsatzsschale mit $\omega l/c = \pi$ bzw. $c/f = 2l$. Mit zunehmender Steifigkeit der äußeren Abstützung erhöht sich die Dämmung unterhalb der Grundfrequenz.

Eine weitere Verbesserung der Schalldämmung ist möglich, wenn man zusätzlich luftschallabsorbierendes Material im Zwischenraum zwischen Motoroberfläche und Vorsatzschale anordnet, so dass eine gewisse Absorption im Zwischenraum bei höheren Frequenzen wirksam wird.

### 2.2.6 Luftschallabsorption

Luftschallabsorption ist eine Möglichkeit, durch Umwandlung von Schallenergie in Wärme eine weitere Ausbreitung eines mehr oder weniger großen Teils dieser Schallenergie zu verhindern. Als schallabsorbierendes Material kommen poröse Stoffe in Frage, in denen durch Reibung der bewegten Luftteilchen an der Materialoberfläche kinetische Energie entzogen wird (siehe Kap. 1.1.7).

Zur Verminderung des von der Motoroberfläche abgestrahlten Geräusches ergibt sich als vorteilhafte Anwendungsmöglichkeit die innenseitige Auskleidung von Vorsatzschalen, schalldämmenden Gesamtverkleidungen oder innenseitige Auskleidungen von Motorräumen in Fahrzeugen.

Bei Schallabsorption kommt es an der Trennebene zwischen der Luft und dem absorbierenden Material zur Aufteilung der einfallenden Schallwellen in einen reflektierenden Anteil und durchgelassenen Anteil.

Gute Schallabsorption ergibt sich bei *Anpassung*, d. h. wenn die Impedanz des porösen Materials gegen $Z_0$ (Impedanz der Luft) geht.

Im realen Anwendungsfall tritt nicht nur senkrechter, sondern aus verschiedenen Richtungen einfallender Luftschall auf. Nach [21] ist jedoch der Unterschied des Absorptionsgrades zwischen senkrechtem und allseits verteiltem Einfall gering.

Das schallabsorbierende Material muss, um eine Anreicherung mit Schmutz oder Flüssigkeiten (Öl, Kraftstoff) zu vermeiden, häufig mit einer Folie abgedeckt werden. Wie in [21] gezeigt, nimmt dadurch die schallabsorbierende Wirkung im höheren Frequenzbereich ab, wobei schwerere Folien zunehmend ungünstiger sind.

Lochbleche als mechanischer Schutz geben naturgemäß auch einen Einfluss, der jedoch bei einem Verhältnis der Lochfläche zur Gesamtfläche von $> 0{,}5$ gering bleibt.

In Bezug auf die Reduktion des Motorgeräusches werden u. a. auch absorbierend ausgekleidete Abdeckhauben an der Motoroberseite – die auch ein Designelement darstellen – und Absorptionauskleidungen im Motorraum mit oder ohne Folienabdeckung verwendet.

**Schalldämmende Gesamtverkleidungen**

Die Wirkung von schalldämmenden Gesamtverkleidungen von Motoren (Kapselungen) lässt sich mit den gleichen Beziehungen, wie sie für die Luftschalldämmung von Platten bzw. für die Vorsatzschalen angegeben wurden, beschreiben.

Diese schalldämmenden Verkleidungen von Motoren werden üblicherweise an der Fahrzeugkarosserie befestigt und bestehen aus einer Unterschale, die die Öffnung unter dem Motor oder unter dem Motor-Getriebe-Verbund vollständig abschließt, sowie aus Seitenschalen, die weitgehend die seitliche Schallabstrahlung beschränken. Zusätzlich werden im Motorraum schallabsorbierende Elemente (meist auf der Unterseite der Motorhaube) angebracht, um einen Teil der Schallleistung im hochfrequenten Bereich zu absorbieren. Eine weitere Maßnahme sind Jalousien vor dem Motor im Bereich des Kühlnetzes, welche je nach Betriebszustand und Kühlluftbedarf geschlossen oder geöffnet werden. Abgesehen von den erhöhten Kosten ist die durch Abschirmung beschränkte Wärmeabfuhr zu berücksichtigen, welche normalerweise das Ausmaß der Abschirmmaßnahmen limitiert.

Wie schon vorher angeführt, erhöht sich innerhalb der Abschirmungen der Luftschallpegel, so dass bei fahrzeuggebundenen Abschirmmaßnahmen im Motorraum ein etwas höherer Luftschallpegel vorliegt als ohne Abschirmmaßnahmen. Damit erhöht sich auch im Fahrzeuginnenraum der Luftschallpegel infolge Weiterleitung über die Spritzwand, wenn hier nicht zusätzlich Schalldämmmaßnahmen getroffen werden.

## 2.3 Getriebeakustik

Aufgrund der zahlreichen umgesetzten Maßnahmen zur Verringerung des Motorgeräusches kommt dem Getriebegeräusch in der Automobilentwicklung mittlerweile eine verstärkte Bedeutung zu. Die zusätzlichen Kundenwünsche nach erhöhtem Komfort und verringertem Verbrauch führten zur Entwicklung und serienmäßigen Umsetzung neuartiger Getriebe, wie beispielsweise Doppelkupplungsgetriebe und stufenlose Getriebe; verbunden damit erlangten die speziell bei diesen neuartigen Getrieben bauartbedingt auftretenden Geräusche eine besondere Bedeutung.

Im Gegensatz zum Motor, der stets als anregendes Bauteil für die Motorgeräusche auftritt, gibt es beim Getriebe einmal Geräusche, die durch das Getriebe direkt verursacht werden – wie beispielsweise das Verzahnungsheulen und das Getrieberasseln – und es gibt Geräusche, bei denen das Getriebe lediglich als Verstärker auftritt, wie beispielhaft der Niederdrehzahlboom insbesondere in Verbindung mit Dieselmotoranregung und Allrad-Antriebsstrang.

### 2.3.1 Verzahnungsgeräusch

Die Abwälzgeräusche unter Last stehender – die Leistung übertragender – Zahnradpaare können als Heulen, Pfeifen, Mahlen oder Singen bezeichnet werden. Es handelt sich um vorwiegend tonale Geräusche. Das Verzahnungsgeräusch tritt in den Eingriffsordnungen (die Ordnung entspricht der Zähnezahl des entsprechenden Zahnrades) und deren Vielfachen auf.

In Abb. 2.25 ist ein beispielhaftes Ergebnis einer Beschleunigungsmessung an der Getriebeoberfläche dargestellt (11. Ordnung ist die Verzahnungseingriffsordnung). Die erhöhten Pegel zwischen 2100 und 3000 UpM kommen durch eine Resonanz im Bereich von 350 bis 400 Hz zustande.

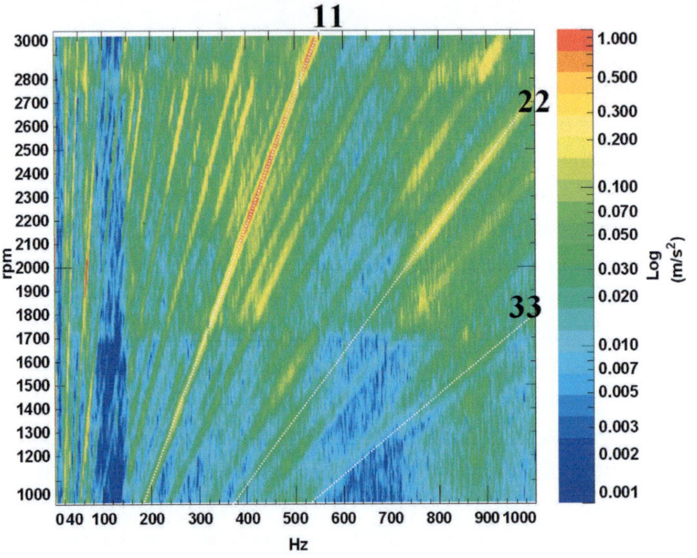


**Abb. 2.25.** Colourmap Verzahnungsgeräuschordnung mit oberen Harmonischen

Diese Laufgeräusche haben mehrere Ursachen. Eingriffstöße sind die Folge von Teilungsfehlern oder vom Verzahnungsgesetz aufgrund von Verformungen der belasteten Zähne. Parametererregte Schwingungen entstehen infolge der mit der Eingriffsstellung wechselnden Zahnsteifigkeit. Das Ausmaß dieser Schwingungen hängt von der Verzahnungsgeometrie und Drehzahl ab. Abwalzgeräusche aufgrund des sogenannten *Waschbretteffekts* durch mangelhafte Oberflächenqualität (s. Tab. 2.2).

**Tabelle 2.2.** Getriebepfeifen, Getriebeheulen, Zusammensetzung nach [43]

| Geräusch | Getriebeheulen (-pfeifen, -mahlen, -singen) |
|---|---|
| Ursache | **Abwälzgeräusche durch Zahnfehler** (Zahnflankenfehler, Teilungsfehler, Eintrittswinkelfehler, Grundkreisfehler)<br>**Parameteranregung**<br>(wechselnde Zahnfedersteife)<br>**Eingriffsstöße**<br>**Verformung von Wellen, Lagern und Gehäusen**<br>**Reibkräfte** (geringer Einfluss)<br>**Airpocketing** (praktisch ohne Bedeutung) |
| Frequenzcharakteristik | **Hochfrequent (> 1kHz)**<br>**Zahneingriffsfrequenz und Obertöne** (evt. Seitenbänder im Abstand der Drehfrequenz)<br>**Geisterfrequenzen bei periodischen Zahnflankenfehlern** (von Fehlern der Verzahnungsmaschine) |
| Lastabhängigkeit | **Zahnfehler:** rel. Abnahme bei zunehmender Belastung<br>**Parameteranregung:** Lineare Zunahme mit Belastung |
| Drehzahlabhängigkeit | **Zunahme mit der Drehzahl:** Insbesondere bei Eingriffsstoß<br>**Parameteranregung:** Resonanzen |

### 2.3.2 Klapper- und Rasselgeräusche

Die Ursache der Klapper- und Rasselgeräusche sind Losteilschwingungen unbelasteter Schalträder, Synchronisierungen und Schiebemuffen, die sich durch Anregung von Torsionsschwingungen der Getriebeeingangswelle innerhalb ihrer Spiele hin und her bewegen. Klappern von Fahrzeuggetrieben tritt im Leerlauf, Rasseln im Zug- oder Schubbetrieb auf. Durch die Stoßereignisse werden breitbandige Geräusche erzeugt. Die Tab. 2.3 gibt die Klapper- und Rasselgeräuschcharakteristiken an.

**Tabelle 2.3.** Klapper- und Rasselgeräusche, Zusammensetzung nach [43]

| Geräusch | Getrieberasseln (-klappern) |
|---|---|
| Ursache | **Losteilschwingungen** (Losräder, Synchronringe, Schiebemuffen)<br>Im Spielbereich durch Torsionsschwingungen der Getriebewellen verursacht durch externe Momentenschwankungen (Motor)<br>Bei kleinen Lasten evtl., auch **Abheben der Flanken von geschalteten Zahnrädern**<br>**Nichtlinearitäten bei hohen Lasten:** Abheben durch Zahnfehler und Variable Steifigkeit |
| Frequenzcharakteristik | Normalerweise eher **tieffrequent**<br>Bei Nichtlinearitäten: **hochfrequent** mit Ober- und Untertönen |
| Lastabhängigkeit | Normalerweise ohne Last bzw. bei **niedrigen Lasten**<br>Bei **hohen Lasten** durch Nichtlineare Dynamik |
| Drehzahlabhängigkeit | **Leerlaufklappern** (bes. bei Dieselmotoren)<br>Zugrasseln und evt. Schubrasseln bei **niedrigen Drehzahlen** |

Ein Beurteilungskriterium ist die Klapperkurve, die den Luftschalldruckpegelverlauf in Abhängigkeit von der Winkelbeschleunigungsamplitude beschreibt. Das Grundgeräusch tritt bis zur Klappergrenze auf und setzt sich aus Lagerlauf-, Plansch- und Verzahnungslaufgeräuschen zusammen. In dem dargestellten Körperschallverlauf 1 treten keine Stöße auf. Die Klappergrenze 2 kennzeichnet den Punkt in der Klapperkurve, an dem die Winkelbeschleunigungsamplitude so groß geworden ist, dass sich die Losteile von den treibenden Festrädern abzulösen beginnen. Für größer werdende Winkelbeschleunigungsamplituden beginnt der Anstieg des Klappergeräuschpegels. Dabei sind im Körperschallsignal die ersten Klapperstöße ersichtlich. Der Pegelverlauf (Punkte 3 und 4) gibt das Geräuschverhalten bei Winkelbeschleunigungsamplituden oberhalb der Klappergrenze wieder (s. Abb. 2.26). Hierbei sind sowohl die Verdrehflanken- als auch die Axialstöße deutlich ausgeprägt.

### 2.3.3 Schaltgeräusche, Lagergeräusche, Kreischen

Bei fehlerhaft ausgeführten Schaltvorgängen treten Schaltgeräusche (s. Abb. 2.27) durch Kratzen und Ratschen der Schaltverzahnung auf, die prinzipiell durch konstruktive Gestaltung der Synchroneinheit verringert werden können. Lagergeräusche treten als Laufgeräusche der Wälzlager auf, insbesondere bei beschädigten Lagern, bei denen der Geräuschpegel mit zunehmender Schädigung stark ansteigt.

Das Kreischen entsteht durch Schwingungen unbelasteter Losräder während der Anfahrphase und wird durch die Zahnradgeometrie und Schmierstoffviskosität beeinflusst. Das Kreischen tritt speziell bei sehr niedrigen Temperaturen auf, die Geräuschemission geht nicht von den Zahneingriffen, sondern nach [44] vom Wälzlager aus.

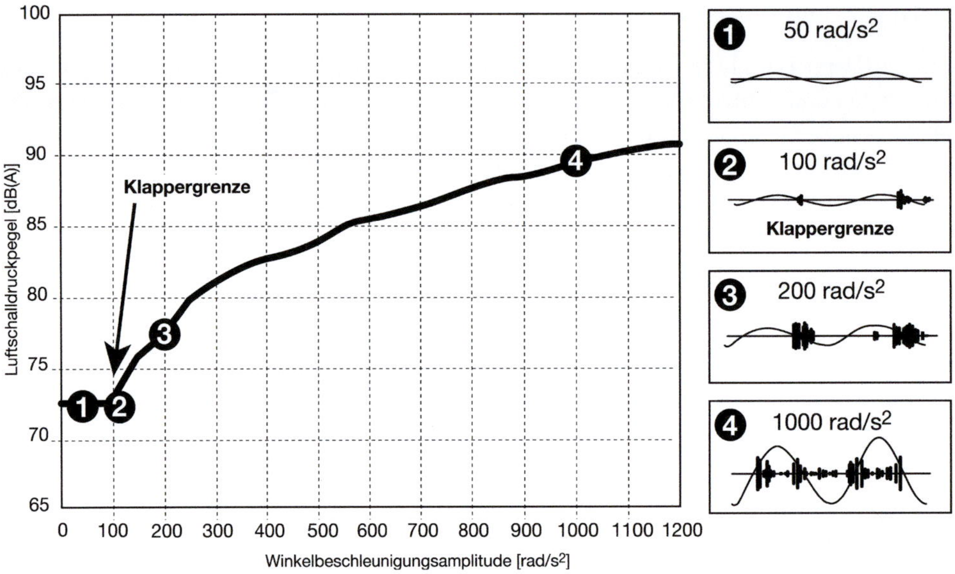


**Abb. 2.26.** Klappergeräusch

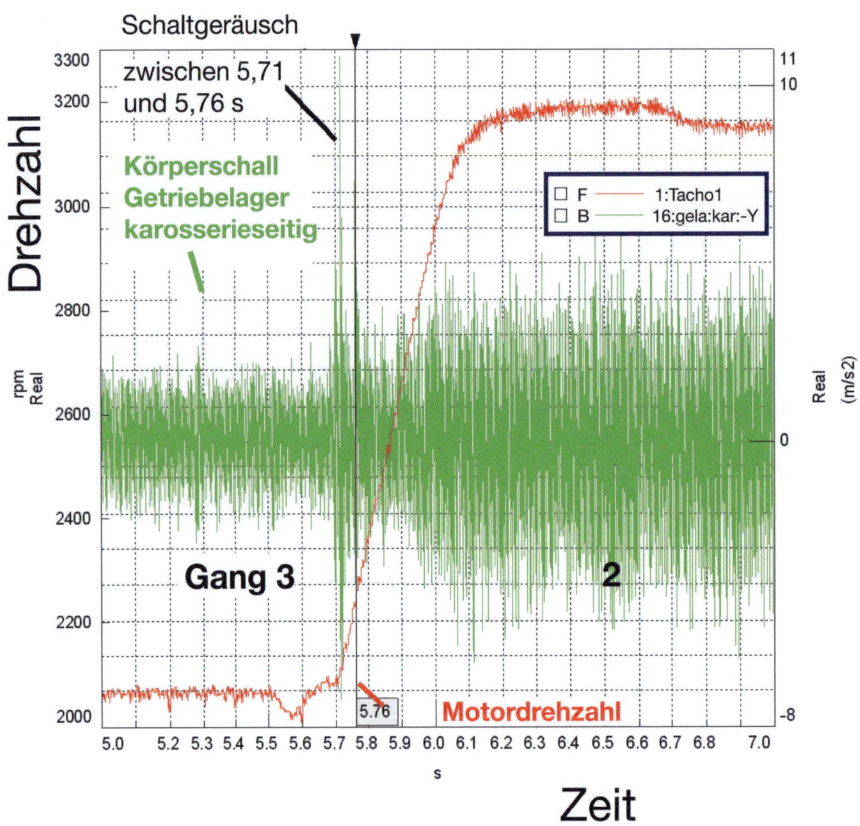


**Abb. 2.27.** Das Schaltgeräusch (Klacken) ist als Spitze im Zeitverlauf des Beschleunigungssignals am Getriebegehäuse während eines Rückschaltvorgangs erkennbar

**Tabelle 2.4.** Zusammenfassung der Schalt-, Lager- und Kreischengeräusche

| Geräusch | Schaltgeräusche (Kratzen, Ratschen) | Lagergeräusche | Kreischen |
|---|---|---|---|
| Ursache | **Mangelhafte Funktion der Synchronisierung** (Differenzzahlen der Synchronisierungselementen) | Beschädigte Wälzlager | Schwingungen unbelasteter Losräder beim Anfahrvorgang |
| Bemerkung | Stark abhängig vom Fahrer, die Geräusche können als reines Komfortproblem angesehen werden | Pegel mit zunehmender Schädigung stark ansteigt | Auftritt speziell bei sehr niedrigen Temperaturen |

### 2.3.4 Allradgetriebegeräusche

Vertreter der Zahnradgetriebe sind Hinterachs-, Vorderachs- und Verteilergetriebe. Bei den Getrieben sind übliche Verzahnungsgeräusche (Zahneingriffsfrequenzen mit deren Vielfachen, sowie Rasseln und Klappern) zu erwarten.

Als eine weitere Geräuschart können z. B. bei einem Hinterachsgetriebe unerwünschte Schwingungen durch die Verformungen der Kardanwelle entstehen. Zur Schwingungsreduktion kann z. B. ein Tilger eingesetzt werden.

In [45] werden Maßnahmen zur Verringerung des Eintrittsstoßes in einem Hinterachsgetriebe mit Vorgelege und Winkeltrieb angegeben:

1. Vergrößerung der Gesamtüberdeckung, dadurch verringern sich die Auswirkungen von Teilungsabweichungen und vergrößert sich die mittlere Eingriffssteifigkeit.
2. Weicherer Zahneingriff durch Schrägverzahnung bzw. Vergrößerung des Schrägungswinkels (auch Hochverzahnung denkbar).
3. Zahnformkorrektur und damit Abschwächung der Stoßenergie (Profilrücknahme).

Remers identifizierte bei seinen Untersuchungen von einem Hinterachsgetriebe [46] Resonanzen vom Ritzel, Fonda und Wente [47, 43] entwickelten eine experimentelle Methode zur Bestimmung der Gehäuse- und Antriebsanlagesensitivität zum Einheitsübertragungsfehler von einem Hypoidrad, um das Getriebe von der Geräuschseite zu optimieren.

### 2.3.5 CVT-Getriebe

#### Aufbau CVT-Getriebe

Durch die endliche Anzahl von Schaltstufen bei Standardgetrieben kann das Leistungsangebot eines Verbrennungsmotors nicht optimal genutzt werden. Mit einer stufenlos variablen Getriebeübersetzung (CVT – Continuously Variable Transmission) kann der Motor, je nach Wunsch im verbrauchs- oder fahrleistungsoptimalen Betriebspunkt betrieben werden.

Die CVT-Getriebe können entweder mechanisch, hydraulisch oder elektrisch konzipiert werden. Für Pkw wurden bisher nur mechanische Lösungen in Serie ausgeführt, entweder als Umschlingungsbetrieb (Zuggliederkette, Schubgliederband) oder als sogenanntes Toroid-Getriebe [48]. Abb. 2.28 gibt einen Überblick über verschiedene CVT-Konzepte.

Beim Toroid-Getriebe sitzen zwischen zwei torusförmigen Scheiben zwei Rollen, welche die Kraft von der Eingangs- zur Ausgangsscheibe übertragen. Durch Kippen der Rollkörper lässt sich das Übersetzungsverhältnis ändern (s. Abb. 2.29).

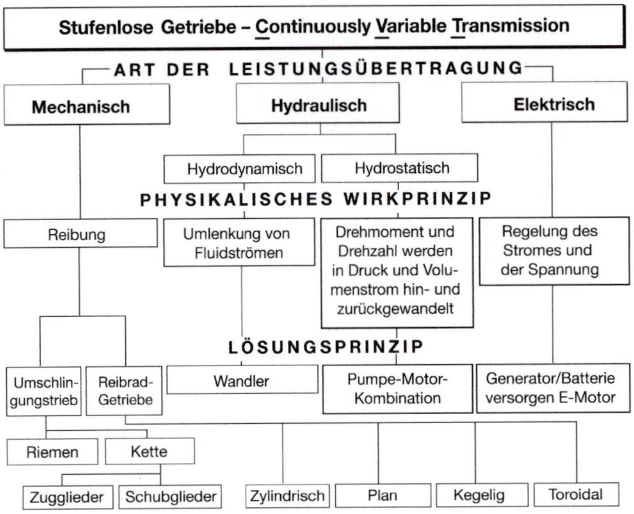


**Abb. 2.28.** Überblick über verschiedene CVT-Konzepte [49]

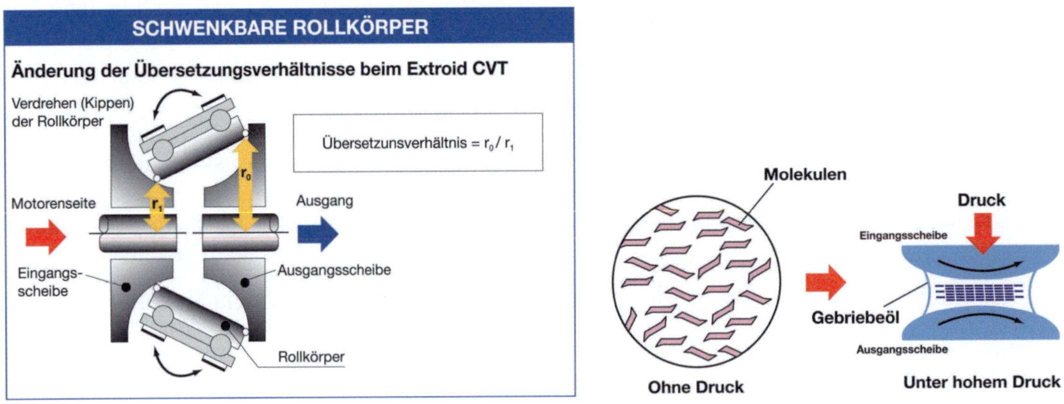


**Abb. 2.29.** Nissan Extroid-Getriebe, Kraftübertragung mittels Rollkörper (links), mit neu entwickeltem speziellem Schmiermittel (rechts)

Das Drehmoment wird nicht über einen Metall-zu-Metall-Kontakt übertragen, sondern über eine Flüssigkeit. Der Torus und die Rollen berühren sich also nicht, für den Kraftschluss sind einzig und allein Scherkräfte im Ölfilm zwischen Rolle und Scheibe verantwortlich. Das Öl stellt also den limitierenden Faktor.

Das am meisten verbreitete CVT-Konzept basiert auf dem seit langem bekannten Prinzip der *Umschlingungsgetriebe*. Bei diesem Prinzip kann mit Hilfe eines sogenannten *Variators* das Übersetzungsverhältnis zwischen der kürzesten und der längsten Übersetzung stufenlos geregelt werden.

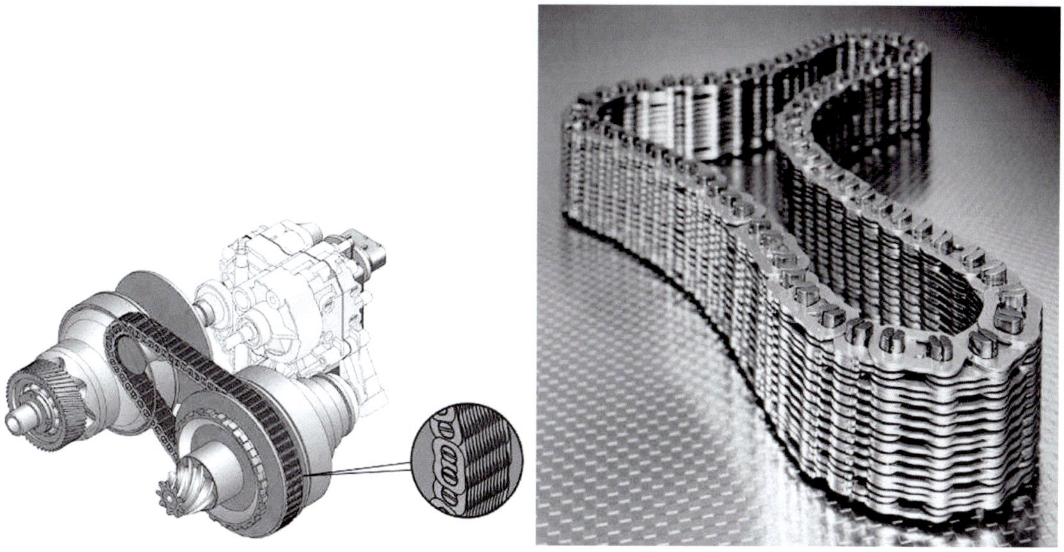

**Abb. 2.30.** Variator mit Anpresssystem, Steuerhydraulik (links), CVT-Kette-Audi Multitronic CVT (rechts)

Der Variator besteht aus zwei Kegelscheibenpaaren, dem Primärscheibensatz und dem Sekundärscheibensatz, sowie einer speziellen Kette bzw. Schubgliederband oder Keilriemen, welche im Keilspalt der beiden Kegelscheibenpaare läuft *(umschlingt)*. Das Umschlingungsmittel dient dabei als Kraftübertragungselement. Der Primärscheibensatz wird über eine Vorgelegestufe vom Motor angetrieben. Das Motormoment wird über das Umschlingungsmittel auf den Sekundärscheibensatz übertragen und von dort in den Achsantrieb geleitet. Jeweils eine Kegelscheibe eines Scheibensatzes ist auf der Welle verschiebbar, wodurch die Laufdurchmesser der Kette und somit die Übersetzung stufenlos verstellt werden können. Die beiden Scheibensätze müssen gleichzeitig so verstellt werden, dass die Kette immer gespannt und die zur Kraftübertragung notwendige Anpresskraft der Scheiben sichergestellt ist.

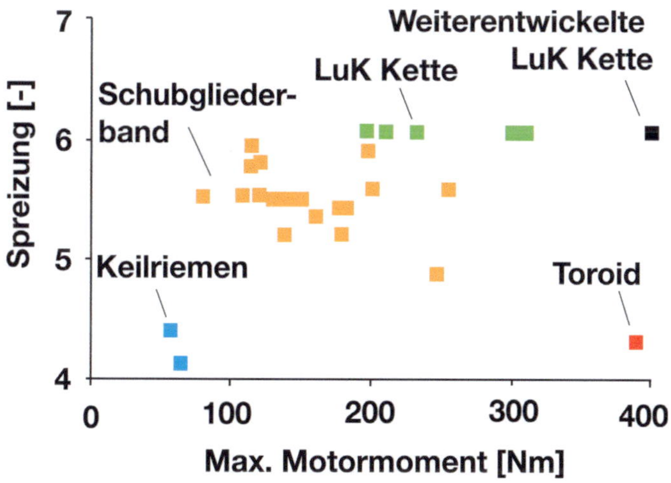


**Abb. 2.31.** CVT-Getriebearten: Maximale übertragbare Motormomente [50]

### CVT-Akustik

Beim CVT-Getriebe treten im Vergleich zu anderen Getriebearten aufgrund des Variators und des Kettenantriebs zusätzliche Getriebegeräusche auf.

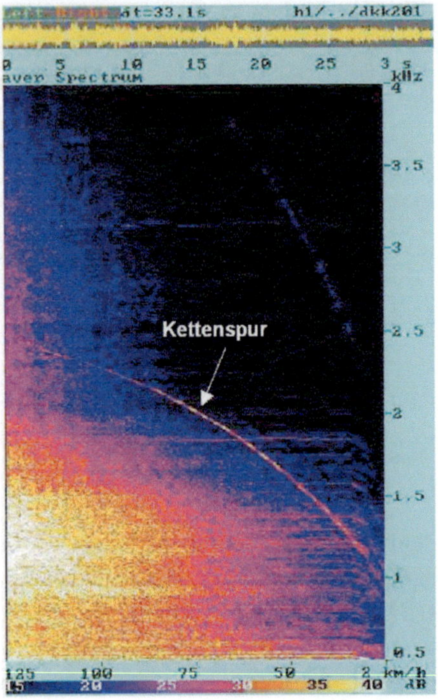


**Abb. 2.32.** CVT-Kettengeräusch [51]

Beim Einlaufen der Kette in die Kegelscheiben des Variators ergibt sich aufgrund ihres gliedrigen Aufbaus eine Abfolge von Auftreffimpulsen (Kettenglieder, Wiegedruckstücke) und damit eine Strukturanregung der Scheibensätze, was zur Abstrahlung eines Laufgeräusches führen kann, das über die Wellen und deren Wälzlager in die Gehäusestruktur weitergeleitet wird. Das Kettenpfeifen tritt ca. im Frequenzbereich 1500–3000 Hz auf.

Das Spektrum der Kettenakustik beinhaltet neben dieser Eingriffsfrequenz auch die Kettenumlauffrequenz und deren Vielfache. Im allgemeinen ist die CVT-Kette lauter als ein Stahlschubgliederband. Die CVT-Ketten sind allerdings auch bei höheren Motormomenten als die Schubgliederbänder einsetzbar, was Abb. 2.31 zeigt.

## 2.3.6 Analyse Geräuschübertragung

### Einleitung

Durch die immer leiser werdenden Motoren und Reifen erlangt das Getriebegeräusch auch eine höhere Bedeutung. Insbesondere bei Mittel- und Oberklassefahrzeugen wird vom Kunden erwartet, dass kein Verzahnungsgeräusch mehr im Innenraum hörbar ist. Bei Allradfahrzeugen stellt sich dabei nicht nur die Frage, ob die Hauptursache für das im Innenraum störende Getriebegeräusch in der Verzahnung und/oder in einem ungünstigen Übertragungsverhalten in den Fahrzeuginnenraum zu suchen ist, sondern es muss zusätzlich noch geklärt werden, ob das Vorderachs- oder das Hinterachsgetriebe die Hauptursache für das Geräusch im Innenraum darstellt.

Da die Übersetzungen an Vorder- und Hinterachse genau gleich sind, ist eine genaue Zuordnung nicht allein über die auftretenden Ordnungen möglich, sondern es müssen weitergehende Geräuschtrennungsverfahren verwendet werden.

**Geräuschtrennung mittels TPA**

Bei der Transferpfadanalyse wird die Körper- und Luftschallweiterleitung über vorher zu definierende Pfade untersucht. Dabei sind folgende Teilschritte vorzunehmen:

- Festlegung der zu untersuchenden Übertragungswege und Referenzpunkte
- Empfindlichkeitsmessungen an den Koppelstellen (künstliche Anregung)
- Kraftbestimmung an den Körperschallkoppelstellen im Betrieb
- Bestimmen der Übertragungsweganteile.

Nach Durchführung der einzelnen Messungen kann eine Zerlegung des gemessenen Referenzpegels in die Geräuschanteile der einzelnen Übertragungspfade vorgenommen werden:

$$P = \sum_i F_{Bi} * FRF_{Ki}(P_{innen}/F_Q) + \sum_j P_{Bj} * FRF_{Kj}(P_{innen}/P_Q) \tag{2.26}$$

$$F(\omega)_i = k_i(\omega) * (x_{Qi}(\omega) - x_{Ai}(\omega)) \tag{2.27}$$

Legende:

| | |
|---|---|
| B | Messungen unter Betriebsbedingungen (z. B.: Verzahnungsgeräusch bei Teillasthochlauf) |
| K | Messungen bei künstlicher Anregung (Shaker oder Impulshammer) |
| Innen | Referenzpunkt im Innenraum |
| Q | Anregung an der Geräuschquelle. |

Die Kraftbestimmung erfolgt dabei standardmäßig mit Hilfe der Steifigkeitsmethode:

- Vermessung der dynamischen Steifigkeiten der Übertragungselemente
- Messung der Beschleunigung an beiden Seiten der Übertragungselemente im Betrieb
- Integration zu Verschiebungen
- Ermittlung der Kraft mittels untenstehender Formel.

Anschließend kann daraus der Einfluss der einzelnen Übertragungswege auf das Innengeräusch ermittelt werden:

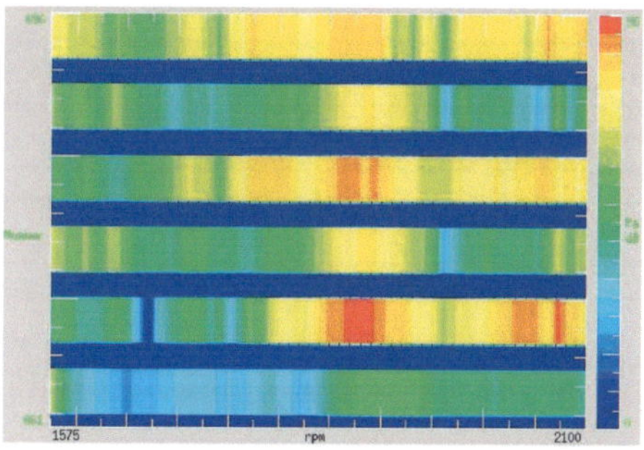


**Abb. 2.33.** Geräuschübertragung Verzahnungsgeräusch in der Zahneingriffsordnung im Schub zwischen 60 km/h und 80 km/h im Bereich der Hinterachse (HA)

Die Transferpfadanalyse ist aber nicht uneingeschränkt für die Untersuchungen der Geräuschübertragung von Getriebesingen geeignet, denn es gibt folgende Nachteile:

- Steifigkeitskennlinien können an den meisten Prüfständen nur bis etwa 400 Hz gemessen werden. Die Kraftbestimmung über die Steifigkeitsmethode ist daher meist nicht anwendbar; andere Methoden zur Kraftbestimmung sind aber meistens ungenau.
- Aufgrund der vielen Übertragungswege speziell bei Allrad-Antriebssträngen sind TPA Untersuchungen sehr aufwändig.

#### Korrelationsmethode

Aufgrund der Nachteile der Transferpfadanalyse wurde daher im Rahmen eines Forschungsprojektes ein geeignetes Verfahren entwickelt, mit dessen Hilfe auch bei gleicher Zähnezahl einfacher und schneller entschieden werden kann, ob das Vorderachs- oder das Hinterachsgetriebe für das im Innenraum störende Getriebegeräusch verantwortlich ist.

#### Theorie

Basis für die Korrelationsanalyse sind die Zeitverläufe der Zahneingriffsordnungen bei konstanten Drehzahlen und veränderlicher Last.

Für die Bestimmung der Geräuschanteile von Vorder- und Hinterachse wird die Kreuzkorrelation für die jeweiligen Zeitsignale der Zahneingriffsordnungen zwischen der Geräuschquelle (z. B.: Körperschall am Hinterachsgetriebe) und der Referenzgröße im Innenraum (z. B.: Innengeräusch am Fahrerohr) gebildet.

Wenn zwischen dieser so ermittelten Kurve und dem subjektiv beurteilten Getriebegeräusch eine gute Korrelation besteht, ist dieser Übertragungsweg für das Getriebegeräusch relevant.

#### Beispielhafte Ergebnisse

Im folgenden Beispiel ist ein Vergleich von je einem Körperschallsignal an Hinterachs- und Vorderachsgetriebe zu sehen:

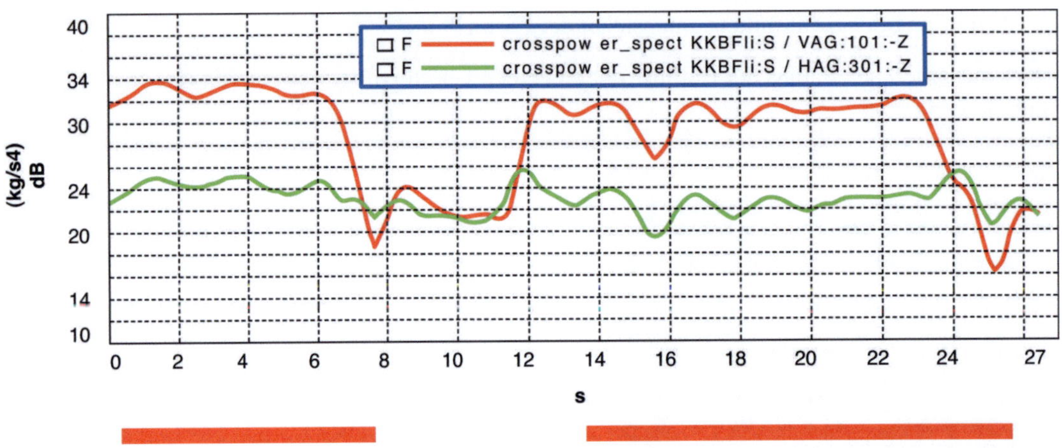


**Abb. 2.34.** Ergebnis der Kreuzkorrelation des Körperschalls zwischen Vorderachsgetriebe (rote Kurve) und Hinterachsgetriebe (grüne Kurve) jeweils mit dem Innengeräusch. In dem Zeitbereich, wo der dicke rote Strich zu sehen ist, war das Geräusch subjektiv im Innenraum störend

Abb. 2.34 zeigt, dass das Vorderachsgetriebegeräusch einen großen Einfluss auf das Innengeräusch hat, denn genau in dem Zeitbereich, wo kein Getriebegeräusch im Innenraum störend wahrnehmbar ist, hat die Kreuzkorrelationskurve die niedrigsten Pegel. In den Bereichen mit störendem Geräusch hat auch die Kreuzkorrelationskurve markant höhere Werte. Umgekehrt zeigt der Kurvenverlauf bei der Kreuzkorrelationskurve für das Hinterachsgetriebe, dass hier kaum Zusammenhang zum Innengeräusch besteht. Daraus kann bei diesem Beispiel gefolgert werden, dass zur Verringerung des Getriebegeräusches im Innenraum Maßnahmen zur Verringerung der Geräuschübertragung des Vorderachsgetriebes hilfreich sein werden.

### 2.3.7 Analyse Geräuschabstrahlung

Die Bestimmung der Geräuschabstrahlung von Getrieben erfolgt meist an Akustikprüfständen (Hallraum oder schalltoter Raum) in denen das Getriebe bzw. der gesamte Antriebsstrang aufgebaut wird. Um nur die vom Getriebe abgestrahlten Geräusche zu messen, erfolgt die Anregung vorteilhaft mittels Elektromotor. Wenn auch die durch Drehungleichförmigkeiten (Motorordnungen) verursachten Getriebegeräusche (Boom) untersucht werden sollen, können spezielle hochdynamische Elektromotoren verwendet werden, welche die Drehungleichförmigkeiten von Verbrennungsmotoren simulieren.

Zur Bestimmung der Schallabstrahlung stehen die in der Fahrzeugakustik üblicherweise verwendeten Methoden zur Verfügung, wobei der experimentelle Aufwand mit zunehmender Ortsauflösung ansteigt.

Im einfachsten Fall wird die gesamte vom untersuchten Getriebe abgestrahlte Schallleistung entweder im Hallraum oder mittels Hüllflächenverfahren im schalltoten Raum bestimmt. Sollen die Schallleistungsbeiträge einzelner Teilflächen ermittelt werden, sind Intensitätsmessungen (meist mittels Doppelmikrofonsonde) im Nahfeld der Getriebeoberfläche erforderlich. Schallabstrahlungsmessungen noch höherer räumlicher Auflösung können mit Hilfe der Akustischen Nahfeld-Holographie erfolgen (s. Abb. 2.35).

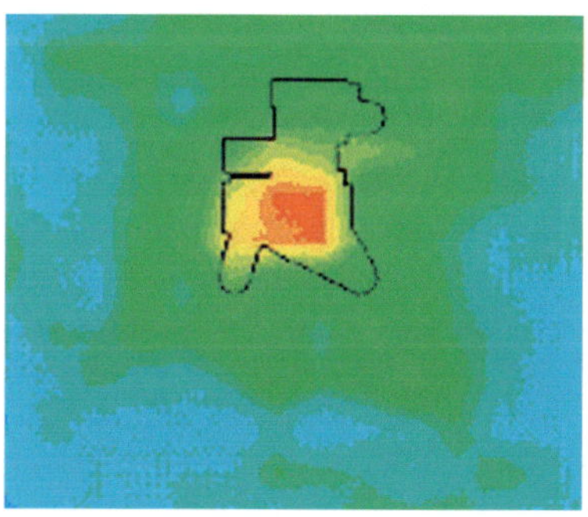

**Abb. 2.35.** Schallintensitätsverteilung im Frequenzbereich der Zahneingriffsordnung an der Oberfläche eines Hinterachsgetriebes (ermittelt mittels Akustischer Nahfeldholografie)

# 3 Integration in den PKW

## 3.1 Übertragungsmechanismen

### 3.1.1 Schallübertragung in den Fahrzeuginnenraum

Durch die Integration des Powertrain (Motor-Getriebe-Verband inklusive aller Nebenaggregate, Antriebsstrang bis zum angetriebenen Rad, Ansaug- und Abgasanlage) in das Fahrzeug kommt es im Fahrzeuginnenraum zu einem Schallfeld, bei dem sowohl Luftschallanteile als auch Körperschallanteile eine Rolle spielen.

Den Luftschall, der von den Oberflächen des Powertrain abgestrahlt wird, bezeichnet man als Primärluftschall. Dieser kann über Öffnungen direkt in die Fahrgastzelle gelangen. Typische Primärluftschallpfade sind Öffnungen in den Blechflächen der Karosserie wie z. B. der Stirnwand, die oft aus technischen Gründen erforderlich sind, z. B. zur Durchführung der Lenk-, Schalt- oder Kupplungsmechanismen oder von Kabeln. Hierdurch wird der Effekt der Schalldämmung gestört, wobei es bereits bei kleinen Öffnungsanteilen zu empfindlichen Dämmungseinbrüchen kommt. Durch ein geeignetes Konzept der Rohkarosserieabdichtung ist der Primärluftschall jedoch sehr gut beherrschbar.

Der Primärluftschall des Powertrain regt aber auch Begrenzungsflächen der Fahrgastzelle zu Schwingungen an, wie z. B. Schwingungen der Spritzwand durch den Luftschall im Motorraum, was wiederum Luftschall in der Fahrgastzelle zur Folge hat, da diese auf der gegenüberliegenden Seite an die Spritzwand anschließt. Diesen Luftschallanteil in der Fahrgastzelle bezeichnet man als luftschallinduzierten Sekundärluftschall, Abb. 3.1.

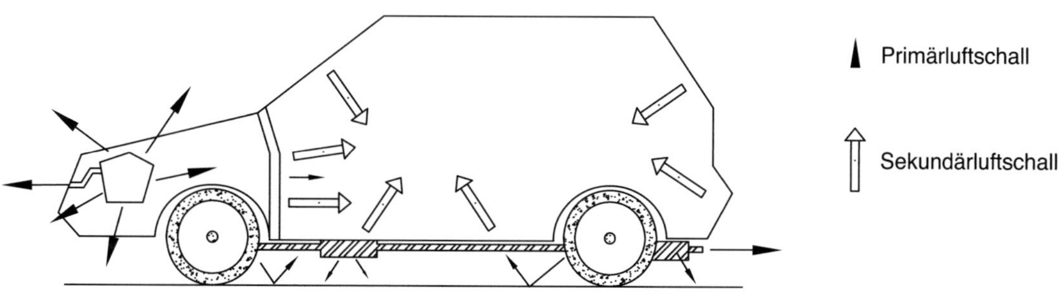


**Abb. 3.1.** Luftschallanteile am Fahrzeuginnengeräusch

Körperschall wird über alle Anbindungsstellen des Powertrain zur Karosserie übertragen, teilweise über Zwischensysteme. Die Körperschallanteile regen die die Fahrgastzelle begrenzenden Flächen zu Schwingungen an, womit die Entstehung von körperschallinduziertem Sekundärluftschall in der Kabine verbunden ist.

Neben der Motor-Getriebe-Anbindung, die in Kap. 3.2 behandelt wird, sind als Körperschalleinleitungspfade die Anbindungsstellen der Abgasanlage, Schaltungs-, Gas- und Kupplungsmechanismen zu nennen, wobei hierbei Kabelverbindungen im allgemeinen akustisch günstiger sind als Stangenverbindungen.

Auch der Übertragungspfad von den Antriebswellen spielt eine Rolle, der bei frontgetriebenen Fahrzeugen z. B. primär über die Federbeine in die Karosserie führt, Abb. 3.2. Bei Störgeräuschphänomenen können zudem Übertragungswege über Leitungen, Kabel, Schläuche der Kühlung, Klimatisierung, Kraftstoffversorgung etc. von Bedeutung sein.

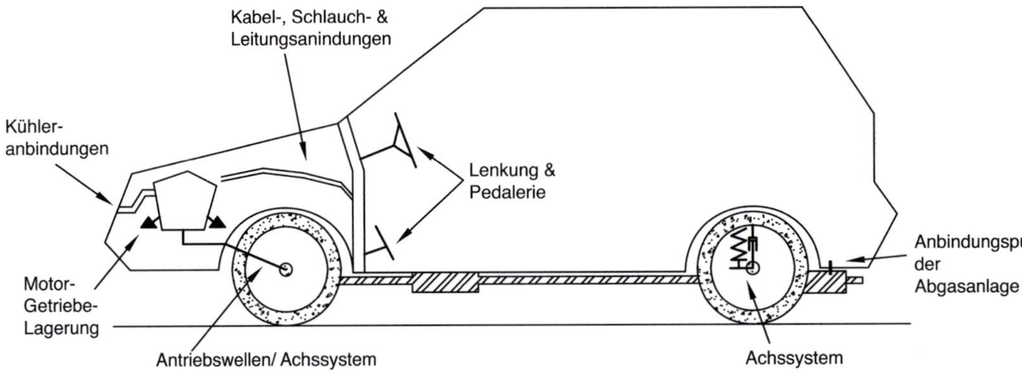


**Abb. 3.2.** Körperschallanteile am Fahrzeuginnengeräusch

Der luftschallgetragene Sekundärluftschall hängt neben der Anregung selbst primär vom Eigenverhalten und damit von Material und Gestalt der schwingenden Blechbereiche sowie vom Dämmungs- und Isolationskonzept ab, worauf in diesem Buch nicht näher eingegangen wird. Abb. 3.3 zeigt links die Entdröhnungsmaßnahmen und rechts das Isolationspaket eines Mittelklassewagens.

Beim körperschallgetragenen Sekundärluftschall treten die Anbindungsmechanismen zusätzlich als Einflussgrößen hinzu.

**Abb. 3.3.** Dämmungs- und Isolationspaket eines Mittelklassewagens

Die Fahrzeuginsassen nehmen die Summe aus allen Körper- und Luftschallanteilen im Fahrzeuginnenraum wahr, wobei sich den erläuterten, vom Powertrain herrührenden Geräuschanteilen noch die Wind- und Rollgeräuschanteile überlagern. In den meisten Fällen ist es dem Fahrgast nicht möglich, die verschiedenen Anteile im Fahrzeuginnenraum detailliert zu separieren. Messtechnisch gelingt dies, was in Kap. 3.1.3 besprochen wird. Für Pegelbetrachtungen sind im Fahrzeuginnenraum körperschallseitig Frequenzen bis ca. 2 kHz zu berücksichtigen, Luftschallanteile sind bis ca. 8 kHz von Bedeutung. Oberhalb dieser Frequenzbereiche sind die Pegel im allgemeinen zu gering und für die Summenbetrachtung unbedeutend. Einzelne Störgeräusche können auch oberhalb dieser Frequenzbereiche akustisch störend wahrgenommen werden. Für die Klanggestaltung werden primär die ersten Ordnungen und der Frequenzbereich bis maximal 1000 Hz genutzt.

### 3.1.2 Schallübertragung in die Umgebung

Der nach außen abgestrahlte Luftschall ist akustisch von Bedeutung bei der Außenbeurteilung des stehenden oder wegfahrenden Fahrzeugs, aber auch bei der gesetzlichen Überprüfung des Außengeräuschs nach ISO 362 (s. a. Kap. 1.3 und 3.5).

Neben Anforderungen an den Schallpegel sind auch bei der Beurteilung außerhalb des Fahrzeugs Störgeräusche sowie in Abhängigkeit von Fahrzeugtyp und -klasse emotionale Aspekte der Klanggestaltung zu berücksichtigen.

Bei der akustischen Betrachtung außerhalb des Fahrzeugs dominiert bei der Pegelbetrachtung der Primärluftschall, Sekundärluftschall spielt normalerweise keine Rolle.

Dies gilt grundsätzlich auch für Störgeräuschphänomene, wobei hierbei die Körperschallübertragung von Störgrößen auf große Blechflächen und die Abstrahlung von diesen auftreten kann. Beispielhaft ist die Übertragung von Heulkomponenten zu nennen.

Der Primärluftschall, der von den Oberflächen des Powertrain im Motorraum abgestrahlt wird, dringt durch Öffnungen wie Löcher und Spalte oder den nach unten teilweise oder komplett offenen Motorraum nach außen. Zudem wird der Schall von den Oberflächen der Abgasanlage im Bereich des Unterbodens abgestrahlt und es kommt im Fahrzeugheckbereich oft zu einer nahezu freien Abstrahlung des Mündungsgeräusches.

Um die Pegelwerte nach außen zu begrenzen, werden neben der Entwicklung geräuscharmer Komponenten Dämmungs- und Dämpfungselemente im Motorraum eingesetzt. Insbesondere bei modernen Dieselmotoren erfüllen stylistische Abdeckhauben oft auch akustische Aufgaben.

### 3.1.3 Messtechnik zur Innen- und Außengeräuschoptimierung

Das räumliche Schallfeld im Innenraum des Fahrzeugs führt zu einer positionsbezogenen Wahrnehmung des sich zeitlich verändernden akustischen Signals. Wie erläutert wurde, entsteht dieses Signal durch die Überlagerung einer Vielzahl von Einzelsignalen.

Zur Optimierung des Signals ist es nicht zwingend aber hilfreich, wenn es einem gelingt zu erkennen, welche der beteiligten Einzelsignale für eine Optimierung von Pegel, Störgeräusch oder Klang dominant sind.

Die akustische Optimierung im Fahrzeuginnenraum wird heute in der Automobilindustrie meist für die nach DIN ISO 5128 festgelegten Messpositionen durchgeführt, Abb. 3.4.

Als Messverfahren zur Geräuschoptimierung wendet man praktisch immer die Übertragungspfadanalyse (Transferpfadanalyse) an.

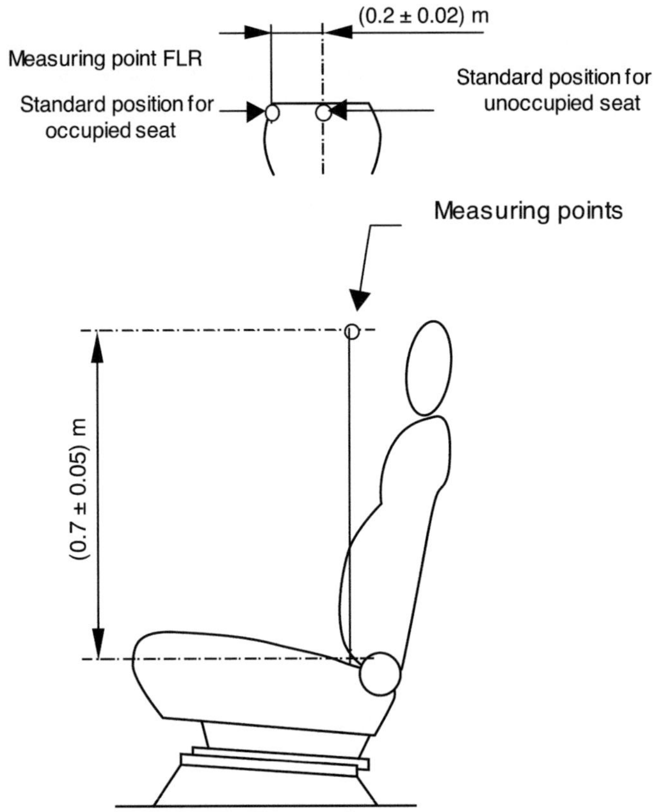


**Abb. 3.4.** Messpositionen im Fahrzeuginnenraum nach DIN ISO 5128

Hierbei dient als Basiszustand die Mikrofonaufnahme an der betrachteten Position für den zu optimierenden Betriebszustand. Gleichzeitig erfolgt eine Abbildung dieses Zustandes durch eine messtechnische Erfassung der beteiligten Übertragungspfade, wie in Abb. 3.5 exemplarisch dargestellt. Je nach Fragestellung sind weitere Pfade wie die Körperschallpfade der Abgasanlage hinzuzufügen oder können andere, in Abb. 3.5 gezeigte vernachlässigt werden, was nicht zuletzt von der Erfahrung und dem Verständnis des Durchführenden für die Aufgabenstellung abhängt.

Die Einzelanteile ermittelt man heute meist unter Anwendung des Reziprozitätsprinzips, d. h. man regt an der akustischen Messposition an und misst die Übertragungsgrößen zur Anregungsgröße hin, sozusagen rückwärts. Die Anwendung dieser einfacheren Vorgehensweise setzt natürlich die Gültigkeit dieses Prinzips voraus, was typischerweise der Fall ist. Abb. 3.6 zeigt das Vorgehen anhand der Zerlegung eines Körperschallpfades über ein Motorlager.

Multipliziert man für den betrachteten Betriebszustand die gemessenen Anregungen auf die jeweilige Übertragungsfunktion und summiert über die beteiligten Pfade phasengerecht auf, dann erhält man das Innengeräusch an der untersuchten Messposition auf Basis der berücksichtigten Übertragungspfade. Dieses Geräusch vergleicht man mit dem Basiszustand, also dem tatsächlich gemessenen Mikrofongeräusch an der Position. Für den akustischen Vergleich verwendet man Soundsysteme, für den optischen Vergleich der Messsignale üblicherweise Campbell-Diagramme, wie in Abb. 3.7 dargestellt. Es zeigt einen Motorhochlauf im dritten Gang unter Vollast für eine

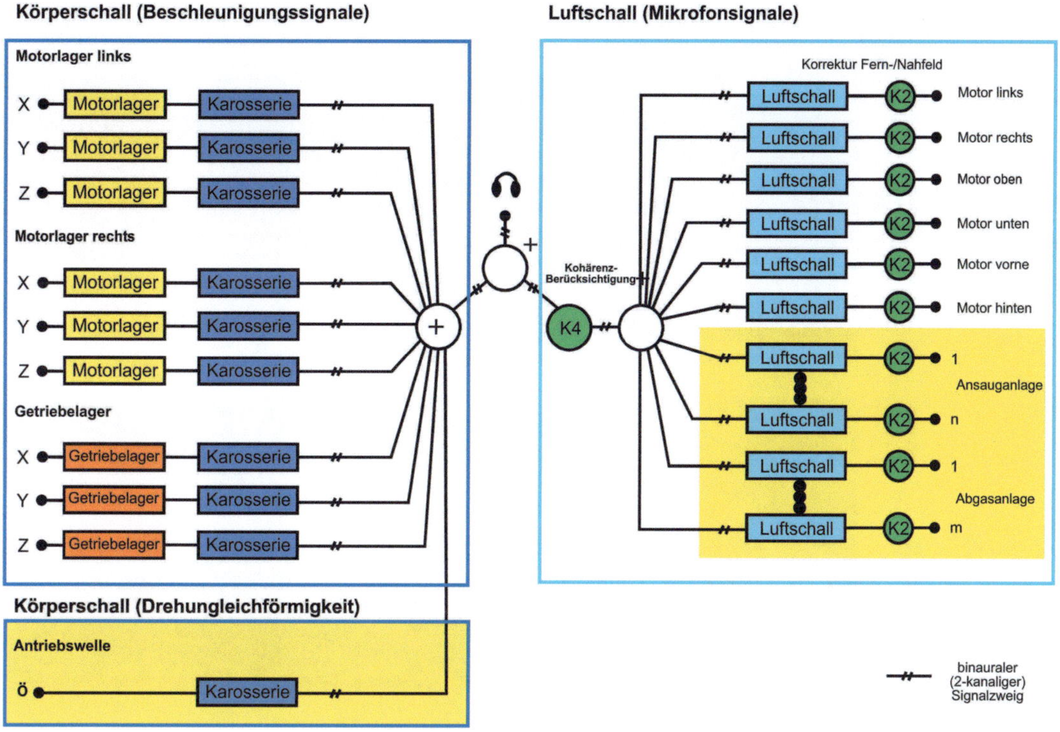


**Abb. 3.5.** Luft- und Körperschallpfade zur Abbildung einer Mikrofonaufnahme

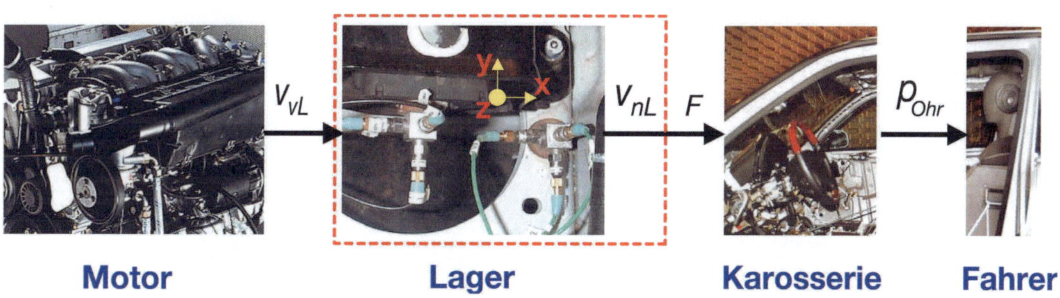


**Abb. 3.6.** Zerlegung eines Körperschallpfades aus Abb. 3.5

Fahrerohrposition, oben als Mikrofonaufnahme und unten als Summe der Einzelpfade, als Synthese bezeichnet. Auf der x-Achse ist die Drehzahl, auf der y-Achse die Frequenz aufgetragen, und die Färbung kennzeichnet den Pegel, wobei heller für einen höheren Pegel steht.

Die beiden Signale stimmen sehr gut überein, was bedeutet, dass die berücksichtigten Pfade das Geräusch maßgebend bestimmen. Für diesen Fall kann im nächsten Schritt auf Basis der Analyse der Einzelelemente der Übertragungsketten gezielt nach den Ursachen für Schwachstellen gesucht werden. Im gezeigten Beispiel ist der durch den Kreis gekennzeichnete Bereich als unangenehm rau aufgefallen, was in der Zerlegung auf die Körperschallübertragung über ein Motorlager zurückgeführt werden konnte, Abb. 3.8.

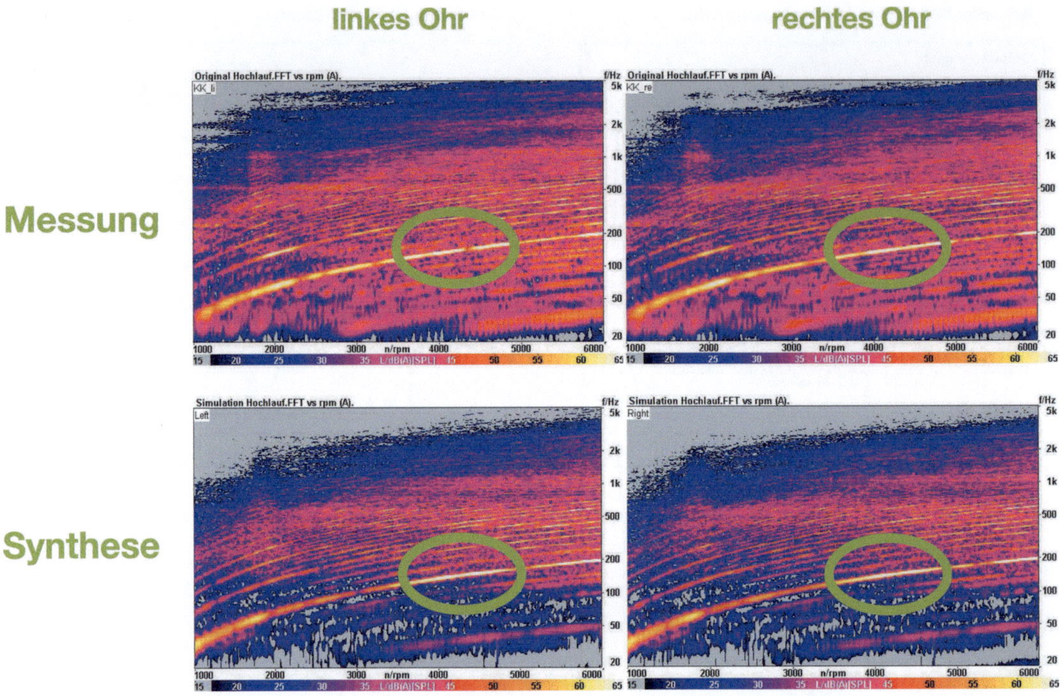


**Abb. 3.7.** Mikrofonaufnahme (oben) und Summe der Einzelpfade (unten)

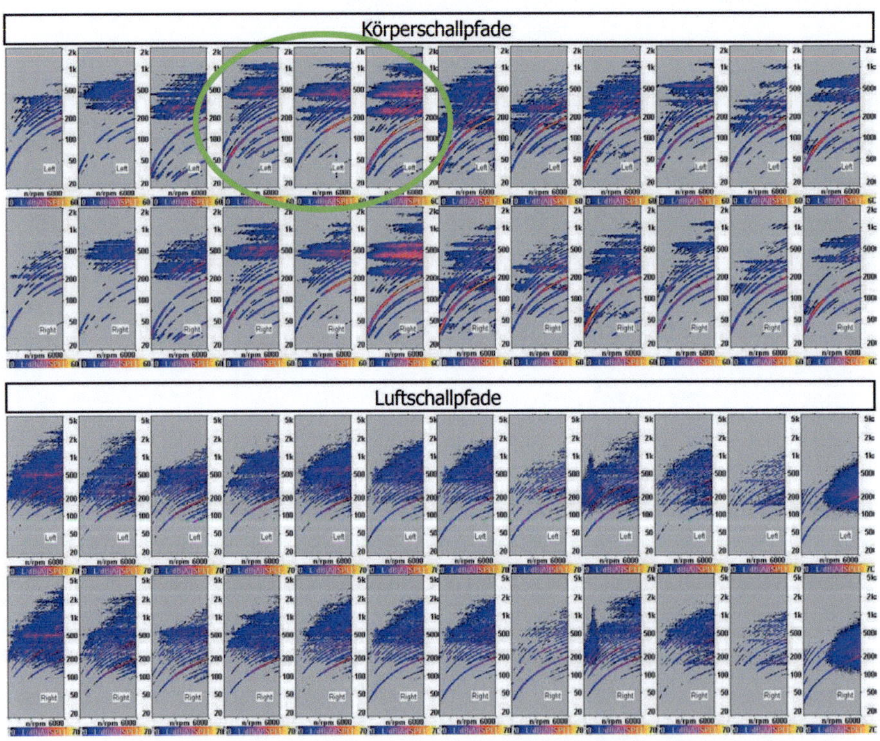


**Abb. 3.8.** Verfolgung der Störgröße aus Abb. 3.7 über die Einzelpfade

Gelingt es, die Schwachstelle im Signal unmittelbar einem Teil eines Pfades zuzuordnen, ist man mit der Ursachenforschung am Ende und man kann sich der Problembeseitigung durch eine meist konstruktive Anpassung dieses Teils zuwenden.

Liegt die Lösung allerdings in der akustischen Übertragungsfunktion, so ist noch ausfindig zu machen, ob sich das Problem auf eine Hohlraumresonanz der Fahrgastzelle zurückführen lässt oder ob für die Störung die Abstrahlung und damit die Schwingcharakteristik einzelner oder mehrerer Bauteile ursächlich ist. Neben dem Fall, dass einzelne Bereiche Schwachstellen besitzen, kann auch eine ungünstige Phasenlage der schwingenden Flächen zueinander die Ursache sein.

Diese Informationen kann die Transferpfadanalyse nicht mehr liefern. Für die Analyse des Schwingungszustandes der Berandung kann man z. B. die akustische Holografie einzusetzen. Ein optisches Verfahren, mit dessen Hilfe es gelingt, in Abhängigkeit vom Betriebszustand das Schwingungsbild der Berandungsflächen des Innenraums in Amplitude und Phase sichtbar zu machen. Die Hohlraumakustik des Innenraums kann man über die Messung mit Hilfe eines Mikrofonarrays bestimmen. Beides lässt sich optisch aufbereiten bzw. animieren, Abb. 3.9.

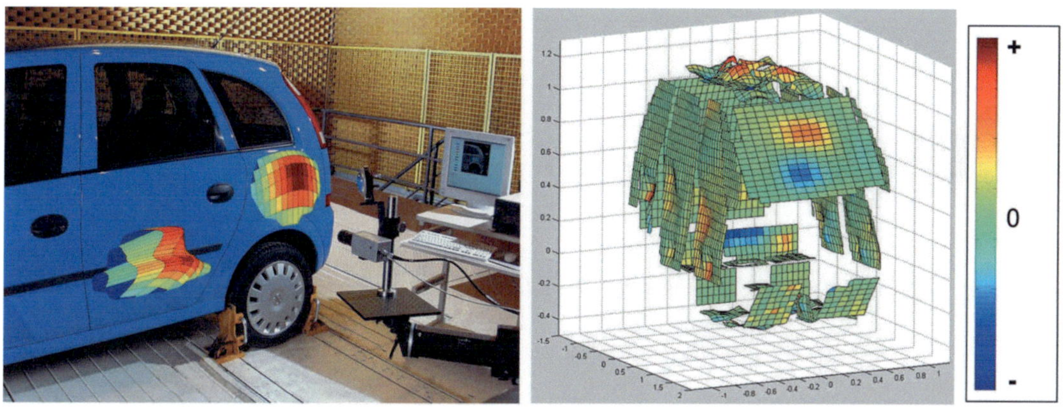


**Abb. 3.9.** Holografie eines Minivans (links) und Schallfeld des Innenraums (rechts) für einen definierten Betriebszustand

Die Optimierung des Außengeräusches erfolgt für die gesetzliche Vorbeifahrt für die in ISO 362 festgelegten Mikrofonpositionen, siehe Kap. 3.5.2.

Für die Beurteilung am stehenden oder wegfahrenden Fahrzeug gibt es derzeit keine einheitliche Vorgehensweise. Hier werden meist firmeneigene Positionierungen und Prozeduren verwendet. Häufig sind als Aufzeichnungsmedien hier wie auch bei der Innengeräuschoptimierung neben Mikrofonen Kunstköpfe im Einsatz.

## 3.2 Powertrainanbindung

### 3.2.1 Aggregatelagerung

Am bedeutendsten für die Körperschallübertragung in den Fahrzeuginnenraum ist die Anbindung des Motor-Getriebe Verbandes an die Karosserie, die man als Aggregatelagerung oder Motor-Getriebe Lagerung bezeichnet.

Die wesentlichen Aufgaben der Motor-Getriebe Lagerung sind die Abstützung des Motor-Getriebe Verbandes zur Karosserie, also Aufnahme des Gewichtes sowie der Massenkräfte in Längs-

und Querrichtung in Abhängigkeit vom Bewegungszustand des Fahrzeugs, und die Isolation der Bewegungen desselben infolge des Motorbetriebs bzw. die Dämpfung der von der Fahrbahnunebenheit angeregten Schwingungen.

In Abhängigkeit vom Antriebskonzept, der Motorbauart usw. wählt man im PKW heute typischerweise drei bis fünf Anbindungs-/Lagerstellen, deren Positionierung neben den konstruktiven Rahmenbedingungen durch den zur Verfügung stehenden Freiraum und die auf das System wirkenden Kraftgrößen bestimmt wird.

**Lagerungssysteme**

Als Beispiel für die Vorgehensweise bei der Systemauslegung wird ein Lagerungssystem eines frontgetriebenen Fahrzeugs mit quereingebautem Motor-Getriebe-Verband mit Reihenvierzylindermotor und manuellem Schaltgetriebe betrachtet, Abb. 3.10.

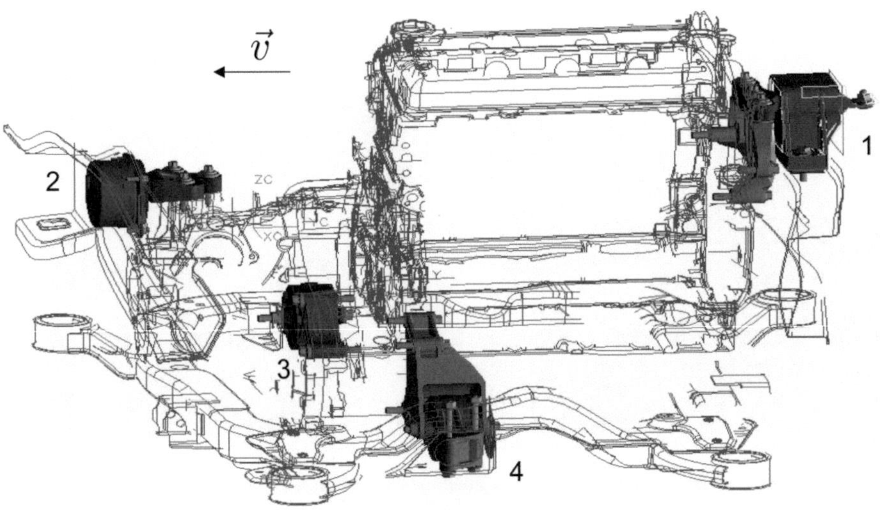


**Abb. 3.10.** Motor-Getriebe-Lagerung eines frontgetriebenen Mittelklassewagens

Das System verbindet diesen Verband über vier Lagerstellen mit der Karosserie bzw. einem Zwischenträger (Subframe). Dabei sind die Lagerpunkte 1 und 2 so angebracht, dass sie auf der lastfreien Drehachse (Neutral Torque Achse, Torque Roll Achse) des Verbandes liegen und somit primär für die Kraftaufnahme zuständig sind, während die Lagerstelle 3 und 4 vorwiegend für die Aufnahme des Drehmoments verantwortlich zeichnen.

Mit dieser Funktionstrennung definiert die statische Belastung infolge der Masse des Verbandes die Grundcharakteristik der Elemente 1 und 2, und die quasistatische Belastung durch das Drehmoment legt die Kennlinien der Elemente 3 und 4 fest, wobei hier noch eine Steuerung über die Hebelarme möglich ist: Je weiter entfernt die Elemente von der Drehachse liegen, desto kleiner die Kraftgrößen.

Abb. 3.11 zeigt eine andere Variante der Lagerung eines frontgetriebenen Fahrzeugs mit quereingebautem Verband. Hierbei übernehmen die Lager 1 und 2 wieder die Kraftaufnahme, während das als Pendelstütze ausgeführte Lager 3 das Antriebsmoment aufnimmt und dieses als Kraft in Fahrzeuglängsrichtung in die Karosserie einleitet.

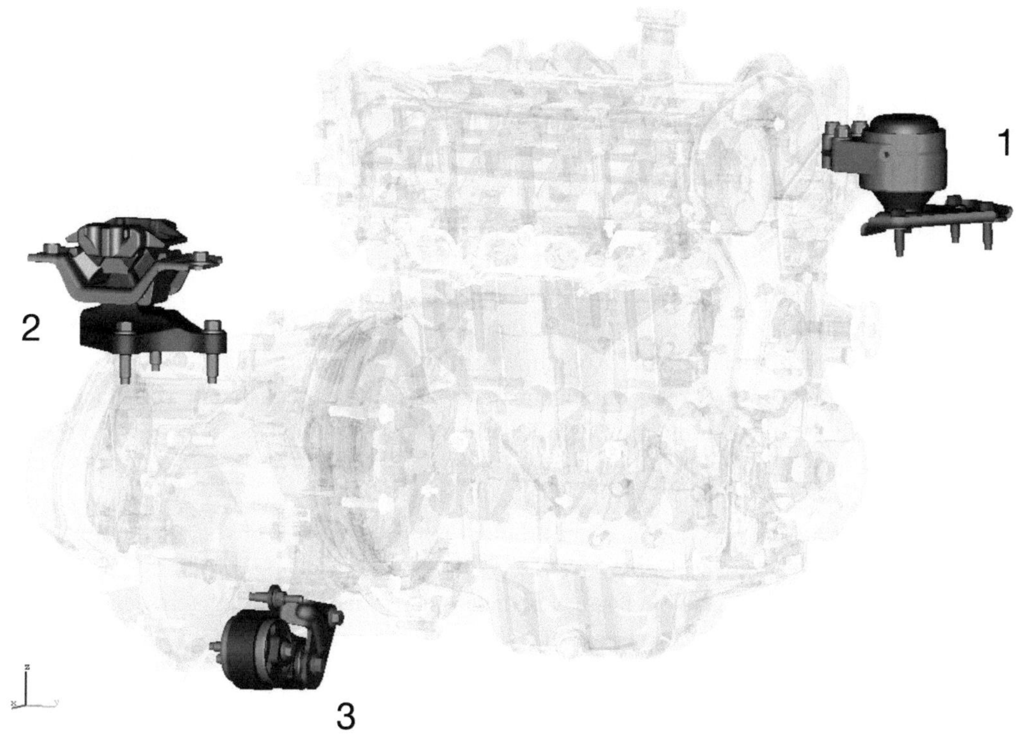


**Abb. 3.11.** Motor-Getriebelagerung eines frontgetriebenen Kompaktwagens

Während beim Beispiel aus Abb. 3.10 der karosserieseitigen Konstruktion zur Kraftaufnahme an der Stelle 3 im allgemeinen besondere Bedeutung zukommt, da die Biegung des abtragenden Querträgers zu Brummproblemen im Fahrzeuginnenraum führen kann, muss die Konstruktion der Pendelstütze 3 in Abb. 3.11 eine querkraftfreie Übertragung auf die karosserieseitige Anbindungsstelle sicherstellen, und die karosserieseitige Anbindungsstelle in der Kraftwirkrichtung muss ausreichend steif sein.

Der Vollständigkeit halber sei erwähnt, dass sich die lastfreie Drehachse eines Motors über der Drehzahl verändert. Die Positionierung der Lager 1 und 2 stellt bei beiden Varianten somit entweder einen Kompromiss in dem aufgespannten Bereich dar oder wird gezielt für eine der Achslagen wie z. B. der Leerlaufdrehzahl gewählt.

Zudem ist zu berücksichtigen, dass die mit dem Motor-Getriebe-Verband verbundene Ansaug- und Abgasanlage die Lage der Achse ebenso beeinflussen und möglichst bei der Ermittlung mit zu berücksichtigen sind. Dieser Einfluss ist im Allgemeinen sogar größer als der Erstgenannte, und die Bestimmung dieses Einflusses beinhaltet deutlich größere Unsicherheiten.

Einen weiteren deutlichen Einschnitt für die beschriebene Optimierung der Systemanbindung stellt die Tatsache dar, dass im allgemeinen die karosserieseitigen Anbindungspunkte für ein Fahrzeug über alle Powertrains gleichgehalten werden. D. h. die Wahl der Anbindungspunkte stellt immer einen Kompromiss über die verwendeten Motor-Getriebevarianten dar.

Neben dem bisher besprochenen Antriebskonzept sind Fahrzeuge mit vorne längseingebautem Verband aus Motor und Schaltgetriebe und Antrieb auf die Hinterachse, bei dem das Achsgetriebe mit Differential an dieser befestigt ist, weit verbreitet.

Die Aggregatelagerung stützt bei dieser, üblicherweise als Heckantrieb bezeichneten Variante, das Getriebeausgangsmoment ab, während das Differenzmoment durch die Momentwandlung im Achsgetriebe über dessen Lagerung an der Hinterachse oder der Karosserie aufgenommen wird.

Üblicherweise wird beim Heckantrieb rechts und links auf Höhe des Schwerpunktes des Motor-Getriebe-Verbandes je ein meist schräg angestelltes Lager angebracht, und zudem wird am Getriebe mit zusätzlich einem oder zwei Lagern angebunden. Das Achsgetriebe stützt sich durch mehrere Lager ab.

Gegenüber dem vorne quereingebauten Verband bietet dieses Antriebskonzept den Vorteil, dass geringere Momente durch die Motor-Getriebelagerung selbst aufgenommen werden müssen. Auch können die Verbindungselemente zur Karosserie und zum Verband, wenn überhaupt erforderlich, klein und steif gehalten werden, und die Anbindung an steife Karosseriebauteile wie Längsträger ist aufgrund der Position im Fahrzeug im allgemeinen einfacher zu realisieren. Von Nachteil ist der höhere Platzbedarf, die in Summe mit den Bauteilen an der Hinterachse höhere Anzahl Bauteile und die damit meist einhergehenden höheren Kosten.

Neben den beiden beschriebenen, am weitest verbreiteten Antriebskonzepten kommen vorne längseingebaute Motor-Getriebe-Verbände mit Frontantrieb zum Einsatz, die bei drehmomentstarken Motoren meist zwei Motor- und zwei Getriebelager sowie eine Drehmomentstütze besitzen. Aber auch im Heckbereich längs eingebaute Verbände mit Antrieb auf die Hinterräder, die meist über zwei Motor- und ein Getriebelager abgestützt werden und in zunehmendem Maße Allradantriebe, Abb. 3.12.

**Abb. 3.12.** Lagerung eines allradgetriebenen SUV

## Elastomere

Auch heute werden in der Schwingungstechnik im Automobilbau, nicht nur bei der Aggregatelagerung sondern praktisch überall wo Dämpfung von Schwingungen oder Isolation von Bauteilen gefordert wird, überwiegend Elastomere eingesetzt.

Dabei ist ein Elastomer (Gummi) ein Konstruktionswerkstoff, dessen Ausgangsmaterial Kautschuke also organische Polymere sind. Die gewünschten und bekannten Eigenschaften, starke elastische Deformationen unter Anwendung einer Kraft, erreicht das Elastomer allerdings erst nach einem chemischen Prozess, der Vulkanisation.

Während des vorgelagerten Mischungsprozesses wird dem Kautschuk Schwefel für die Vernetzung beigemischt, Füllstoffe wie Ruß, Kieselsäure etc. für die Einstellung der Materialparameter

Steifigkeit, Dämpfung etc. und Weichmacher, die Versprödungseffekte des Elastomers nach tieferen Temperaturen verschieben.

Die in der Schwingungstechnik am häufigsten eingesetzten Lagerelemente sind Gummi-Metall-Komponenten, also im allgemeinen zwei Metallteile mit dazwischen liegender geformter Gummischicht. Die hierfür erforderliche Verbindung zwischen Metall und Gummi entsteht während der Vulkanisation im Werkzeug durch die Aufbringung spezieller Haftmittel.

### Bauteile einer Aggregatelagerung

Typischerweise umfassen die Einzelelemente einer Aggregatelagerung an den Anbindungsstellen einen Tragarm, auch Halter genannt, der den Motor-Getriebe Verband mit einem Gummi-Metallteil, dem eigentlichen Lager verbindet, sowie das karosserieseitige Verbindungselement zum Lager, als Sockel, Flansch oder Konsole bezeichnet, Abb. 3.13. Tragarm und Sockel werden heute als Grauguss-, Stahlguss- oder Leichtmetallgussteil oder als geschweißte Stahlblechkonstruktion ausgeführt. Bei den Gummi-Metalllagern kommen Stahl- und Leichtmetalllösungen zur Anwendung.

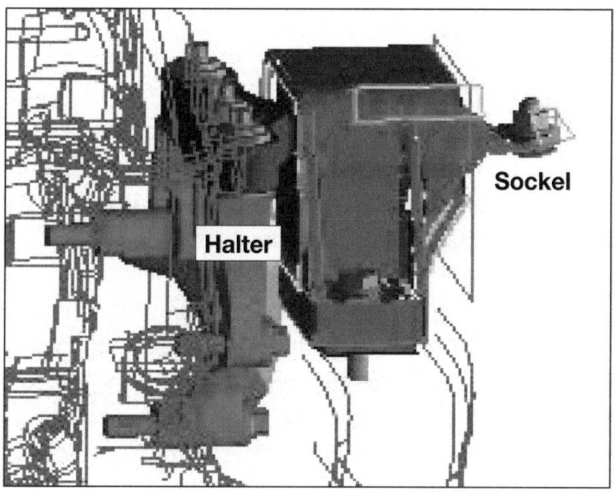


**Abb. 3.13.** Lagerstelle 1 aus Abb. 3.10

Während die Isolation hochfrequenter Schwingungen kleiner Amplitude ein hochelastisches, also niedrigdämpfendes Gummi erfordert, benötigt die Dämpfung der niederfrequenten Anregungen hoher Amplituden einen eher hochdämpfenden Werkstoff.

Dies stellt einen Zielkonflikt für das im Lager verwendete Elastomer dar, der sich entweder durch einen Kompromiss eines mitteldämpfenden Werkstoffs erfüllen lässt oder aber durch den Einsatz eines Elastomerlagers mit zusätzlicher hydraulischer Dämpfung, bei dem der niedrigdämpfende Elastomer auf die hochfrequente Isolationsanforderung getrimmt ist, während die niederfrequente Dämpfung durch ein integriertes hydraulisches System realisiert wird. Diese Lagerelemente bezeichnet man als hydraulische Lager oder Hydrolager.

Abb. 3.14 zeigt für das in Abb. 3.10 gezeigte Lagerungssystem das an der Stelle 1 aus Abb. 3.13 verwendete Hydrolager inklusive der dynamischen Steifigkeitskennlinie und des Dämpfungsverlaufs, der in Form des Verlustwinkels dargestellt wird.

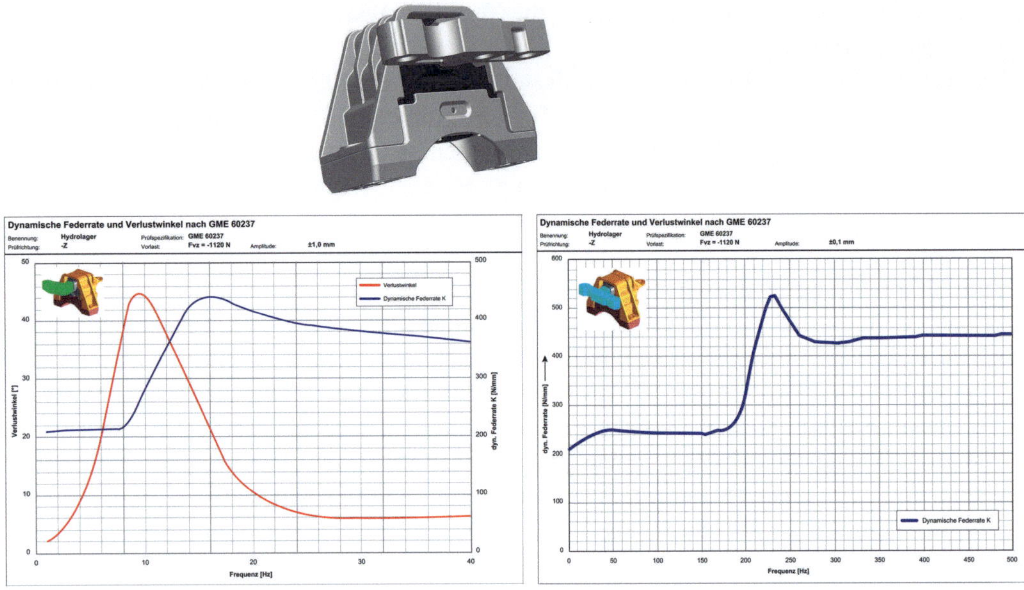


**Abb. 3.14.** Hydrolager aus Abb. 3.13 mit physikalischen Kenngrößen

Die dynamische Kennlinie zeigt einen deutlichen Anstieg im Frequenzbereich um 250 Hz, was für hydraulische Elemente typisch und auf Verhärtungseffekte innerhalb des Systems zurückzuführen ist. Da mit der dynamischen Steifigkeit bei gegebenen Anregungswegen die übertragenen Kräfte steigen, kann es hierdurch oberhalb dieser Frequenz zu erhöhten Innengeräuschpegeln kommen, was als Rauigkeit wahrgenommen wird.

Im Dämpfungsverlauf erkennt man einen deutlichen Peak bei ca. 10 Hz, worauf das hydraulisch wirkende System gezielt abgestimmt wurde. Meist handelt es sich bei dieser Frequenz um eine Eigenfrequenz des Motor-Getriebe-Verbandes innerhalb der als Federn wirkenden Lagerelemente, mit einer energetischen Dominanz in Fahrzeughochrichtung, also einer Auf- und Abbewegung des Verbandes. Dieses Eigenverhalten kann unter anderem durch eine Welligkeit der Fahrbahn angeregt werden, was man auch als Stuckern bezeichnet. Durch die gezielte Positionierung und Abstimmung des hydraulischen Lagers lässt sich die Auswirkung des Phänomens reduzieren und der Schwingungskomfort im Innenraum des Fahrzeuges erhöhen.

Um sich den hydraulischen Effekt bei mehreren Frequenzen zunutze zu machen, verwendet man schaltbare hydraulische Lager, Abb. 3.15. Im gezeigten Beispiel wird eine Tilgung über das Ringkanalsystem und die zweite über den mittleren Kanal realisiert, der federbetätigt geschlossen und durch Unterdruck geöffnet wird. Im zugehörigen Verlauf der dynamischen Federrate erkennt man einen deutlichen Versatz infolge des Schaltprozesses.

Eine besondere Bauform hydraulisch dämpfender Lagerelemente stellen die Hydrobuchsen dar. Sie integrieren die Funktionen der Tragfeder, Anschläge und Entkopplung und ermöglichen die Kombination Elastomer/hydraulische Dämpfung auf kleinstem Bauraum. Abb. 3.16 zeigt eine sogenannte Zweikammer-Hydrobuchse inklusive der Bezeichnung der Teile sowie des Verlaufs von Verlustwinkel und dynamischer Federrate über der Frequenz.

Der Einsatz aktiver Elemente auf einem dominanten Übertragungspfad für Körperschall durch Änderung der Lagersteifigkeit bewirkt eine bessere Entkopplung durch Erzeugung einer passenden Gegenkraft, wobei man sich primär auf dominante Motorordnungen konzentriert.

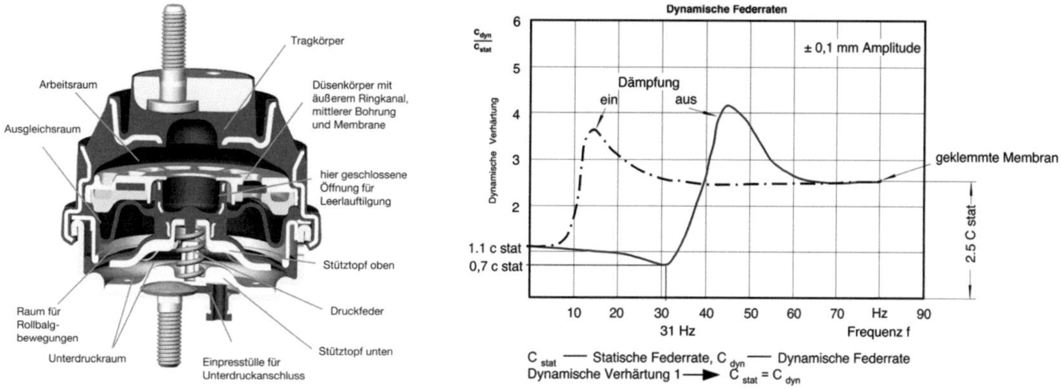


**Abb. 3.15.** Schaltbares hydaulisches Motorlager

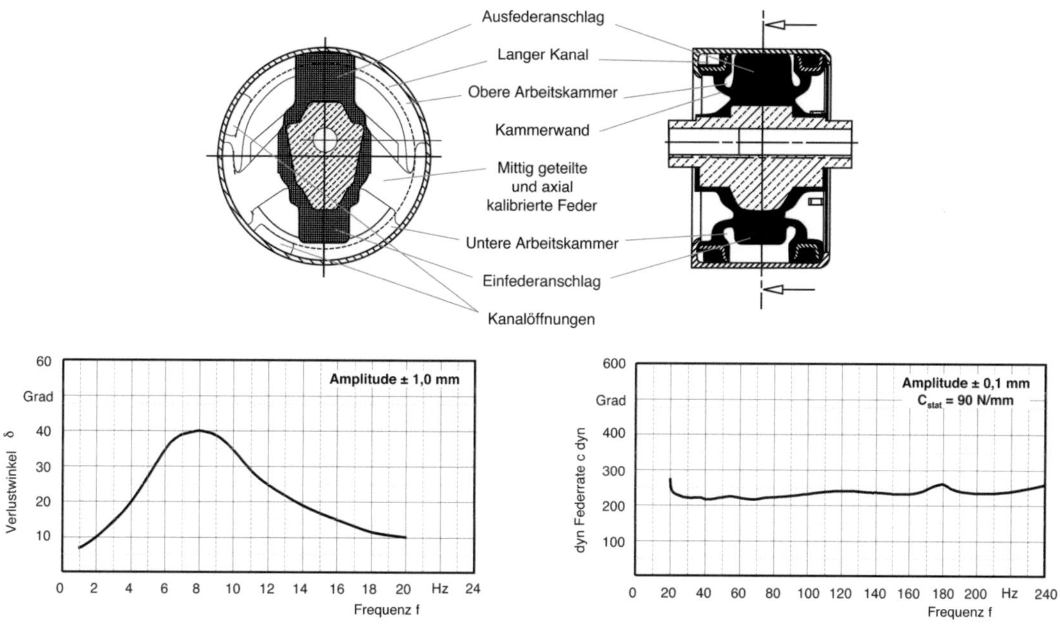


**Abb. 3.16.** Zweikammer-Hydrobuchse

Neben den aktiven Lagern selbst wird seit geraumer Zeit an der Applikation aktiver Tilger gearbeitet, die man außerhalb des Kraftflusses der Lagerung positioniert und dort eine gegenphasige Kraft zur Störgröße einleitet.

Trotz der nachweisbaren Wirksamkeit der aktiven Elemente ist es primär aufgrund der Kosten bis heute nur zum Serieneinsatz im PKW bei kleinen Stückzahlen gekommen.

Abb. 3.17 zeigt oben Funktionsschema und Aufbau eines aktiven Lagers und unten das Bild eines Aktiven Tilgers.

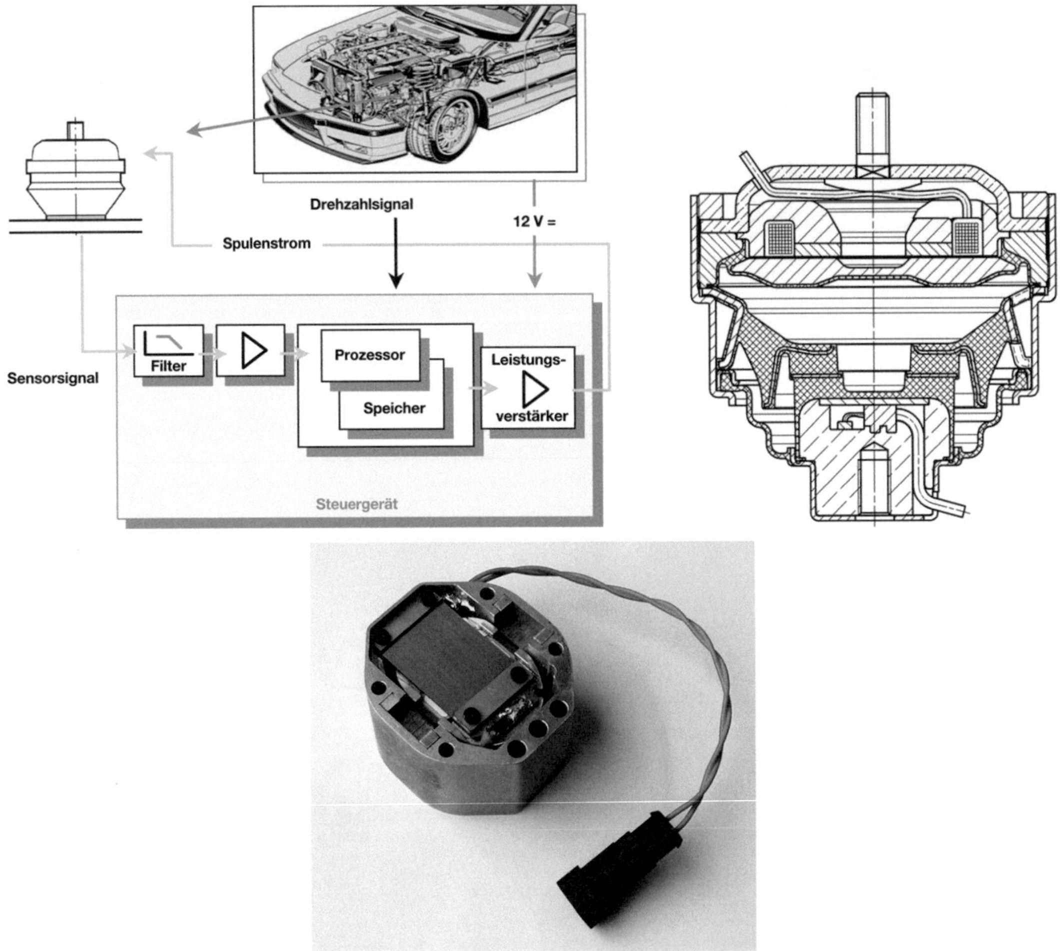


**Abb. 3.17.** Aktives Motorlager (oben) und Aktiver Tilger (unten)

### Numerische Methoden

Die Funktion schwingungstechnischer Bauteile wird nicht durch das einzelne Bauteil allein sondern im Zusammenspiel mit den anderen Bauteilen im Gesamtsystem definiert. Hierfür erforderlich ist ein gutes Verständnis des Gesamtsystems und der Aufgaben der einzelnen Bauteile, um hieraus das Verhalten bei Änderungen der Anregung, Konstruktion etc. vorhersagen bzw. die Eigenschaften und Charakteristik entsprechend der Anforderungen anpassen zu können.

Durch die deutlich gekürzten Fahrzeugentwicklungszeiten, die stete Optimierung der Bauteilkosten und die immer geringer werdenden Freiräume im Motorraum ist heute eine ganzheitliche Optimierung von System und Bauteil ohne den Einsatz numerischer Verfahren nicht mehr möglich.

Als Basistool setzt man in der Grundauslegung die Mehrkörpersimulation (MKS) ein, mit Hilfe derer man für statische und quasistatische Lastfälle die geometrische Grundauslegung des Lagerungssystems und die Festlegung der Steifigkeiten der Lagerelemente vornimmt, wobei über gekoppelte Berechnungen des Eigenverhaltens gleichzeitig die dynamischen Komfortkriterien betrachtet werden.

Im Laufe der Entwicklung, wenn Konstruktionszeichnungen der Elemente und ihre physikalischen Kenngrößen vorliegen, werden die zugehörigen Daten oft in Form von Finite Element Modellen bzw. realen Messkurven in das MKS Modell eingebunden und die Ergebnisse mit dem Optimierungsprozess der Einzelbauteile gekoppelt. Diese standardisierte Vorgehensweise wird im allgemeinen in Zusammenarbeit von Automobilhersteller und Lieferant durchgeführt.

### 3.2.2 Antriebsstranglagerung

Bei frontgetriebenen Fahrzeugen mit quereingebautem Motor ist das Achsgetriebe inklusive Ausgleichsgetriebe in den Motor-Getriebe Verband integriert. Die Übertragung des Antriebsmomentes an die Räder erfolgt über die Antriebswellen, die über kardanische Elemente an das Achsgetriebe angeschlossen sind. Durch den Quereinbau des Motor-Getriebe-Verbandes kommt es meist zu einem nichtmittigen Austritt der beiden Antriebswellen, was unterschiedliche Längen der Wellen zur Folge hat. Bei gleicher Geometrie hat dies durch die Torsionsbeanspruchung unter Last unterschiedliche Verdrehwinkel zur Folge, was z. B. zu Schiefziehen des Fahrzeugs führt. Durch eine Anpassung der Drehsteifigkeit kann man dies vermeiden. Bestehen bleibt, dass gleiche Einfederungen der beiden Räder zu unterschiedlichen Winkeländerungen und damit Drehgeschwindigkeiten führen. Insbesondere bei drehmomentstarken Motoren verwendet man deshalb häufig auf der Seite der längeren Welle eine Zwischenwelle, die gleichlange Antriebswellen zu den Rädern ermöglicht. Die Zwischenwelle wird zum Motor-Getriebe-Verband meist in einem Gummi-Metallteil gelagert, Abb. 3.18.

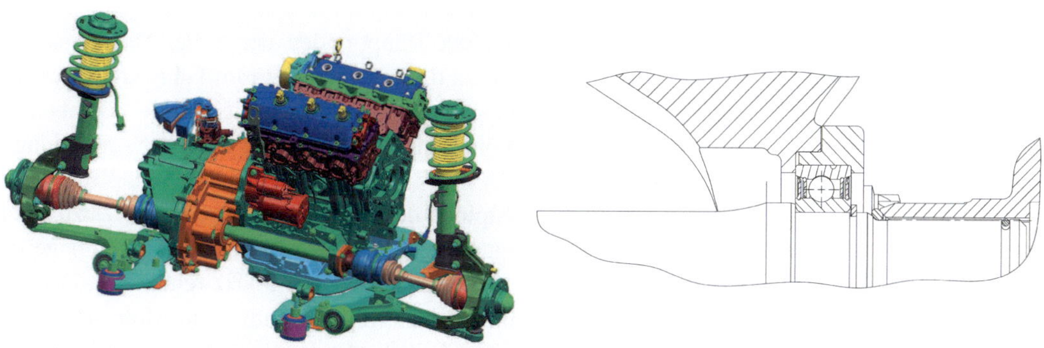

**Abb. 3.18.** Lagerung einer Zwischenwelle eines frontgetriebenen Fahrzeugs

Durch die Verbindung der Antriebswellen mit Federbein und Lenkung über das Vorderachssystem ist beim geschilderten Antrieb besondere Aufmerksamkeit auf eine Entkopplung der unterschiedlichen Systeme zu legen, um z. B. die Vermeidung von Antriebseinflüssen in der Lenkung zu gewährleisten.

Bei Heckantriebsfahrzeugen mit vorne liegendem Verband aus Motor und Schaltgetriebe erfolgt die Übertragung des Getriebeausgangsmomentes auf die Hinterachse über eine Kardanwelle, die üblicherweise geteilt und in elastischen Elementen gelagert ist.

Die Achsübersetzung ist im Verteilergetriebe integriert, die zugehörige Drehmomentabstützung durch die Achsgetriebewandlung erfolgt über die elastische Lagerung desselben, wie in Kap. 3.2.1 erläutert.

Allradantriebe werden über verschiedene Konzepte verwirklicht. Grundsätzlich ergeben sich die erforderlichen Anbindungen jedoch aus Kopplung der beschriebenen Maßnahmen.

### 3.2.3 Anbindung der Abgas- und Ansauganlage

Die Abgasanlage stellt eine der Schallquellen im PKW dar. Dabei wird an der Mündung Primärluftschall abgestrahlt und von den Oberflächen der Bauteile der Abgasanlage Sekundärluftschall. Beide Anteile können in den Fahrzeuginnenraum übertragen werden. Zudem kann die Energie, die an den Anbindungsstellen der Abgasanlage vorhanden ist, hervorgerufen durch

- die Bewegung des Gesamtsystems,
- Körperschall infolge der Gaspulsationen innerhalb der Anlage,
- Bewegungsübertragung des Motor-Getriebe Verbandes,

in den Unterboden eingeleitet werden.

Zur Minimierung des Mündungspegels ist neben einer möglichst geringen Pulsationsanregung der Anlage nach Auslassventil die Größe, Verteilung und Positionierung des Schalldämpfervolumens sowie dessen spektrale Abstimmung von Bedeutung. Die Beseitigung von Störgeräuschen wie Schnarren, Brummen usw. sowie eine gezielte Klanggestaltung sind primär durch geeignete Innenaufbauten der Schalldämpfer zu realisieren.

Die Schwingungen der Abgasanlage werden durch eine gezielte Positionierung der Massen (Schalldämpfer, Katalysator, Partikelfilter) und eine darauf abgestimmte Steifigkeit (Rohrsteifigkeiten, Steifigkeiten der Stirnflächen der Massen) auf eine Minimierung der eingeleiteten Körperschallenergie an den Anbindungspunkten der Abgasanlage abgestimmt. D. h. man legt die Anbindungspunkte möglichst in die Schwingungsknoten der Hauptmoden der Schalldämpferanlage. Dem sind in der Realität allerdings Grenzen gesetzt, da die verschiedenen im Fahrzeug angebotenen Motor-Getriebe-Varianten unterschiedliche Anlagen erhalten und packageseitige Vorgaben im Unterbodenbereich die freie Wahl sowohl der Positionierung der Massen als auch der Anbindungspunkte begrenzen.

Zudem sind die Anbindungspunke zu einem Zeitpunkt des Entwicklungsprozesses festzulegen, wo noch keine Hardware für Messungen zur Verfügung steht. Die Simulation der Abgasanlage zur Ermittlung der Eigenfrequenzen gelingt im frei/freien Zustand bis ca. 150 Hz relativ gut. Darüber und bei Berücksichtigung der realen Randbedingung durch Kopplung mit dem Motor-Getriebe-Verband bestehen heute jedoch noch deutliche Unsicherheiten. Mit der Verwendung von Entkopplungselementen nehmen diese durch Werkstoff- und thermische Nichtlinearitäten zusätzlich zu.

Für einen Reihenvierzylindermotor sind schon bei Berücksichtigung der zweiten Motorordnung Frequenzen bis 200 Hz als Anregung zu berücksichtigen. In diesem Frequenzbereich finden sich eine Vielzahl von Systemresonanzen. In Verbindung mit den oben genannten Unsicherheiten ist es ausreichend, die Positionierung der Anbindungsstellen möglichst für die ersten Moden zu optimieren.

Die Anbindungsstellen am Unterboden selbst sollten möglichst hohe Eingangsimpedanzen aufweisen, um die Schwingungsenergie durch Reflexion in der Anlage selbst zu belassen. Die Abgasanlage wiederum sollte in der durch die Anbindung vorgegebenen Aufhängung hinsichtlich ihres Gewichtes austariert sein und es sollten statisch keine Torsionsmomente aufgrund der Massenverteilung auftreten.

Als Verbindungselemente, die mit der Anlage einerseits und dem Unterboden oder alternativ einem Zwischenträger andererseits üblicherweise verschweißt werden, werden meist umgeformte Blechprofilhalter oder Rundstahlhalter eingesetzt.

Die Kopplungselemente, die auch den erforderlichen Freiweg durch thermische Dehnung der Bauteile der Anlagen etc. erlauben, sind Elastomerteile.

Abb. 3.19 zeigt eine Abgasanlage eines Kompaktfahrzeugs und das Messergebnis des Eigenverhaltens im eingebauten Zustand als Frequenzgang und Mode.

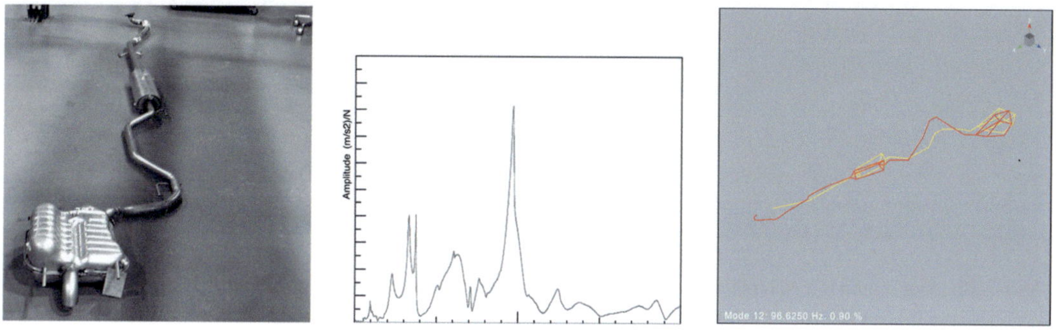


**Abb. 3.19.** Abgasanlage (links) mit Frequenzgang (mitte) und einem Eigenmode bei ca. 90 Hz (rechts)

Heute tritt bei einer Vielzahl von Fahrzeugen der Wunsch auf, das Endrohr in das Stoßfängerdesign zu integrieren, was für eine gute Anmutung kleine Spaltmaße und damit geringe Bewegungen des Endrohrbereichs erfordert und bei der Gestaltung der Anlage zusätzlich zu berücksichtigen ist.

Auch auf der Ansaugseite spielen Primärluftschall von der Mündung sowie Sekundärluftschall von den Bauteiloberflächen eine Rolle, während die Körperschalleinleitung normalerweise unbedeutend ist, da die Anbindung des Dämpferfilters und des Ansaugschnorchels im allgemeinen über Elastomere erfolgt, die eine ausreichende Köperschallentkopplung sicherstellen. Schlechte konstruktive Lösungen können durch den Einbau an der Montagelinie zu Verspannungen im System, d. h. Körperschallbrücken führen, die in einem erhöhten Pegel im Innenraum oder eine Übertragung von Störgeräuschen resultieren.

## 3.3 Verbindungs- und Übertragungselemente

Für den Nichtakustiker und Neuling unglaublich ist die Bedeutung, die bei manchen akustischen Ereignissen im Fahrzeuginnenraum Anbindungen von Kabeln, Schläuchen, Leitungen usw. innerhalb des Motorraums besitzen. Durch deren Anbindungsstellen wird entweder Körperschall vom Powertrain oder Neben- bzw. Hilfsaggregaten in die Karosserie ein- und in den Innenraum weitergeleitet. Oder es werden Störgeräusche wie Pulsations- und Schlaggeräusche übertragen.

Typische Beispiele sind die Übertragung über Kühlmittel- oder Kältemittelschläuche bzw. -leitungen oder Kraftstoffleitungen. Diese Elemente besitzen geometrisch verhältnismäßig große Toleranzbänder, werden in Unterzusammenbauten angeliefert und unterliegen bei der Herstellung und beim Transport Variationen und Veränderungen, die durch die Konstruktion oder die Anbindung vorgehalten werden müssen.

Abb. 3.20 zeigt einen Motorraum mit Anbindungen von Hilfs- und Versorgungsleitungen und -schläuchen an Karosserie am Beispiel eines Mittelklassefahrzeuges.

Eine Konstruktion, die einen verspannungsfreien Einbau im Feld der vorliegenden Toleranzen ermöglicht, mit günstig platzierten Ausgleichselementen, sowie die Verwendung von Anbindungs-

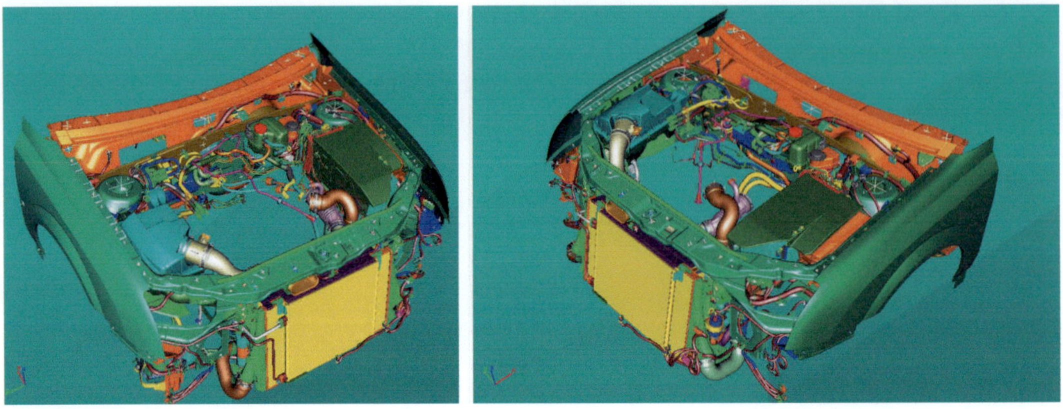

**Abb. 3.20.** Motorraum mit Anbindungen von Hilfs- und Versorgungsleitungen und -schläuchen an der Karosserie

elementen, die eine ausreichende Entkopplung sicherstellen und zudem in der Lage sind Toleranzen auszugleichen, stellen eine gute Akustik sicher.

Eine zweite akustisch bedeutende Gruppe sind die Durchtritte für Pedalerie etc, die für den Betrieb des Fahrzeugs erforderlich sind. Diese Durchtritte sind maximal abzudichten. Optimal ist eine Trennwand ohne Öffnung und damit mit maximalem Reflexionsgrad. Jedes Loch in der Trennwand, hier insbesondere der Spritzwand, die Motorraum und Fahrgastzelle trennt, verringert diese Wirkung.

## 3.4 Powertrainkühlung, Heizungs- und Klimaanlagen

### Powertrainkühlung

Zur Kühlung des Motors und sonstiger Bauteile wie Abgasturbolader befindet sich im allgemeinen im Frontbereich eines Personenkraftwagens ein Kühlerpaket, in dem die zur Kühlung eingesetzte Flüssigkeit abgekühlt wird. Zu diesem Paket gehören auch ein oder zwei Lüfter, die in thermisch kritischen Zuständen zugeschaltet werden können, meist in mehreren Leistungsstufen. Der heute übliche Einsatz elektrisch angetriebener Lüfter macht auch ein Zuschalten oder Nachlaufen ohne Betrieb des Verbrennungsmotors möglich, neben dem Leerlauf die akustisch kritischsten Betriebszustände des Kühler-Lüfters. Additiv zum Strömungsgeräusch, das bei Einsatz des Kühler-Lüfters auftritt, kommt es am Ring der Schaufelblattspitzen zu Wechseldrücken und Wirbeln, die das typische Laufgeräusch verursachen. Die zugehörige Grundfrequenz errechnet sich aus der Lüfterdrehfrequenz multipliziert mit der Schaufelanzahl. Dem hinzu addieren sich die jeweiligen ganzzahligen Vielfachen dieser Grundfrequenz, Abb. 3.21. Zur Minimierung der Geräuschentstehung muss auf die Gestaltoptimierung von Schaufel und Ring geachtet werden.

Je mehr Harmonische im Spektrum auftreten, desto störender wird das Geräusch empfunden. Dem versucht man durch unsymmetrische Anordnung der Blätter entgegenzuwirken, wobei dem Grenzen gesetzt sind, da hiermit Wirkungsgradeinbußen verbunden sind. Während man außerhalb des Fahrzeugs das Kühler-Lüftergeräusch deutlich über Luftschall wahrnehmen kann, erfolgt die Übertragung in den Innenraum maßgeblich über Körperschall. Richtige Positionierung der Einheit im Vorderwagen, gezielte Auswahl der Anbindungselemente sowie richtiger Ort und Gestaltung der Strukturanbindung tragen wesentlich zur Optimierung des Innenraumpegels bei.

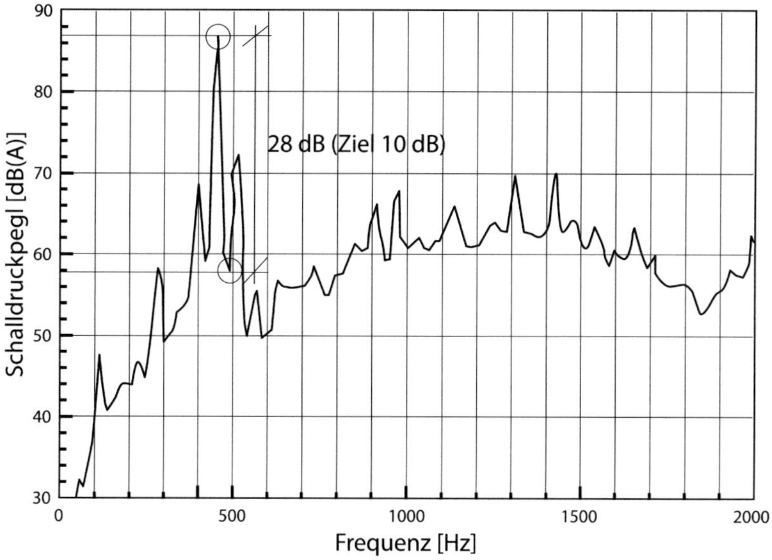


**Abb. 3.21.** Spektrum eines Lüftergeräuschs bei n=3400 U/min

## Heizungs- und Klimaanlagen

Abb. 3.22 zeigt die Komponenten einer Heizungs- und Klimaanlage. Die zugehörigen akustischen Störphänomene, die auftreten können, sind vielseitig.

| Nr. | Teilname | Part Name |
|---|---|---|
| 1 | Verflüssiger | Condenser |
| 2 | Verdichter | Compressor |
| 3 | Heizung zusätzlich | Heater additional |
| 4 | Gegenhalter, Heizung zusätzlich | Arm bracket, heater additional |
| 5 | Leitung Kältemittel | Line refrigerant |
| 6 | Bundmutter | Shoulder nut |
| 7 | Abdichtung | Weathership |
| 8 | Abdichtung, Haube | Seal, hood |
| 9 | Abdichtung, Stirnwand oben | Seal, dash panel upper |
| 10 | Behälter Unterdruck | Tank vacuum |
| 11 | Filter | Filter |
| 12 | Gehäuse, Filter | Housing, filter |
| 13 | Düse-Entfrostung | Nozzle-defroster |
| 14 | Dichtring | Seal ring |
| 15 | Luftverteilung RH | Air distribution RH |
| 16 | Verteilergehäuse-Belüftung | Main heater housing-vent |
| 17 | Schlauch-Belüftung mitte | Hose-ventilation center |
| 18 | Schlauch-Belüftung RH | Hose-ventilation RH |
| 19 | Blende-Düse, Entfrostung, seitlich | Grill-nozzle, defroster, lateral |
| 20 | Gehäuse Düse, mitte | Housing nozzle, center |
| 21 | Gehäuse Düse, außen RH | Housing nozzle, outer RH |
| 22 | Einsatz Düse, außen RH | Insert nozzle, outer RH |
| 23 | Einsatz Düse, mitte | Insert nozzle, center |
| 24 | Luftraumführung Fußraum, hinten RH | Air duct leg room, rear RH |
| 25 | Schlauch Belüftung, hinten | Hose ventilation, rear |
| 26 | Gehäuse Düse Belüftung, hinten | Housing nozzle ventilation, rear |
| 27 | Einsatz Düse Belüftung, hinten | Insert nozzle ventilation, rear |
| 28 | Einsatz Entlüftung | Insert ventilation |
| 29 | Blende Heizungsbetätigung | Cover heater control |
| 30 | Heizungsbetätigung | Heater control |
| 31 | Luftführung Fußraum, hinten LH | Air duct leg room, rear LH |
| 32 | Einsatz Düse, außen LH | Insert nozzle, outer LH |
| 33 | Gehäuse Düse, außen LH | Housing nozzle, outer LH |
| 34 | Schlauch-Belüftung LH | Hose-ventilation LH |
| 35 | Anschluß Luftführung Fußraum, hinten | Connector air duct leg room, rear |
| 36 | Modul Heizung und Klimaanlage | Module heating and air conditioning |
| 37 | Luftverteilung LH | Air distribution LH |
| 38 | Tülle, Wasserablauf | Grommet, water drain |
| 39 | Abweiser Wasser | Deflector water |
| 40 | Halter, Heizung zusätzlich | Bracket, heater additional |
| 41 | Rohr Abgas | Pipe exhaust |
| 42 | Leitung Kältemittel | Line refrigerant |

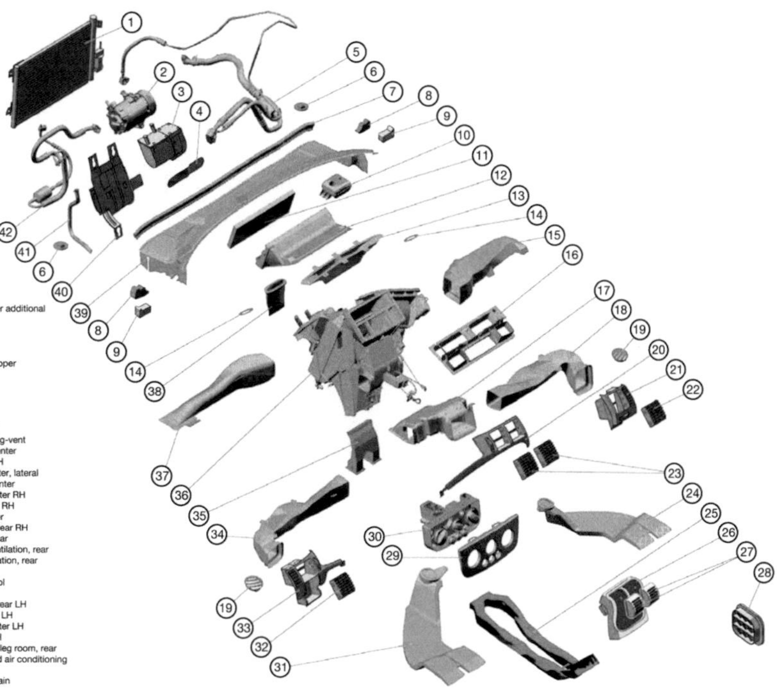


**Abb. 3.22.** Komponenten einer Heizungs- und Klimaanlage

Der Kompressor, der heute im allgemeinen mit Hubkolben arbeitet, kann im Innenraum als störendes Rattern wahrgenommen werden. Das Ventilationsgebläse für den Innenraum, das aus einem Elektromotor und einem in einer Gebläseschnecke rotierenden Radiallüfterlaufrad besteht, kann zu Rausch-, Heul- oder Pfeifgeräuschen führen, als Folge der Unwucht-, Kommutator-, Drehklang- und Strömungsanregung. Die Verstellklappen innerhalb des Klimamoduls können klappern, Übersetzungsmechanismen wie Kulissenräder schaben, und in Abhängigkeit vom Klappenverstellmechanismus können zusätzlich Verstellmotoren für Geräuschkomponenten im Innenraum verantwortlich sein. Im Kältemittelkreislauf kann es infolge der Aggregatszustandsänderungen zu Zischvorgängen kommen und das Expansionsventil kann je nach Bauart z. B. tickern. Eine nichtfachgerechte Verlegung und Anbindung der Transportleitungen und -schläuche führt zur verstärkten Körperschallübertragung dieser Geräusche in die Karosseriestruktur und damit in den Innenraum. Wie bei allen Komponentengeräusche steht die Vermeidung bzw. Reduktion auf ein Maß, das durch den Kunden nicht als störend empfunden wird, im Fokus der Akustikentwicklung.

## 3.5 Anwendungsbeispiele

### 3.5.1 Fahrzeuginnengeräusch

**Hochlauf Zug/Schub**

Eine typische Fahrzeuginnengeräuschmessung, bei der die Schallquellen des Powertrain dominieren, ist die Hochlaufmessung Zug/Schub in einem der unteren Gänge.

Hierbei wird im allgemeinen an mehreren Positionen des Innenraums mit Hilfe von Mikrofonen der Schalldruckpegel aufgenommen. Zunächst bei einer Volllastbeschleunigung von Leerlauf bis Abregeldrehzahl (Zug) und anschließend für den lastfreien Abfall von Abregeldrehzahl bis Leerlaufdrehzahl (Schub). Dies ist in Abb. 3.23 exemplarisch für eine Messung am linken Ohr auf dem Beifahrersitz eines Fahrzeugs mit Reihenvierzylindermotor dargestellt, mit dem geglätteten Summenpegel und dem Pegelverlauf der 2. Motorordnung, Hochlauf Zug im dritten Gang (links), sowie einem Vergleich einer zweiten Motorordnung im Innenraum für einen Motor mit und ohne Ausgleichswellen (rechts).

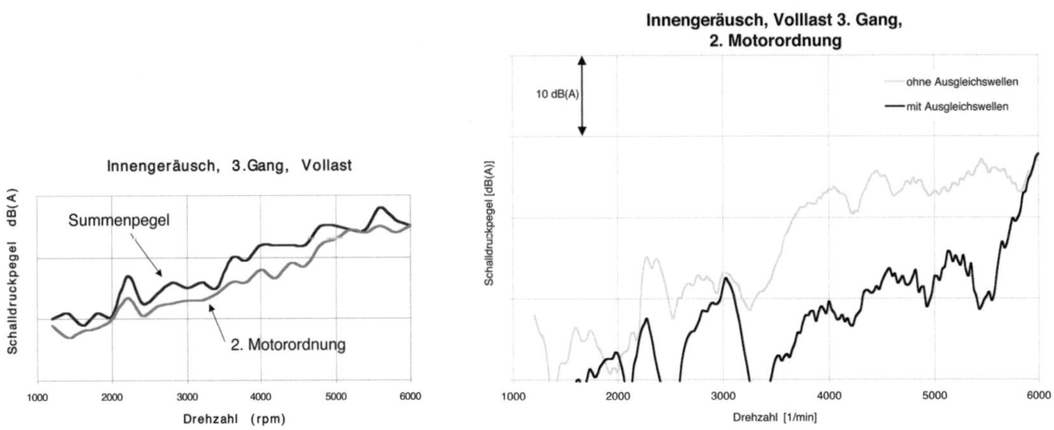


**Abb. 3.23.** Hochlauf Zug Summenpegel und 2. Motorordnung (links), Vergleich 2. Motorordnung mit/ohne Ausgleichswellen (rechts)

Im linken Teil erkennt man eine Überhöhung im Bereich um 2200 1/min, sowohl in der zweiten Motorordnung als auch im Summenpegel. Überhöhungen in diesem Drehzahlbereich unter Anregung der zweiten Motorordnung können z. B. auf eine Resonanzüberhöhung der längeren Antriebswelle zurückgehen, die über die Achsanbindung in die Karosserie übertragen wird. Auch Resonanzen im Achsbereich können hier auftreten.

Im weiteren Verlauf finden sich noch gering ausgeprägte Abweichungen vom gleichmäßigen Schalldruckanstieg in den Bereichen 4000, 4800 und 5500 1/min. Bei den beiden unteren Drehzahlen sind die Überhöhungen im allgemeinen ein Zusammenspiel aus Hohlraumresonanz des Innenraums angeregt durch die Schwingungen der Berandungsflächen. Dabei findet die Übertragung meist körperschallgetragen über die Motor-Getriebe Anbindung statt. Eine Verstimmung der Hohlraumresonanz ist praktisch nicht möglich, das Einbringen einer gezielten Dämpfung an der Berandung ebenso. Da bei diesen Frequenzen auch meist keine einzelne Berandungsfläche ursächlich für die Anregung der Hohlraumresonanz ist und auch eine gezielte Verstimmung der Phasenlagen der beteiligten Flächen hierbei nur schwierig realisiert werden kann, optimiert man mit Hilfe des Dämpfungspaketes unter Anwendung von Simulation und Messtechnik die Schwingungsamplituden der Berandungsflächen und konzentriert sich mit Hilfe der Transferpfadanalyse in Kombination mit der Simulation auf die Optimierung der Schalleinleitung, meist der Anbindung des Motor-Getriebe-Verbandes. Die Anregung durch die zweite Motorordnung wird in diesem Drehzahlbereich durch die Massenkraft dominiert.

Bei höheren Drehzahlen wie der Überhöhung bei 5500 1/min finden sich meist lokale Überhöhungen als Ursache. Das können Resonanzen in Blechbereichen sein, Biegeresonanzen der kürzeren Antriebswelle, Schwächen in der Abgasanlagenanbindung und vieles mehr.

Die rechte Seite der Abb. 3.23 zeigt deutlich den Einfluss der Massenkraft zweiter Ordnung, der beim vorliegendem Motor durch die Verwendung von Ausgleichswellen nahezu 100% eliminiert wird. Ab dem massenkraftrelevanten Drehzahlbereich oberhalb ca. 3500 U/min ist ein Pegelabfall von 10 db(A) darstellbar im Innengeräusch der 2. Motorordnung.

#### Leerlauf

Als weiteres Innengeräuschbeispiel diene der Leerlauf, der, da die Drehzahl konstant ist, im allgemeinen als Zeit-Frequenzschrieb ausgewertet wird. Bei modernen Fahrzeugen ist der Pegel im Leerlauf meist so gering, dass Störgeräuschphänomene bedeutend werden können. D. h. in diesem Fall ist dann weniger die Pegelhöhe als die Zeitstruktur des Geräuschs von Interesse. Einzelereignisse wie z. B. impulshaltige Geräusche stören den Gesamteindruck und die Kernaufgabe besteht in der Störgeräuschbeseitigung.

Typisch hierfür ist das Dieselnageln oder Einspritzventiltickern bei Ottomotoren, worauf in Kap. 3.5.2 eingegangen wird.

#### Systematische Auslegung der Pfade

Das letzte Innengeräuschbeispiel beschreibt die präventive Vorgehensweise in der frühen Entwicklungsphase. Ausgehend von den Fahrzeugzielwerten, die man mit Hilfe physikalischer Messwerte oder Grenzkurven beschreibt, werden auf Basis von Erfahrungswerten und Rahmenbedingungen wie Antriebs- und/oder Lagerungskonzept Grenzkurven für die Luftschall- und Körperschallaufteilung und daraus abgeleitet Schritt für Schritt für die einzelnen Pfade und deren Elemente definiert.

Abb. 3.24 bis 3.26 zerlegen eine Zielkurve für die zweite Motorordnung eines Motorhochlaufs unter Vollast in Körper- und Luftschallanteile (a). Aus der übergeordneten Grenzkurve zweiter Ordnung werden die Anteile separiert, die diese bestimmen, wie z. B. der Motorkörperschall (b).

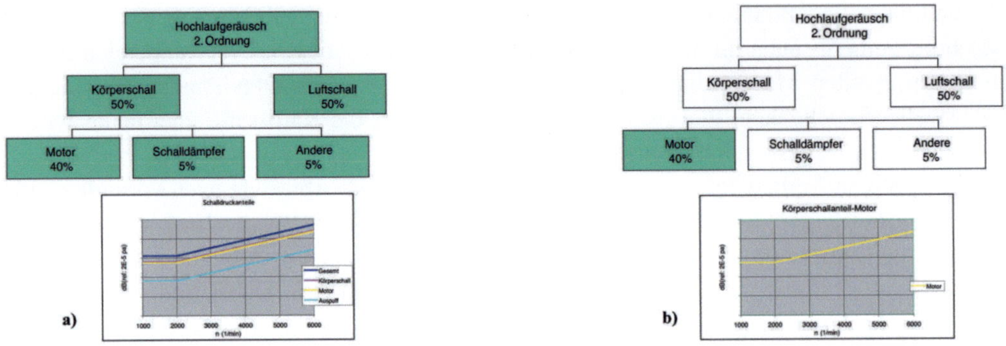


Abb. 3.24. Beispiel einer systematischen Zerlegung einer Fahrzeugzielkurve auf die beteiligten Pfade: (a) Grenzkurve 2. Ordnung und separierte Anteile; (b) Grenzkurve für den Motorkörperschall

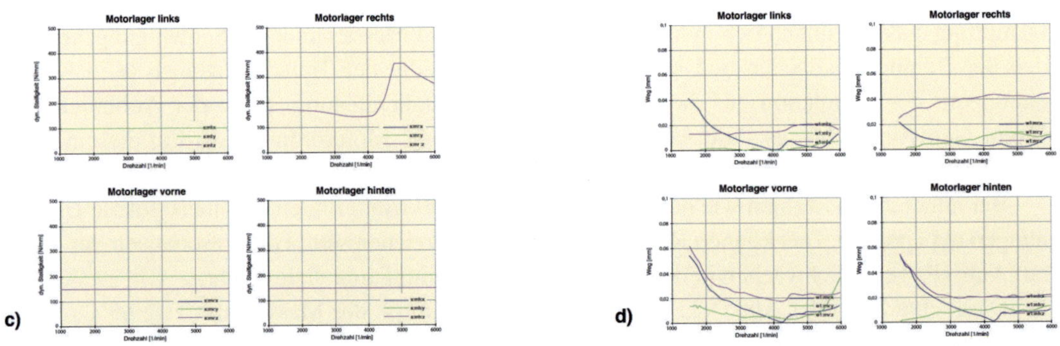


Abb. 3.25. Beispiel einer systematischen Zerlegung einer Fahrzeugzielkurve auf die beteiligten Pfade: (c) dynamische Steifigkeit; (d) Differenzverschiebung

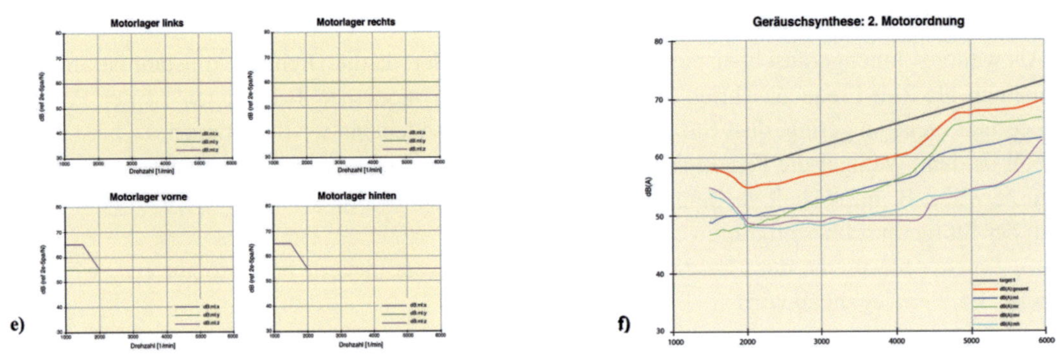


Abb. 3.26. Beispiel einer systematischen Zerlegung einer Fahrzeugzielkurve auf die beteiligten Pfade: (e) akustische Transferfunktion; (f) Schalldrucksynthese

Die Kurven für die Lagersteifigkeit (c) kann man aus Erfahrung sowie den statischen und quasistatischen Grundlasten festlegen. Mit den Differenzverschiebungen an den Lagern (d) ergeben sich multipliziert mit den Steifigkeiten die zugehörigen Kraftgrößen. Die akustischen Transferfunktionen (e) beschreiben den Übertragungspfad von der Einleitungsstelle in die Struktur bis zum Ohr des Insassen.

Die Einhaltung dieser Vorgaben kann man bereits in der Phase der rein virtuellen Fahrzeugentwicklung durch Vergleich mit der Zielkurve (f) überprüfen bzw. ausbalancieren und mit Fortschritt des Projektes sukzessive durch immer bessere Simulations- oder Messergebnisse substituieren. Neben einer wesentlich genaueren Funktionsbeschreibung der Bauteile von Anbeginn und damit einer schnelleren und gezielteren Bauteilentwickung ermöglicht diese Vorgehensweise auch eine Kostenreduzierung durch eine Verringerung der eingesetzten Hardware.

Zusätzlich wird durch das Spielen mit der Zerlegung der Anforderungen auf Systeme und Bauteile ein deutlich zielorientierteres Balancieren mit weiteren Zielgrößen wie den Kosten möglich.

### 3.5.2 Außengeräusch

**Leerlauf**

Hierzu wird eine Standmessung vor dem Fahrzeug mit Hilfe eines Kunstkopfes betrachtet. So wie beim Leerlauf im Innenraum in Kap. 3.5.1 wird auch hier im allgemeinen ein Zeitschrieb ausgewertet.

Abb. 3.27 zeigt als Beispiel die Charakterisierung für ein gutes und ein schlechtes Tickern der Einspritzventile eines Ottomotors.

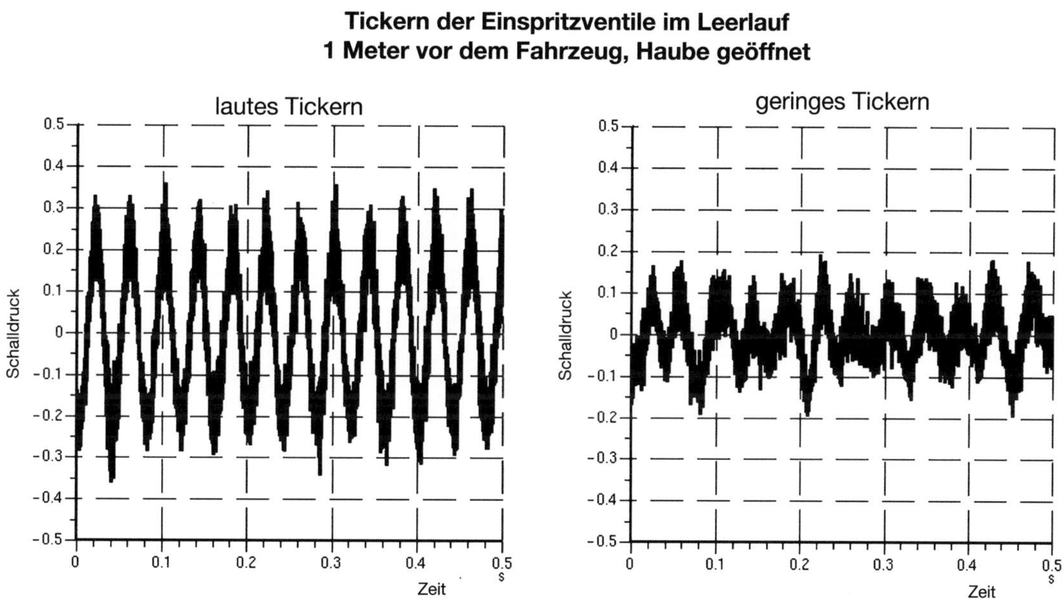


**Abb. 3.27.** Beispiel eines guten und schlechten Tickergeräusches

Es dominiert Primärluftschall, womit eine praktikable und kostengünstige Lösung meist nur durch eine direkte Modifikation an der Quelle möglich ist. D. h. man muss die Stoßanregung verringern, indem man die dynamische Masse reduziert, die Impulsdauer streckt, die Aufsetzstruktur modifiziert etc., was im allgemeinen gut gelingt. Während wirkungsvolle Sekundärmaßnahmen meist durch die Zugänglichkeit und allgemeine Platzsituation im Motorraum schwierig zu realisieren sind.

Abb. 3.28 zeigt eine Mikrofonaufnahme 1 m oberhalb des Motors im geschleppten Zustand bei 750 1/min als Campbell-Diagramm, mit der Zeit auf der x-Achse und der Frequenz auf der y-Achse.

Durch den fehlenden Verbrennungsprozess sind die einzelnen mechanischen Impulse durch den Ventiltrieb deutlich als gelbe vertikale Linien zu erkennen, die bis zu Frequenzen um 4 kHz noch hohe energetische Anteile enthalten.

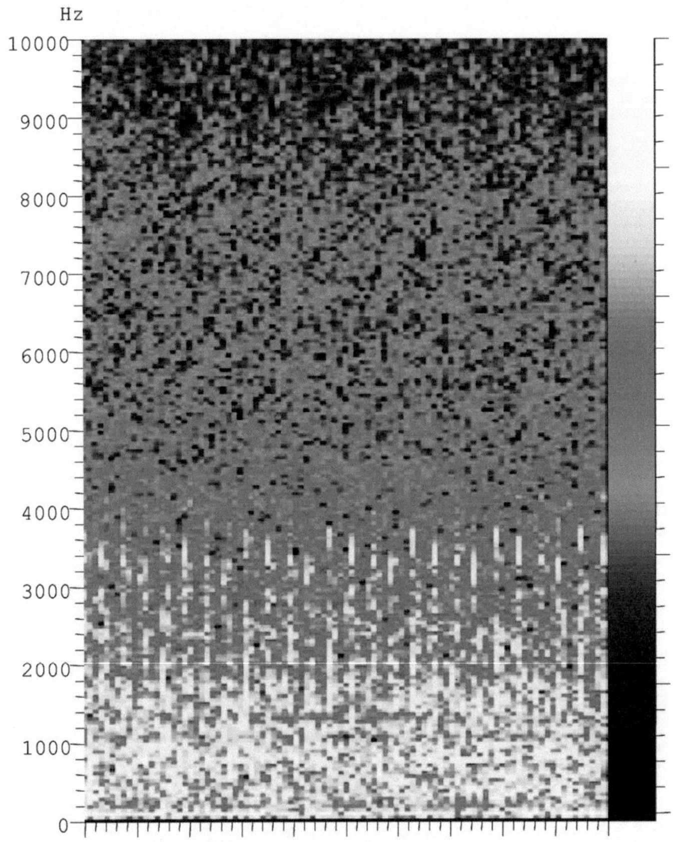


**Abb. 3.28.** Zeitschrieb eines geschleppten Motors

### Außengeräusch nach ISO 362

Zur Optimierung des Außengeräuschs nach ISO 362, also Einhaltung des gesetzlichen Vorbeifahrpegels, setzt man zur Ermittlung der dominanten Quellen und der erforderlichen Maßnahmen die Teilschallquellenanalyse ein. Hierbei wird mit Hilfe der Fenstermethode der Anteil der Einzelquellen über Abschalten der übrigen Quellen durch Subtraktion vom Summenpegel ermittelt. Dabei reicht es in der Praxis aus, zur Bestimmung eines Anteils die übrigen Quellen auf eine Pegeldifferenz von ca. 10 dB gegenüber der zu bestimmenden Quelle abzusenken (siehe Kap. 1). Für die Mündungsgeräusche verwendet man hierzu üblicherweise sogenannte Absolutschalldämpfer, von den Oberflächen des Powertrains abgestrahlter Schall reduziert man typischerweise durch Umhüllen mit speziellen Materialien, Abb. 3.29.

Das Verfahren ist aufwendig und hat den Nachteil, dass Parameter wie die Bauteiltemperatur u. a. beeinflusst werden, d. h. der Zustand wird bei der Messung verfälscht. Mit Erfahrung kann man sich häufig auf einen Teil der Messungen beschränken bzw. anhand des Kurvenverlaufs des Gesamtfahrzeugs die ursächlichen Quellen eingrenzen.

**Abb. 3.29.** Fahrzeug bei einer Teilschallquellenanalyse für die Vorbeifahrmessung nach ISO 362 (links) und präparierter Motorraum (rechts)

Deutliche Fortschritte hat man in jüngster Vergangenheit in der prüfstandseitigen Außengeräuschentwicklung gemacht. Mit Hilfe von Nahfeldpegeln um das Fahrzeug herum, die mit Prüfstandpegel der Einzelbauteile korreliert werden, und Übertragungsfunktionen vom Nahfeld des Fahrzeugs in das Fernfeld der Messmikrofone, nähert man sich auch für das Außengeräusch der gezielten Bauteil- und Übertragungspfadoptimierung von Anbeginn des Entwicklungsprojektes.

### 3.5.3 Geräuschqualität

In der Vergangenheit war die akustische Entwicklung geprägt einerseits durch Pegelanpassung, d. h. primär Pegelreduktion, und andererseits durch Störgeräuschbeseitigung. In den letzten Jahren des zwanzigsten Jahrhunderts hat sich eine Änderung der Bedeutung des Automobils in der westlichen Welt vollzogen: Weg vom klassischen Mobilitätsgaranten zu einem emotionalen Produkt, optimal an die Lebenseinstellung und das Freizeitverhalten des Eigentümers angepasst. Hiermit verbunden wuchs die Bedeutung der akustischen Klanggestaltung, mit Hilfe derer man durch Anpassung der Geräuschqualität die Verkörperung und Ausprägung des Fahrzeugs gezielt unterstützt oder mit anderen Worten dem Fahrzeug einen akustischen Charakter verpasst.

Neben einer gezielten Entwicklung der Schallquellen selbst werden hierfür neben semiaktiven Elementen auch gezielt Zusatzelemente, meist in den luftführenden Bereichen der Ansaug- und Abgasanlage, eingesetzt.

Auf den mit dieser Aufgabenstellung verbundenen Gebieten der Akustik und Psychoakustik besteht auch heute noch deutlich Forschungsbedarf, um sowohl die physikalischen Einflussgrößen wie spektrale Zusammensetzung, Zeitstruktur etc. als auch die kognitiven Einflussgrößen in Abhängigkeit von vorliegender Situation und Randbedingungen ausreichend zu verstehen.

## 3.6 Integration in das Leichte Nutzfahrzeug

Sei zunächst der Begriff des Leichten Nutzfahrzeuges im hier betrachteten Sinne etwas genauer spezifiziert. Hierzu gehören heute nicht nur die klassischen Lieferwagen bzw. Transportfahrzeuge, im allgemeinen bis 7.5 t zulässiges Gesamtgewicht, sondern auch Offroad- und Sport-Utility Vehicles. Die für die Akustik relevanten Gemeinsamkeiten bzw. Unterschiede zu den bisher behandelten Personenkraftwagen seien der Reihe nach angesprochen.

**Antrieb**

Hinsichtlich der Motor-Getriebe Variatianten unterscheiden sich die Leichten NFZs heute nur noch unwesentlich von den PKWs. Man findet bei den OEMs, die in beiden Segmenten tätig sind, einen hohen Überdeckungsgrad im Bereich der Reihen-Vierzylinder und der V- oder Reihensechszylindermotoren, in Verbindung sowohl mit manuellen als auch mit automatischen Getrieben. Auch was die Einbaulagen angeht, finden sich wie beim PKW Quereinbau mit Frontantrieb und Längseinbau mit Antrieb auf die Hinterachse. Bei allen oben angesprochenen Varianten des Leichten NFZ ist jedoch der Anteil des Vierradantriebs deutlich höher als beim PKW. Auch die Anbindung des Motor-Getriebe Verbandes ist der beim PKW sehr ähnlich, sowohl vom Lagerungskonzept als auch von der verbreiteten Verwendung von Fahrschemeln, die zusätzlich über Gummi-Metallteile an die Karosserie angebunden werden. Damit einher gehen aus akustischer Sicht auch nur unwesentliche Unterschiede in Abgas- und Ansauganlage.

**Rollgeräusch**

Bei den Leichten NFZ ist wie bei den PKW an der Vorderachse die Federbein-Radführung weit verbreitet mit Dreieckslenkern und Stabilisatoren. Der oft anzutreffende Vorderachs-Fahrschemel, an den üblicherweise auch die Dreieckslenker angebunden werden, dient mit seiner Anbindung an die Karosserie über Gummi-Metall Elemente wie beim PKW als zusätzliche Entkopplung. Weit verbreitet sind Schräglenker-Hinterachsen, die ebenso eine doppelte akustische Entkopplung im Körperschallpfad erlauben. Auch Starrachs-Konstruktionen sind speziell im Offroad-Segment noch weit verbreitet.

Typisch für diese Fahrzeuge sind Reifen mit deutlich größeren und breiteren Dimensionen und ausgeprägter Profilierung, was zur Entstehung eines höheren Rollgeräuschpegels führt. Dies ist sowohl außen als auch typischerweise im Innenraum hörbar, wenn letzterem nicht mit zusätzlichen Maßnahmen entgegengewirkt wird.

**Karosserie**

Im SUV Bereich findet man häufig nichttragende Karosserien, die auf einem Leiterrahmen ruhen. Im Lieferwagen und Transporterbereich werden dagegen mehrschalige Säulen und Schweller eingesetzt, mit einem Karosserieaufbau in Schalenbauweise, was zu einer hohen dynamischen Steifigkeit führt. Oft wird dies akustisch mit zusätzlichen Hohlraumabschottungen gekoppelt.

**Akustische Konsequenzen**

Je nach Positionierung auf dem Markt finden sich bei den SUVs geringe oder nahezu keine Unterschiede in der akustischen Bewertung zu den PKWs. Bei den Transportern finden sich trotz der vom Antriebskonzept vergleichbaren Konstruktionen und damit sowohl luft- als auch körperschallseitig vergleichbaren Anregungen durch die meist größeren geometrischen Abmessungen empfindlichere Anbindungsstrukturen im Körperschallpfad. Insbesondere in Verbindung mit den schwingungsempfindlicheren Begrenzungsflächen in Schalenbauweise neigt diese Fahrzeugkategorie stärker zu tieffrequenten Phänomenen wie Brummen und Dröhnen. Infolge der unterschiedlichen Zielvorgaben finden sich oft auch in der Realisierung der Isolationspakete deutliche Unterschiede zum PKW, womit auch klassischerweise die hochfrequente Akustik schlechter ist als beim PKW. Durch die größeren Längen werden auch die Abgasanlagen länger, womit die Gefahr steigt Rohr-

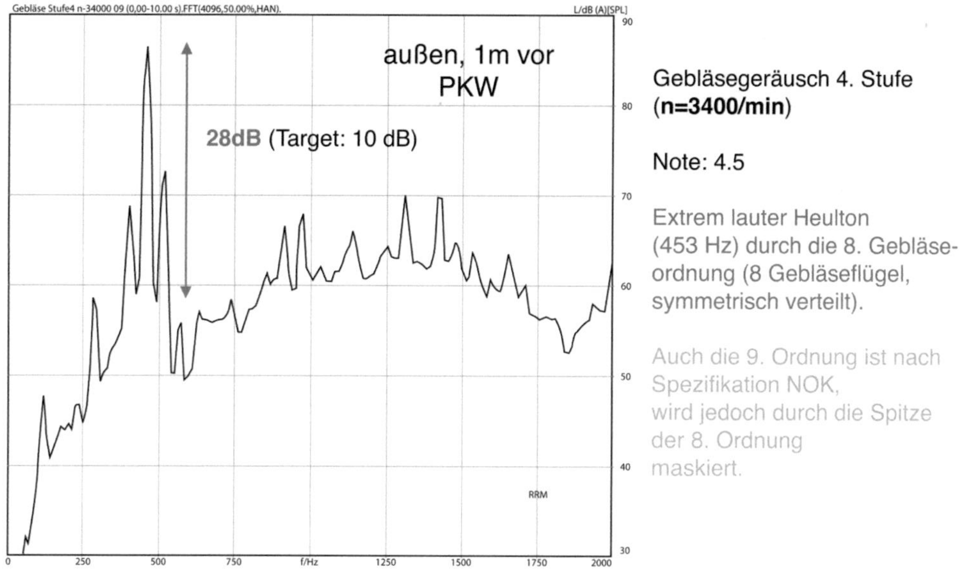


**Abb. 3.30.** VW Multivan Veröffentlichung

resonanzen anzuregen. Zudem sind auch dort die Blechstrukturen, an die angebunden wird, oft akustisch empfindlicher. Die Achsen sind im allgemeinen vom akustischen Übertragungsverhalten gleichwertig oder günstiger als beim PKW. Allerdings muss man speziell im Transporterbereich berücksichtigen, dass auch hier in dem sehr breitbandigen Rollgeräusch infolge der typischerweise sparsamer ausgelegten Akustikpakete ein Defizit gegenüber dem PKW anzutreffen ist.

# 4 Integration in den Bus

## 4.1 Antriebsstrang Anbindung, Niederflur-Linienbus (NL)

### 4.1.1 Konstruktive Vorgaben mit Einfluss auf die Geräuschemission, Teilschallquellen (TSQ), akustische Phänomene

Die beengten Platzverhältnisse für den Einbauraum des Antriebsstranges und seiner Hilfsaggregate ergeben sich aus den Anforderungen, diese möglichst nahe beisammen in einem funktionalen Block zu platzieren. Hinzu kommen die räumlichen Einschränkungen durch das Niederflurkonzept. Busse dieses Konzepts haben im Fahrgastraum einen nahezu ebenen Fußboden und einen komfortablen Ein- und Ausstieg. Über eine Stufe von nur 340 mm Höhe kann der Mittelgang betreten werden. Der Sitzbereich im Heck ist über zwei zusätzliche Stufen erreichbar. Für die Geräuschentstehung sind hauptsächlich die Komponenten des Antriebsstrangs und die zu seinem Betrieb im Fahrzeug benötigten Hilfsaggregate verantwortlich. Diese Komponenten sind:

- Der Antriebsmotor (Dieselmotor) mit seinen Hilfsaggregaten.
- Das Automatgetriebe mit integriertem Retarder.
- Die Gelenkwelle.
- Die Antriebsachse mit Reifen.

Der Antriebsstrang ist im Fahrgestell des Busses gelagert und mit diesem über Lagerstellen schwingungsisoliert elastisch verbunden. Der Einbauraum für den Antriebsstrang liegt im Heck eines Stadtlinienbusses, er ist durch folgende Konstruktionselemente räumlich begrenzt: Nach oben zum Fahrgastraum hin durch einen ebenen Fußboden, nach vorne durch die Heckwanne als Abschlusselement zwischen Motorraum und Fahrgastraum, nach rückwärts durch die Heckklappe zum Motorraum und seitlich durch die Bus-Seitenwände. Abb. 4.1 zeigt die Einbausituation eines Antriebsstranges in einen Niederflur-Linienbus. Für einen ebenen Mitteldurchgang zwischen der Antriebsachse sind das seitlich nach links versetzte Differential und die Achsverbindungswellen (Steckwellen) aus der Radmitte heraus nach unten abgesenkt. In Abb. 4.2 ist eine luftgefederte Antriebsachse mit abgesenktem Mittelteil dargestellt. Bedingt durch das seitlich nach links versetzte Differential ergeben sich Steckwellen unterschiedlicher Länge und Drehsteifigkeit. Bei der Auslegung der Anfahrcharakteristik des Fahrzeuges ist ein eventuelles Schwingen im Antriebsstrang zu beobachten und durch Anpassung der Wellendurchmesser zu mindern.

Die Luftfederbälge der Antriebsachse tragen das anteilige Fahrzeuggewicht. Die Vortriebskräfte werden über zwei Längslenker an das Fahrgestell weitergeleitet, zwei gepfeilt angeordnete Lenker (Dreieckslenker) übernehmen die Seitenkräfte. Insgesamt ergeben sich 12 Anlenkpunkte, Koppel-/Lagerstellen zu Fahrgestell und Aufbau.

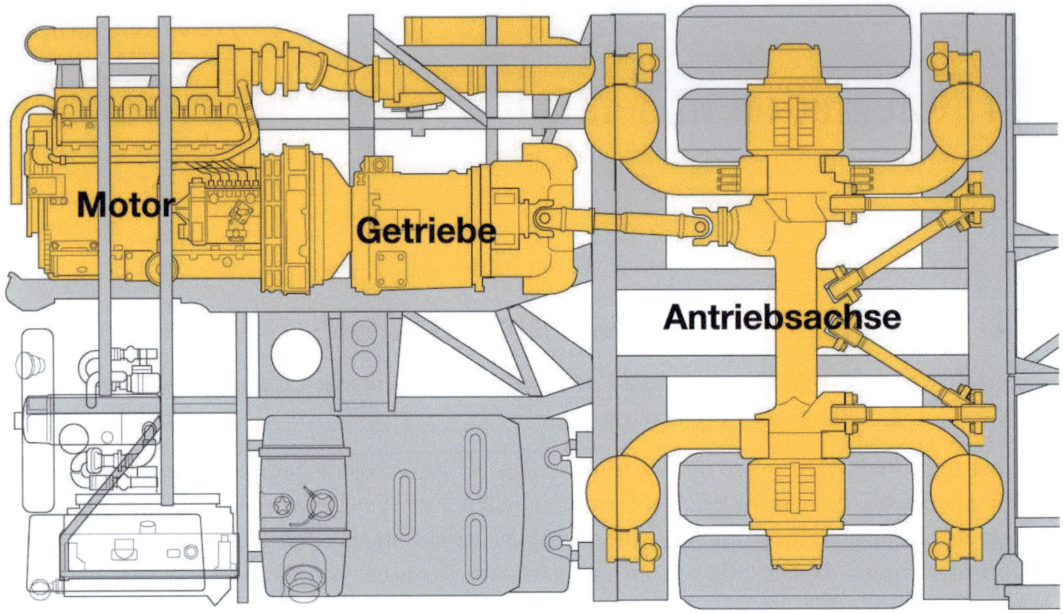


**Abb. 4.1.** Antriebsstrang Niederflurbus, Einbausituation [22]

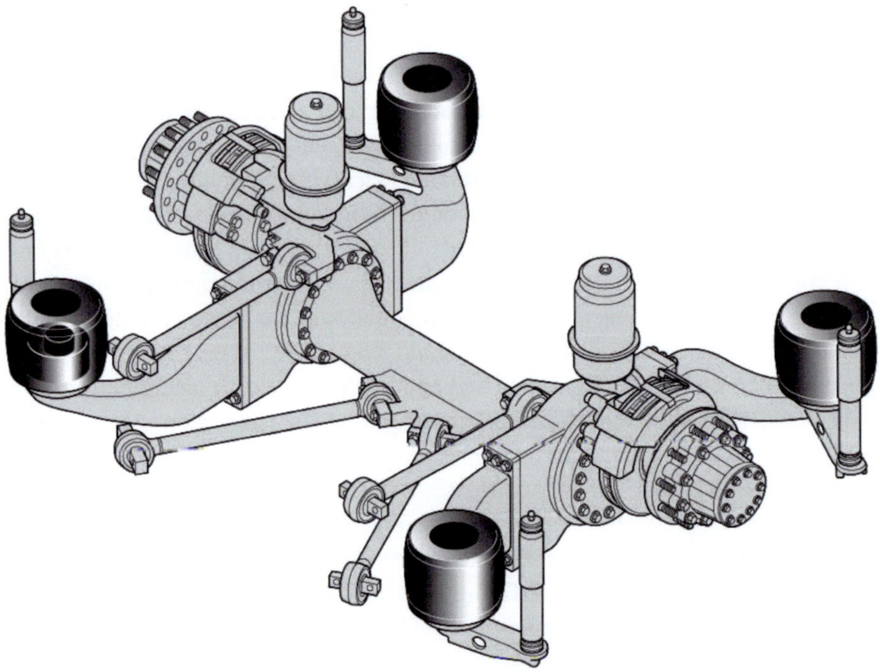

**Abb. 4.2.** Luftgefederte Antriebsachse mit abgesenktem Mittelteil [22]

Eine Bewertung des akustischen Verhaltens eines Antriebsstranges im Betrieb erfordert eine *interdisziplinäre Betrachtung des Gesamtsystems Fahrzeug*, denn alle im Fahrzeug erforderlichen Funktionskomponenten tragen mehr oder minder zu seinem Gesamtgeräuschpegel bei. Beispielhaft sind in Tab. 4.1 solche Teilschallquellen (TSQ) aufgelistet und in solche erster, zweiter und dritter Ordnung, eingeteilt. Der Geräuschpegel jeder dieser TSQ ist u. a. von Drehzahlen, Drehzahländerungen (Motor – Getriebe – Gelenkwelle – Achse – Hilfsaggregate – Hilfssysteme) und Drehmomenten, sowie von Betriebszuständen der Aggregate abhängig. Weitere Einflussgrößen auf die Geräuschemission sind Temperaturen in den Aggregaten und deren Medien, ferner das Wetter. Die Schallausbreitung von den TSQ weg erfolgt nach folgendem Prinzip:

- Die Oberflächen der Aggregate und Systeme geben Luftschall an die Umgebung ab. Bei Omnibussen sind diese Oberflächen sehr groß, womit auch eine relativ hohe Luftschallemission verbunden ist.
  *Abhilfe: Primärmaßnahmen*, durch akustisch günstige konstruktive Formgebung der Oberflächen von Schallquellen, wie z. B. versteifte, abstrahlarme konstruktive Gestaltung, Vermindern der Schallerzeugung intern (Motor, Verbrennungsverfahren, Verbrennungsverlauf, Getriebe ...), Materialauswahl. Als *Sekundärmaßnahmen* wirken z. B. das Bedämpfen schallabstrahlender Oberflächen, Absorber in der Umgebung der Schallquellen, Anbauen von Teilbzw. Vollkapseln gegen die Luftschallausbreitung.
- An Koppel-/ Lagerstellen zum Fahrgestell und Aufbau hin wird der durch elastische Lagerung nicht isolierte Anteil des Körperschalls in die Strukturen weitergeleitet. *Abhilfe*: Frequenz der Anregung und Eigenresonanz der lagertragenden Struktur trennen, beachten (Auf beiden Seiten der Lager). Die Impedanz (s. Kap. 1.1.7, S. 15 und Kap. 2.2.2 ab S. 86) der sekundären Lagerseite anpassen, überprüfen, Versteifungen vorsehen. Großflächige schwingungsfähige Flächen, wie etwa die Außenhaut eines Omnibusses, schwingungsarm am Busgerippe befestigen (Geklebt, Kleber wirkt als Schwingungsisolator, stellenweise Heftpunkt-Schweißung).
- In den Rohrleitungen für flüssige Medien (Hydrauliköl, Heiz- und Kühlwasser) wird *Flüssigkeitsschall* weitergeleitet. Die Anregung erfolgt über die Druckimpulse der Pumpe im Kreislauf oder durch Strömungsgeräusche. *Abhilfe*: Als Primärmaßnahme Druckimpulse im Rohrleitungssystem verringern, Dehnschlauch/Ausgleichsbehälter auf der Druckseite der Flüssigkeitsleitung einbringen, elastische abgestimmte Lagerung aller Leitungen vorsehen. Bei Strömungsgeräuschen Querschnitte (Strömungsgeschwindigkeit örtlich untersuchen), Querschnittsprünge, Strömungen um Kanten/Umlenkungen untersuchen.

Eine Auslegung von Lagern hat aus akustischer Sicht die Aufgabe, die Übertragung von Körperschall über die Lager hinweg zu minimieren, die Körperschallquelle von der umgebenden Struktur so gut wie möglich abzukoppeln.

Für ein wirtschaftliches Vorgehen bei der Geräuschminderung an TSQ, Tab. 4.1, müssen deren Beitrag zum Gesamtgeräusch bekannt sein. Nur aus dieser Kenntnis heraus können in der richtigen Reihenfolge schallmindernde Maßnahmen ergriffen werden.

Neben dem absoluten Geräuschpegel ist auch die Lästigkeit eines Geräusches zu bewerten (z. B. Herausragen eines Einzeltons aus dem Pegel des Gesamtgeräusches, Schwebungen, Brummen, Pfeifen, ...).

**Tabelle 4.1.** Teilschallquellen (TSQ) 1. bis 3. Ordnung, Niederflur-Linienbus

| | |
|---|---|
| **TSQ 1. Ordnung** | **Motor – Getriebe mit Retarder – Gelenkwelle – Kupplung – Antriebsanchse – Reifen** |
| **TSQ 2. Ordnung** | **Für den Motor-/Fahrbetrieb erforderliche weitere Aggregate, Systeme,**<br><br>**Positionen 1 bis 11** |
| **TSQ 3. Ordnung** | **Durchbrüche zum Fahrgastraum, Deckel/ Dichtungen, Verschlüsse, Lagerungen medienführender Rohrleitungen** |

| | **TSQ 2. Ordnung** |
|---|---|
| 1 | **Lichtmaschine** |
| 2 | **Druckluftkompressor, Druckregler** |
| 3 | **Lenkungspumpe** |
| 4 | **Lüfterantrieb, mechanisch/hydraulisch** |
| 5 | **Klimakompressor** |
| 6 | **Kühler/Lüftersystem** |
| 7 | **Schalldämpfer, inkl. Dieselpartikelfilter, Kat, Abgas Nachbehandlungssysteme** |
| 8 | **Ansauganlage, Luftfilter** |
| 9 | **Klimaanlage, elektrische Gebläse** |
| 10 | **Zusatzheizung, Umlaufpumpen** |
| 11 | **Untersitzheizer, warmwassergespeist, mit elektrischen Gebläsen** |

*Akustische Phänomene*, beobachtet am Einbau eines Antriebsstranges und mögliche geräuschreduzierende Maßnahmen:

- Ein im Freifeld z. B. auf einem Rollenprüfstand betriebener gekapselter Antriebsstrang ist nach der *Messmethode Rundumgeräusch* lauter, als nach dem Einbau in einem Omnibus. Die Schallpegeldifferenz im eingebauten Zustand entspricht der abschirmenden kapselnden Wirkung des Busaufbaus (s. Kap. 2.2.5, Kap. 4.4, Kap. 4.5).
- Der Luftschallpegel des Motor-Getriebeaggregates erhöht sich im Kapselraum (Reflexion an Wänden), er muss durch anbringen absorbierender Flächen an der Kapselinnenseite abgesenkt werden. Diese Maßnahme verringert den Schalldurchtritt in den Fahrgastraum und die Schallemission nach außen.
- Aggregatelager isolieren den anregenden Körperschall entsprechend ihrer Auslegungsdaten, trotzdem verbleibt auf ihrer Sekundärseite ein Restbetrag an Körperschall, der, wenn er schwingfähige Strukturen trifft, Luftschall mit erheblicher Schallpegelhöhe verursachen kann. Dieses Phänomen führt meist zu einer Innen- wie Außengeräusch-Erhöhung.

### 4.1.2 Lagerung körperschallführender Aggregate/Systeme

#### Ausführung, Kräfte und Funktionsanforderungen an die Lagerung eines im Fahrzeug eingebauten Motor-Getriebe-Blocks

Der in Abb. 4.1 dargestellte Motor-Getriebe-Block hat drei Lagerpunkte, zwei Hauptlager in der Ebene des Schwungradgehäuses und auf der Frontseite des Motors ein Stützlager, welches infolge der um 180° zur Fahrtrichtung gedrehten Einbaulage des Motors am Heck des Fahrzeuges sitzt (Abb. 4.3). Die vertikale Lagerlast ist zwischen den zwei Hauptlagern und dem Stützlager so aufzuteilen, dass den Fahrkomfort störende Nickschwingungen des Motor-Getriebe-Blocks vermieden werden. Bezogen auf die Fahrzeuglängsachse wirken an jeder Lagerstelle die Kräfte in den drei Hauptrichtungen (senkrecht, quer, horizontal). Abb. 4.4 zeigt die Ursachen der Resultierenden Kräfte an den Motor-Getriebe-Lagern auf. Der Kraftvektor an jeder Lagerstelle hängt von folgenden Einflussgrößen ab:

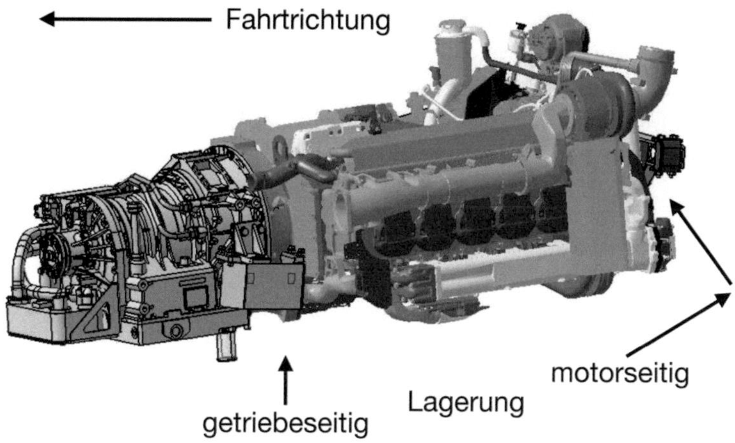


**Abb. 4.3.** Motorlagerstellen für einen Bus-Motor-Getriebeblock [22]

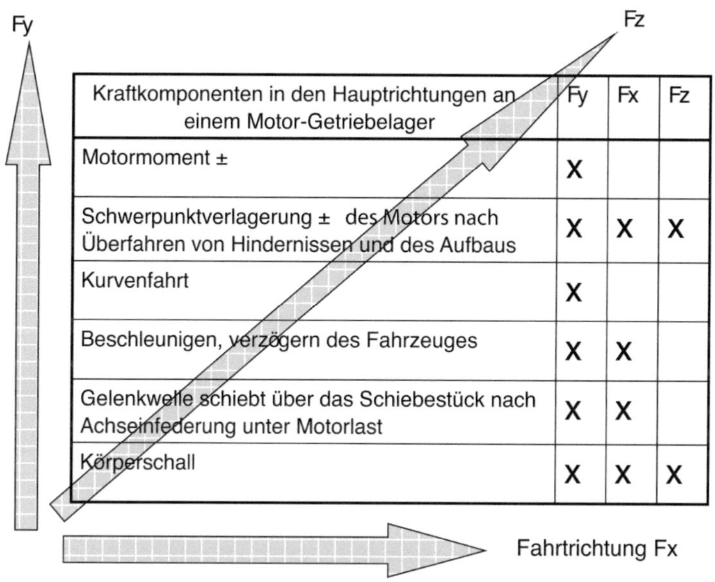


| Kraftkomponenten in den Hauptrichtungen an einem Motor-Getriebelager | Fy | Fx | Fz |
|---|---|---|---|
| Motormoment ± | X | | |
| Schwerpunktverlagerung ± des Motors nach Überfahren von Hindernissen und des Aufbaus | X | X | X |
| Kurvenfahrt | X | | |
| Beschleunigen, verzögern des Fahrzeuges | X | X | |
| Gelenkwelle schiebt über das Schiebestück nach Achseinfederung unter Motorlast | X | X | |
| Körperschall | X | X | X |

**Abb. 4.4.** Ursachen resultierender Kräfte an Motor-Getriebe-Lagern

- Masse und Schwerpunktlage bei der realisierten Lagerung, statische Lagerlast.
- Betriebszustand des Motor-Getriebe-Blocks (Drehmoment, Drehzahl).
- Reaktionen aus dem Motorantriebsmoment, Lastschwankungen der angeforderten Motorleistung in Kombination mit allen anderen Einflussgrößen, Reaktionen aus der ungleichförmigen Raddrehung bei Überfahrt von Hindernissen.
- Fahrzeugbewegungen und der damit verbundenen Bewegungen der aufbauseitigen Lagerstellen gegen die Masse und den Schwerpunkt der Aggregate, Überlagerung von Reaktionen aus der ungleichförmigen Raddrehung bei Überfahrt von Hindernissen.

- Stoßübertragung auf die Längsachse der Gelenkwelle und damit auf die Motor-Getriebe-Lager, hervorgerufen durch ein bei hohem Antriebsmoment schwergängiges Schiebestück, verbunden mit einer starken Einfederung der Achse (Überfahren von Hindernissen).
- Amplitude und Frequenz der Schwingungen auf der Sekundärseite des Lagers in Abhängigkeit von der Lagerdämpfung unter den genannten Lasten.

Bei schweren Nutzfahrzeugen und Omnibussen wird aus dem Spektrum der bis heute verfügbaren Lagerelemente aus Kosten- und Zeitgründen (Kurze Entwicklungszeit, geringe Stückzahlen) ausschließlich auf robuste Technologien zurückgegriffen (Gummi-Metall-Elemente, Abb. 4.5). Die Einstellmöglichkeiten der Lagercharakteristik für diese Keillager zeigt Abb. 4.6, in Abb. 4.7 sind Ausführungsbeispiele von Lagerkomponenten für die Nutzfahrzeuganwendung dargestellt. Zusammengefasst ist die Summe aller Anforderungen an Elastomerlager in Abb. 4.8.

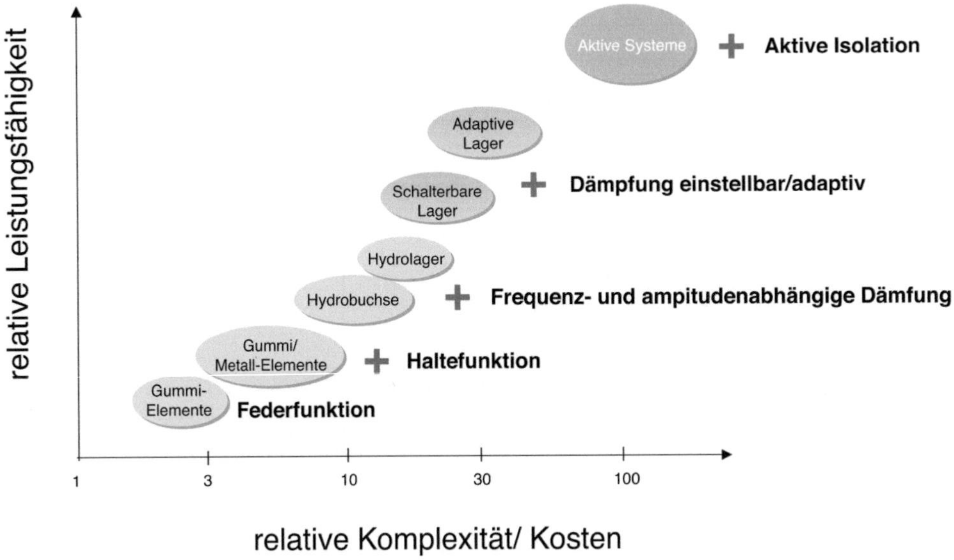


**Abb. 4.5.** Lagerelemente neue Trends [23]

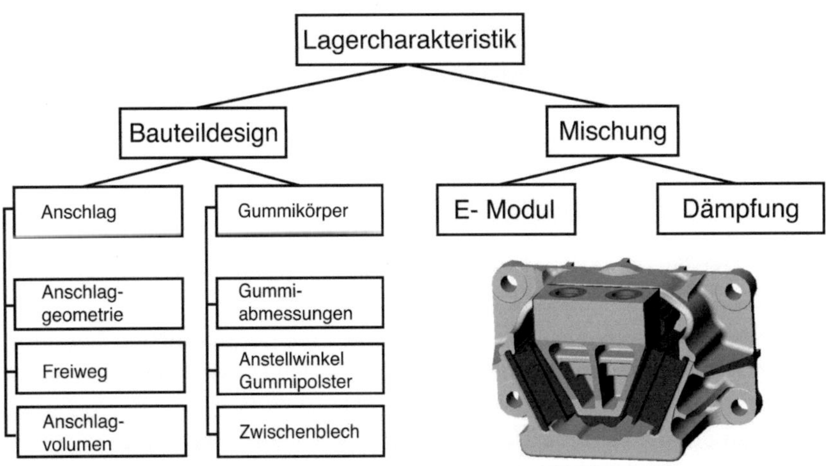


**Abb. 4.6.** Einstellmöglichkeiten der Lagercharakteristik, Beispiel: Keillager [23]

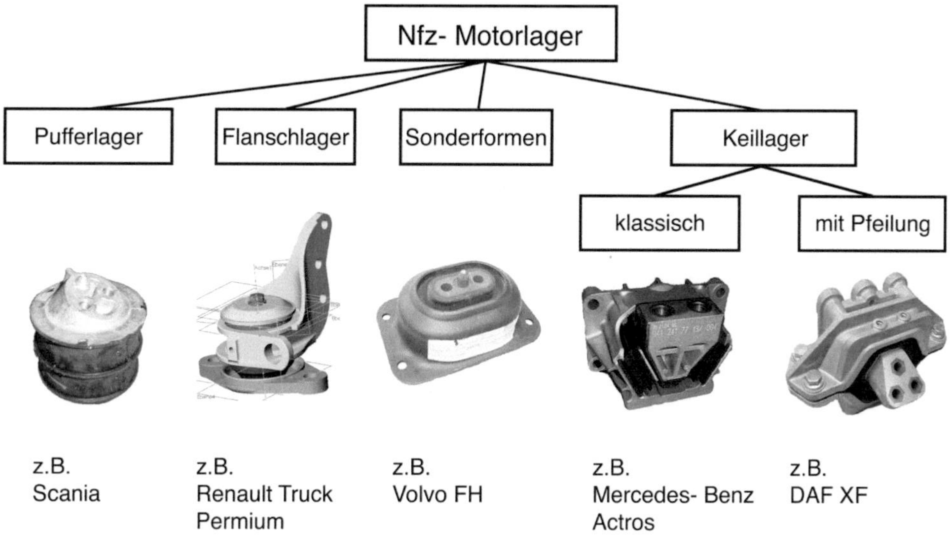


**Abb. 4.7.** Lagerkomponenten und Ausführungsbeispiele [23]

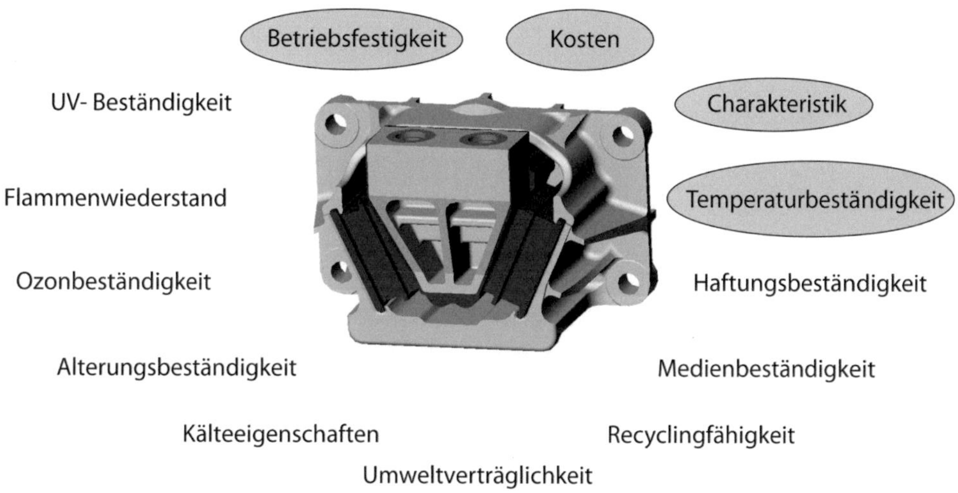


**Abb. 4.8.** Anforderungen an Elastomerlager [23]

### Anforderungen an die Funktion eines Motor-Getriebe-Lagersystems (MGL)

Die Hauptfunktionen eines Lagersystems sind:

- Tragen
- Positionieren
- Isolieren
- Aufnahme des Motormoments.

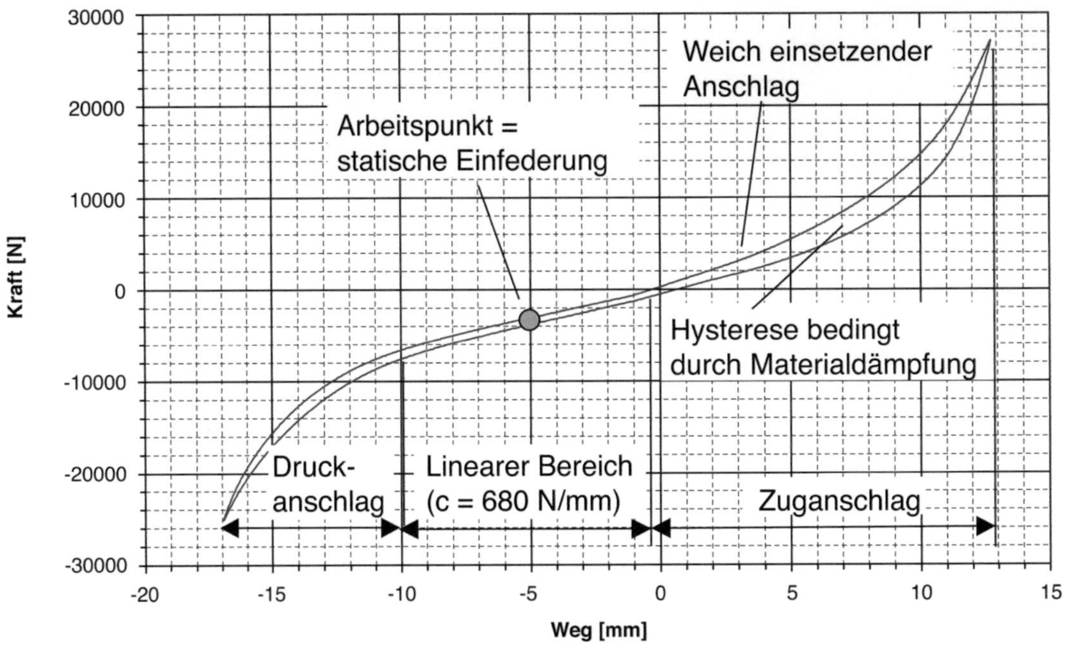


**Abb. 4.9.** Statistische Lagerkennlinie in Vertikalrichtung [23]

Im Detail müssen bei der Lagerentwicklung folgende Anforderungen erfüllt sein:

- Tragen der statischen und dynamischen Lasten in allen vorgesehenen Belastungsfrequenzen bei bestimmungsgemäßem Gebrauch des Busses. Dabei sind alle aus diesem Einsatz ableitbaren Kräfte, Momente, in den Hauptachsen des MGL zu berücksichtigen.
- Exakte Positionierung des Motor-Getriebe-Blocks, Einstellmöglichkeiten für eine verspannungsfreie Montage.
- Progressiv wirkende Wegbegrenzungen über Endanschläge in allen Richtungen (Ein- und Ausfedern) z. B. zur Vermeidung des Durchschlagens von Lagern bei Überfahren von Hindernissen.
- Ausreichende Isolation des Körperschalls im Gesamtsystem. Auslegung der Lagercharakteristik auch unter Berücksichtigung der Komfort- und Sicherheitsanforderungen.
- Kennliniengestaltung: Zur Begrenzung der Bewegung des MGL bei normalem Fahreinsatz des Fahrzeuges soll sich das Lager noch im linearen Bereich der Kennlinie befinden.
- Konstruktion nach dem *Fail Safe* Prinzip, zur Vermeidung eines totalen Abrisses der Verbindung des Lagers an der Lagerstelle.

Diese in Stichworten charakterisierten unverzichtbaren Eigenschaften eines MGL erfüllen

- die Wünsche des Kunden nach Komfort, Fahrverhalten und Sicherheit des Fahrzeuges;
- die Kriterien zum Schutze der Gesundheit von Fahrzeuglenker und Passagieren.
- Auflagen nach Vorschriften und Gesetzen (z. B. Grenzwert für das Außengeräusch).
- Lastenheftforderungen nach einer ausreichenden Lebensdauer des Produktes.
- Anforderungen aus dem Produkthaftungsgesetz.

Je geringer die dynamische Federrate der eingesetzten Lagerelemente ist, umso günstiger wirkt sich dies auf den akustischen Erfolg aus [24]. Bei den relativ großen Massenkräften im Gesamtsystem Antriebsstrang sind die besonderen Eigenschaften polymerer, teilweise hochdämpfender Gummimischungen zu beachten. Die bei der Auslegung zugrundegelegte dynamische Steifigkeit verändert sich (Abb. 4.10):

- durch die Frequenz der Lagerkraft,
- infolge einer Lagererwärmung, hervorgerufen durch die Lagerdämpfung und den Wärmeeintrag im Motorraum,
- durch die Betriebszeit (Alterungseffekt, Setzen).

Diese Abhängigkeiten gelten für alle Lager aus dämpfenden Materialien.

### Die Gelenkwelle (GW)

Die GW hängt mit ihrer Masse zwischen dem Abtriebsflansch am Getriebeausgang und dem Antriebsflansch der Antriebsachse. Abhängig von ihrer Länge, der Rohrwandstärke, ist im Entwicklungsstadium die Biegeeigenfrequenz theoretisch zu ermitteln, sie kann im en Frequenzbereich liegen und wird dann als Brummen im Fahrgastraum wahrgenommen. Bei kritischer Länge der GW ist eine geteilte Version vorzusehen. Neben der Biegeschwingung kann der Anteil der nicht rotationssymmetrischen Atmungsschwingung am Gesamtgeräusch das Vorbeifahrgeräusch erhöhen. Für ein beidseitig gelenkig gelagertes Rohr, wie sie die Gelenkwelle eines Busses näherungsweise darstellt, nimmt diese hörbare Schwingungsform mit abnehmender Rohrlänge ab, bei ca. 600 mm Länge, einem gängigen Maß, errechnet man ca. 1.1 bis 1.25 kHz. Dieser Frequenzbereich liegt im hörbaren akustischen Bereich [25]. Schwebungen, welche an die Drehzahl der GW gekoppelt sind, entstehen u. a. durch Abweichungen vom Z-Trieb bzw. W-Trieb. Schwingungen des Gelenkwellenrohres selbst lassen sich durch bedämpfen des Rohres innen vermindern.

### Die Hinterachse und ihre Anlenkung an Fahrgestell und Aufbau, Ausführung und Funktion unter akustischen Gesichtspunkten

Eine angetriebene Hinterachse, Abb. 4.2, hat 12 Anlenkpunkte an das Fahrgestell. Je Radseite übertragen die zwei Luftfederbälge (Tragen den Aufbau) und zwei Stoßdämpfer nahezu nur vertikale Kräfte. Die Führung in Längsrichtung übernehmen zwei Längslenker, die Aufnahme der Seitenkräfte und resultierende Stützkräfte der Achse in Fahrzeug-Längsrichtung, übernehmen zwei gepfeilt angeordnete Lenker (Dreieckslenker). Jeder Lenker besitzt zwei elastische Lager. Alle aufgezählten Lagerstellen an der Antriebsachse reduzieren in ihrer akustischen Funktion Schwingungen und tragen dadurch zu einer Verminderung der Körperschallübertragung bei. Um eine exakte Achsführung und damit sicheres Lenkverhalten sicherzustellen, kann es günstig sein, die achsseitigen Lenkerlager steifer/härter auszuführen als die aufbauseitig wirkenden. Neben einer guten akustischen Abkopplung des Aufbaus von der körperschallführenden Achse erreicht man dadurch ein stabileres Fahrverhalten (geringere Eigenlenkverhalten, weniger Empfindlichkeit gegenüber Längsspuren in der Fahrbahn, geringere Neigung der Hinterachse zu Drehschwingungen um die Hochachse).

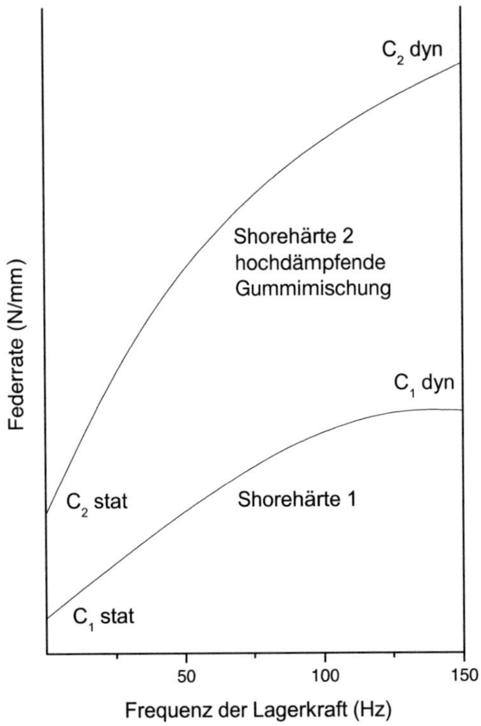


Gummilager-Steifigkeit
steigt mit der Erregerfrequenz bei ± 0,025 mm Erregeramplitude

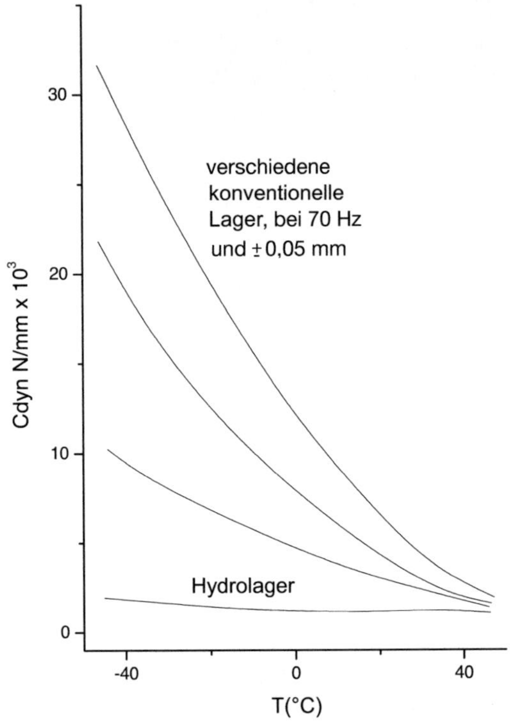


Einfluß der Temperatur
auf die dynamische Steifigkeit

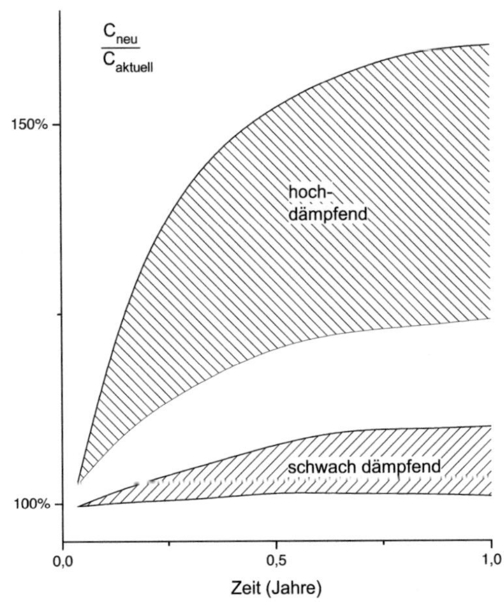


Veränderung der Steifigkeit von Gummilagern über der Zeit

**Abb. 4.10.** Gummilager-Federraten: Frequenz, Temperatur – zeitabhängig [24]

## 4.2 Der Fahrgastraum

Der Aufbau eines Busses ist auf das Fahrgestell aufgesetzt und mit diesem fest verbunden. Alle Lager/Lenkerlager des Antriebstanges greifen im Heckbereich von Fahrgestell und Aufbau eines Niederflur-Linienbusses (Heckmotor) an. Durch die Konzentration aller TSQ im Heck entsteht in diesem und um diesen Bereich des Fahrzeuges herum der höchste Innengeräusch- und Außengeräuschpegel.

### 4.2.1 Konstruktionselemente: Niederflur-Linienbus Fahrgestell und Aufbau

Der Buskörper ist aus Gerippemodulen, Abb. 4.11, der Innen- und Außenverkleidung und der technischen Inneneinrichtung zusammengesetzt, darunter im Heck sitzt der Antriebsstrang. Die tragenden Gerippeelemente sind vorwiegend aus Stahlprofilen (z. B. Vierkant-, U-, Hutprofilen) schweißtechnisch verbunden oder verschraubt. Im Achsbereich kommen Gussträger zum Einsatz.

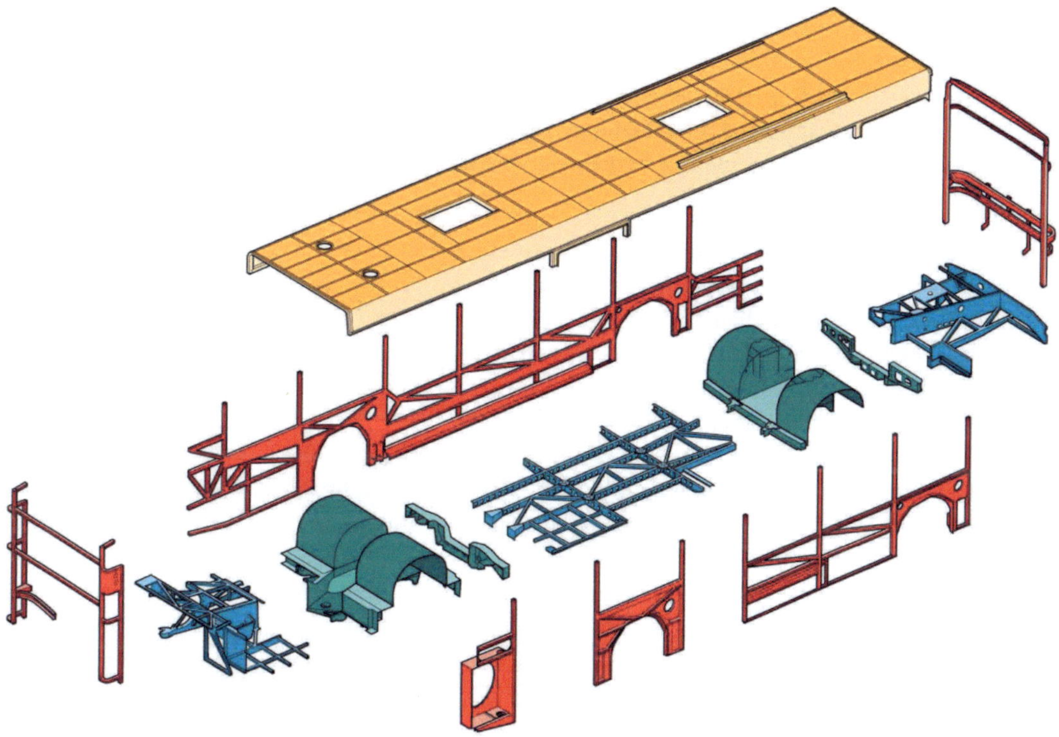

**Abb. 4.11.** Gerippemodule Niederflur-Linienbus [22]

Die gute Weiterleitung des Körperschalls in dieser Struktur zeigt ein einfacher Versuch, in dem wir bei geöffneter Heckklappe des Motorraumes mit einem kleinen Hammer z. B. den hinteren Querträger, der das Motorstützlager trägt, anschlagen. Sowohl im Inneren des Busses, wie auch in seinem äußeren Umfeld werden wir das helle Klingen des Stahlgerippes gut und deutlich vernehmen können.

Die Außenverkleidung aus Aluminium oder Karosserieblech wird auf das Busgerippe geklebt und punktgeheftet (Selten mit Popnieten befestigt). Der Fußboden aus vielschichtigem, wasserfest verleimtem Sperrholz, liegt auf dem Fahrgestellgerippe, er ist mit diesem über eine Kleberschicht und Heftschrauben verbunden. Im Bereich des Antriebsstranges ist dieses Sperrholz zusätzlich mit einer schalldämmenden Zwischenschicht ausgerüstet. Über der Antriebsachse und an räumlich sehr beengten Stellen werden wegen der geringeren Bauhöhe akustisch dämpfende Verbundbleche eingesetzt.

Eine Anwendung von Kunststoff als Fußbodenmaterial ist noch nicht in der Großserie. Der hohe Preis für Kunststoffformen bei der Herstellung tragfähiger Strukturen, eine geringe Massedämpfung von Kunststoffen, der Aufwand bei der Anpassung von Fußbodenelementen in der Fertigung, verbunden mit den dabei einzuhaltenden Umweltauflagen, zusätzliche Ausrüstkosten in Hinblick auf akustische Eigenschaften, wirken gegen den Vorteil eines geringeren Eigengewichtes.

### 4.2.2 Konstruktive Maßnahmen zur Minimierung des Innengeräuschpegels im Fahrgastraum

*Die Kunst der Entwickler besteht darin, von der den Körperschall gut leitenden Struktur eines Busses alle Schwingungsanregungen so weit wie möglich fern zu halten. Eine Übertragung von Schwingungen an schwingfähige Komponenten/Strukturen soll vermieden oder zumindest auf geringem weniger störendem Level gehalten werden.*

Niedrige Innengeräuschpegel werden durch eine Reihe von (a) Primär- und (b) Sekundärmaßnahmen an Teilschallquellen und in deren Umgebung erreicht. Diese Maßnahmen sind z. B.:

- Sorgfältige Abstimmung der elastischen Lager von Aggregaten am Aufbau, die Lagerdämpfung ist auf das kritische Anregungsspektrum hin abzustimmen. Auf ausreichende Steife und Impedanz der lagertragenden Struktur achten. (b)
- Verminderte Körperschallabstrahlung an der Oberfläche von Motor, Getriebe, Achse durch verrippte schwingungsarm versteifte Oberflächen, damit ergibt sich ein verminderter Luftschall im Motorraum und verringerte Anregung der Struktur (s. Kap. 2.1). (a)
- Verwendung von geräuscharmen Zahntrieben im Antriebsstrang. (a)
- Bedarfsgerechte Drehzahlsteuerung des Lüfters der Kühlanlage. (a)
- Bedarfsgerechtes Schaltprogramm des Automatgetriebes (Gilt auch für automatisierte Getriebe), mit dem Ziel, kritische Drehzahlen und Schaltpunkte im innerstädtischen Betrieb zu vermeiden. (a)
- Ergänzende sekundäre Maßnahmen, wie das Einbringen von absorbierenden Materialien an den Seitenwänden des Aufbaus im Motorbereich, zur Verringerung des Luftschalls im Motorraum, mit der Folge einer Senkung des Innengeräuschpegels nach dem Schalldurchtritt durch die Trennflächen zum Fahrzeuginneren sowie der Schallemission nach außen in das Umfeld um den Bus. (b)
- Entdröhnen der Karosseriebeblechung, der -verkleidung des Aufbaus (Spannen, Kleben, Heftpunkten, aufschmelzen von Dämmfolien auf der Innenseite der Beblechung). (b)
- Entdröhnen von Klappen und Deckeln. (z. B. durch akustisch optimierte Formgebung, Sicken in Flächen, auf den Rückseiten aufgeklebte oder gefügte Versteifungen) Dichtprofile mit ausreichender zeitfester Vorspannung, gut schließende Verschlüsse und Zuhaltungen. (b)
- Mehrschichtige dämmende, dicht ausgeführte Heckwanne vom Fahrgast- zum Motorraum hin. Die dem Motorraum zugewandten Zwischenräume der Gerippespante sind zusätzlich schallschluckend und dämmend auszukleiden. (b)
- Gegen von außen eindringenden Motorlärm sind funktionsgerecht und dauerbeständig konzipierte Abdichtelemente der Türspalte von Fahrgasttüren vorzusehen. (b)

- Die Seitenwände des Fahrgastraumes sind unter der Innenverkleidung mit Dämmmaterial gegen von außen eindringende Motor-, Reifen- und Fahrgeräusche auszustatten. (b)
- Die Motorraum-Heckklappe schallabsorbierend und dämmend auskleiden. (b)
- Ausstattung der Innenverkleidung des Dachhimmels mit gelochten Verkleidungselementen aus Kunststoff, hinterlegt mit schallabsorbierendem Material. (b)
- Im akustisch relevanten Bereich des Hecks und der Antriebsachse wird ein Fußboden aus mehrschichtigem wasserresistentem Sperrholz, welches mit einer dämmenden Zwischenschicht ausgestattet ist, eingesetzt. (An Engstellen *Verbund-Bleche.*) (b)

*Maßnahmen am Antriebsstrang und seinen Hilfsaggregaten die zur Geräuschsenkung im Fahrgastraum eines Busses beitragen, wirken sich teilweise auch positiv auf das Außengeräusch aus.*

Bei der konstruktiven Auslegung und der fertigungstechnischen Ausführung aller sekundären, den Innen- und Außengeräuschpegel beeinflussenden Maßnahmen, müssen zusätzlich die folgenden Aspekte, beachtet werden: Korrosionsschutz (Auswahl von Materialpaarungen unter dem Aspekt der Elementbildung, Spalte, Lackaufbau, Unterbodenschutz, UV-Beständigkeit, Umweltschutz), Wärme- und Kältedämmung, Brandsicherheit, und die Sicherstellung einer ausreichenden Lebensdauer der Teile im Fahrzeug.

### 4.2.3 Fahrgastraumakustik, Innengeräuschmessungen mit und ohne Fahrgäste

Der Fahrgastraum eines Stadtlinienbusses gleicht mit seinen eher *schallharten* reflektierenden Innenraumflächen einem Hallraum. Beim Reisebus spricht man hingegen auf Grund seiner absorbierenden Innenraumausstattung (Teppichboden, Dach- und Seitenwand-Verkleidung, Dach-Gepäckablage) eher von einem reflexionsarmen Raum. Zur Vereinfachung des Messvorganges werden Messungen des Innengeräusches in Bussen bei unbesetztem Fahrgastraum durchgeführt. Für eine absolute Bewertung dieser Messergebnisse soll jedoch der dämpfende und absorbierende Einfluss von Passagieren auf das Innengeräusch tendenziell bekannt sein, er wird deshalb an einem Beispiel erläutert.

Zu einer objektiven Bewertung des Innengeräuschpegels eines Busses können mehrere Messverfahren angewandt werden:

1. Der durch den Bus von Sitz zu Sitz wandernde Akustiker mit geschultem Ohr liefert in jedem Falle am Raschesten eine Aussage über störende Geräuschphänomene von Teilschallquellen und darüber, wo diese gehört werden. Der Ort der TSQ wird durch weiterführende messtechnische Analysen ermittelt, er muss mit der subjektiven Wahrnehmung nicht übereinstimmen.
2. Die punktuelle Messung an festen Standorten im Fahrgastraum mit Hilfe eines Kunstkopfes.
3. Eine weitere Variante stellt die Messung durch einen Messtechniker mit einem speziellen Kopfhörer dar. An diesem sind zwei Kunstkopfmikrofone zur Aufnahme der Innengeräusche befestigt. So ist es möglich, auch während der Fahrt auf einer Teststrecke am Fahrerplatz die Geräuschsituation zu erfassen. Diese Einrichtung erlaubt einen raschen Wechsel der Messorte im Fahrzeug. Zur subjektiven, vergleichenden, Bewertung der aufgezeichneten Geräusche werden diese im Labor über zwei weitere nach innen zum Kopf hin wirkende kleine Lautsprecher einer Testperson zugespielt.
4. Eine Bestimmung der Isophonen (Linien gleichen Schallpegels) in einer horizontalen Schnittebene im Businnenraum oder darüber hinaus die Schallausbreitung im dreidimensionalen Raum als Abbildung der Geräuschsituation. Die Messung von Isophonen erfolgt über einen mit Mikrofon ausgerüsteten Messschlitten, ist sehr zeitaufwändig, Teilergebnisse werden hier

nur zum Verständnis der Zusammenhänge wiedergegeben. Abb. 4.12 zeigt Isophonen, gemessen im Vorderwagen eines Gelenkzuges. Die Schalldruckverteilung im Innenraum lässt sich auch mittels FEM rechnerisch bestimmen und darstellen. Eine schnelle Analyse der Schallwege in den Innenraum mit z. B. dem Active Path Tracking Verfahren ist bei der komplexen Struktur eines Omnibusses jedoch sehr aufwändig.

5. Die Messung der Schallintensität von Teilflächen des Innenraumes mit anschließender Frequenzanalyse an markanten Stellen der Messfläche liefert Daten zur Lokalisierung der Geräuschverursacher.

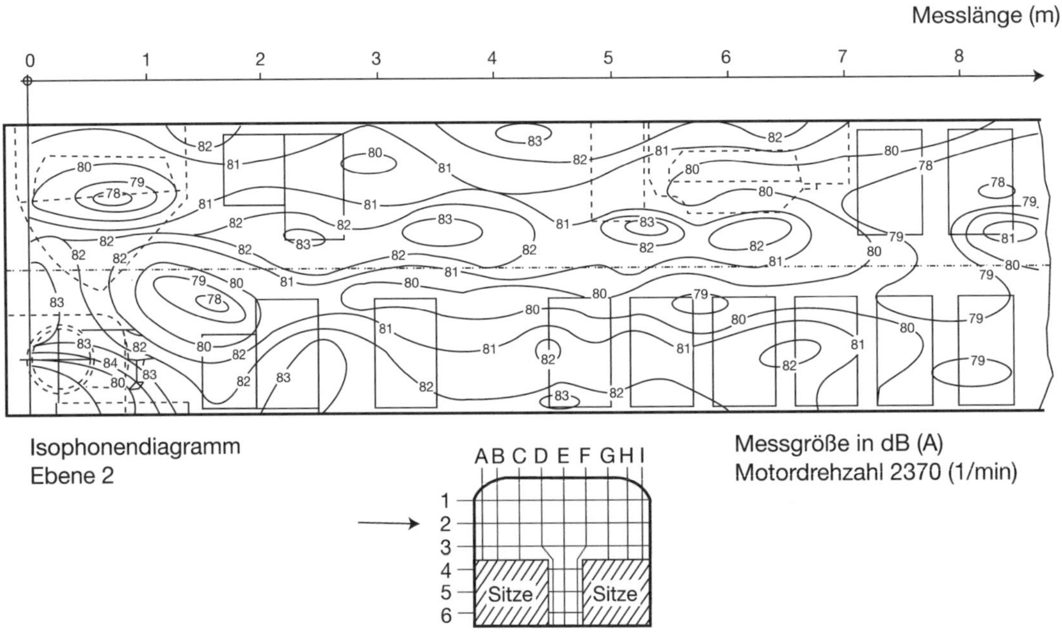


**Abb. 4.12.** Isophonen im Vorderwagen Gelenkbus [22]

### Voraussetzungen, Betriebszustände des Fahrzeuges für die Messung des Innengeräusches

1. Für reproduzierbare Messwerte wird eine Teststrecke mit ebener Fahrbahnoberfläche und zertifiziertem Straßenbelag benötigt. Zu beachten ist, dass bei Messungen im Einsatzgebiet von Kunden eine Auswahl halbwegs geeigneter Strecken die größten Probleme bereitet (Vergleichbarkeit zu Daten der Teststrecke).
2. Betriebszustände des Fahrzeuges:
   a) Konstante Fahrgeschwindigkeit in Drehzahlstufen des Motors welche den gesamten Fahrbereich des Fahrzeuges umfassen.
   b) Beschleunigen von der Anfahrt aus dem Stand heraus bis zu einer definierten Enddrehzahl des Motors bzw. Endgeschwindigkeit des Fahrzeuges, bei Automatgetrieben wird der Test auch mit gesperrten Gangstufen durchgeführt.
   c) Bei stehendem Fahrzeug, Schallpegelmessung als Funktion der Motordrehzahl und Messung des Rundumgeräusches.
   d) Messungen auf einem Rollenprüfstand mit Freifeldbedingungen, Betriebszustände des Fahrzeuges wie zuvor beschrieben.

3. Messung des Geräuschpegelkollektivs als Funktion von Motordrehzahl/Fahrgeschwindigkeit/ Tageszeit/Umweltbedingungen im Kundeneinsatz. Die Messergebnisse dienen als Basis für die Bewertung eigener Messungen auf einer Teststrecke.

Bei allen Geräuschmessungen werden die Messergebnisse von den folgenden bei den Messungen zu registrierenden Parametern beeinflusst:

- Lufttemperatur, Windgeschwindigkeit
- Luftfeuchtigkeit
- Luftdruck (wird bei der Eichung des Schallpegelmessers berücksichtigt)
- Objekttemperatur der Innenwände.

Vergleichbare Werte für das Innengeräusch erhält man nur bei Luft $\leq$ Objekttemperatur. Falls die Objekttemperatur sehr viel kleiner als die Lufttemperatur des Innenraums ist, führt dies zu Innengeräuschpegeln mit höherfrequenten Anteilen und umgekehrt.

### Die punktuelle Messung eines Innengeräusches im Omnibus mit fest definierten Mikrofonstandorten

Bei Abnahmemessungen mit Kunden (Lastenheft) haben sich Messorte (*Fahrerplatz, Busmitte, Busheck*) und Messverfahren nach *DIN ISO 5128* bewährt. Diese *festen Messorte* ergeben eine ausreichend gute Reproduzierbarkeit der Messwerte. Im Entwicklungsprozess werden zusätzliche Messorte im Bus und weitere Betriebszustände des Antriebsaggregates gewählt.

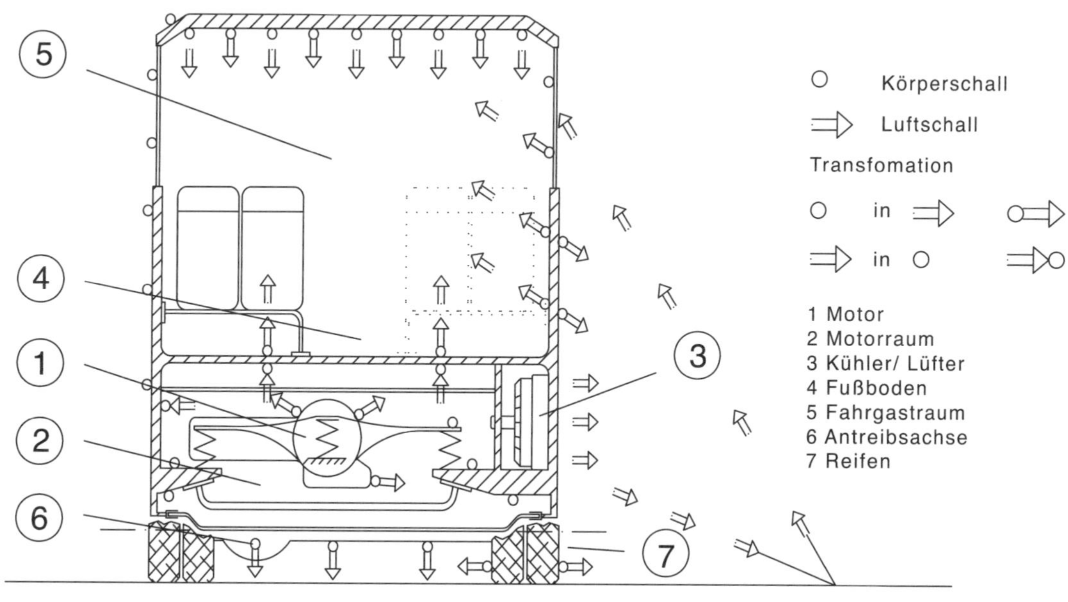


**Abb. 4.13.** Körperschall-, Luftschallwege in und um einen Bus

**Tabelle 4.2.** Auswahl möglicher Ursachen für einen zu hohen Luftschall im Fahrgastraum

| Subjektive Wahrnehmung | Mögliche Ursache | Mögliche Abhilfe |
|---|---|---|
| Tieffrequente Schwingungen an der Grenze des Hörbereichs, Dröhnen, Druck auf den Ohren, Unwohlsein | Eigenresonanz von Strukturelementen fällt mit einer anregenden Frequenz zusammen, Schwingungen von Seitenwänden, Fenstern, und Dach gegeneinander, Gepäckablage | Formsteife betroffener Strukturen überprüfen, optimieren, Eigenresonanzen zu anregender Frequenz verschieben, Leerlaufdrehzahl Motor aus kritischem Drehzahlbereich verlegen, Lagerung der TSQ 1. und 2. Ordnung überprüfen, Anregungsenergie durch besser abgestimmte Lagerdämpfung verringern |
| Stoßartig auftretendes tieffrequentes Schwingen des Aufbaus, Druck auf den Ohren, Dröhnen mit Durchschütteln des Busses | Durchschlagen der Federung von Achsen und Antriebsstrang. Formsteife des Busaufbaus zusammen mit der Bodengruppe zu gering | In Schritten, durchschlagen der Lager verhindern, Steife von Dach/Seitenwänden zur anregenden Frequenz abstimmen und damit deren Eigenresonanz aus dem kritischen Frequenzbereich nach oben verschieben. |
| Motorgeräusch im Heckbereich zu hoch | Akustische Löcher: in der Rückwand zum Motorraum, an Anschlüssen der Rück- an die Seitenwand, an Kabel- Rohrleitungsdurchbrüchen vom Motor- zum Innenraum. Deckel: undicht, Verschlüsse ohne Vorspannung, Isolation zu gering.<br>Fußboden, Seitenwände, Radkästen, Schallisolation kontrollieren, Lagerdämpfungen überprüfen, anstehen von Leitungen am Gerippe.<br>Luftschall aus dem Motorraum tritt über den Kühlluft-Ansaug-Schacht nach außen | Systematisch überprüfen:<br>– Schallisolation vom Motor- zu Fahrgastraum,<br>– akustische Löcher schließen,<br>– Isolation kritischer Lagerungen verbessern,<br>– Konstruktions- oder Montagefehler, Körperschallleitung an den Aufbau über Leitungen.<br>– Kühlluft-Ansaugschacht absorbierend auskleiden, absorbierende, den Schall umlenkende Lamellen im Ansauggitter vorsehen. |
| Aufheulen des Lüfters stört im Heckbereich | Temperaturgesteuerter Lüfter, schneller Hochlauf der Lüfterdrehzahl, hohe Lüfterdrehzahl | Lüfterdrehzahl über Motormanagement steuern, langsamer Hochlauf über eine Rampe, Enddrehzahl begrenzen und mit Kühlerfordernissen abstimmen |
| Störendes Motorgeräusch im Fahrgastraum, weit weg vom Motorraum | Körperschallübertragung, Luft-, Wasser-, Hydraulikleitungen zu starr am Fahrgestell und/oder Aufbau gelagert, befestigt. Türen dichten nicht gegen Luftschall von außen | – Konstruktions- oder Montagefehler, Körperschallleitung durch Leitungen bzw. Hilfsaggregate.<br>– Türen: Rundum akustisch abdichten, dauerhaft wirkende Wulst- und/oder Bürstendichtungen einsetzen, Gegenflächen der Dichtelemente funktional gestalten. |
| Heulen von Zahntrieben unter Last, im Schubbetrieb | Vielfach vom Schalt- oder Automatgetriebe, von der Antriebsachse herrührend. | Verursachende Zahnradpaarung detektieren und Auslegungs- wie Fertigungsdaten überprüfen/optimieren (Schrägverzahnung vorsehen, Zahngeometrie und Zähnezahl der kämmenden Räder optimieren). |
| Abblasgeräusche der Luftanlage | Es ist kein oder ein falsch abgestimmter Abblasgeräuschdämpfer eingesetzt. | Passenden Dämpfer einsetzen. |
| Fahrer hört Heulen/ Jaulen der Lenkungspumpe, Klopfen des Kompressors | Dehnschlauch in der hydraulischen Leitung fehlt oder ist zu steif.<br>Die Lagerungen der Kompressorleitung sind starr am Aufbau oder zu schwach isolierend ausgeführt.<br>Ausgleichsvolumen fehlt/ist zu klein. | Hydraulik-Dehnschlauch in Volumen (Länge) und Ausführung anpassen.<br>Bei allen fraglichen Lagerstellen Körperschallbrücken beseitigen. Am Kompressor Ausgleichsvolumen abstimmen und einfügen. |

**Tabelle 4.2** (Fortsetzung)

| Subjektive Wahrnehmung | Mögliche Ursache | Mögliche Abhilfe |
|---|---|---|
| Das allgemeine Geräuschniveau wird störend überragt von: Pfeifen, Heulen/ Jaulen, Tickern, Klopfen | Turbolader, Lenkungspumpe, Kraftstoffpumpe, Druckluft Kompressor sind die Verursacher (Lagerung der Medien führenden Leitungen zu starr). | Einlaufring und Geräuschdämpfer am Turbolader (Pfeifen), Dehnschlauch an der Druckleitung der Lenkungshydraulik (Heulen/ Jaulen), elastische Lagerung der Kraftstoffleitung (Tickern), Ausgleichsvolumen an der Ansaugstelle des Kompressors, Lagerung der Druckluft-Leitung steht an, wassergekühlten Kopf einführen (Klopfen). |
| Im Heck ist das Heulen der Lichtmaschine zu hören. | Lüfterrad nicht optimiert, Ansaugstelle der Kühlluft mit Innenraum verbunden oder zu nahe am Innenraum | Lüfterrad optimieren, Absorber in der Luftansaugleitung, akustische Abschirmungen vorsehen |

Abb. 4.13 zeigt die Wege des Luft- und Körperschalls in das Businnere auf, Tab. 4.2 erläutert beispielhaft die Ursachen für Luftschall im Fahrgastraum, die zugehörigen Teilschallquellen und Abhilfemaßnahmen. Abb. 4.1 und Tab. 4.1 verdeutlichen, dass die für die Geräuschentstehung verantwortlichen TSQ über weite Bereiche des Fahrzeuges verteilt liegen und wirken. An vielen Stellen wird gleichzeitig Körperschall/Luftschall in die Struktur des Aufbaus eingeleitet.

*Infolge dieser Gegebenheiten wird neben dem Antriebsstrang, seinen Hilfsaggregaten, die gesamte Struktur eines Omnibusses zum Betätigungsfeld der Akustik.*

#### Stehende Wellen, Isophonen, örtlich schwankende Innengeräuschpegel, der Fahrgast als Schallabsorber und -dämpfer

Die bisher betrachteten Messpunkte Fahrerplatz, Busmitte, Heckbankbereich, sind nur drei von unendlich vielen möglichen und sinnvollen Messorten im Innenraum eines unbesetzten leeren Busses. Als sinnvoll werden alle Messorte betrachtet, an welchen sich im normalen Betrieb eines Busses das Ohr eines Fahrgastes als Empfänger des Schalls im Innenraum befinden kann. In Abb. 4.12, Isophonen, sind die Flächen gleicher Werte des Innengeräusch-Schallpegels für die Querschnittfläche in einem Gelenkzug in Ohrhöhe eines sitzenden Fahrgastes dargestellt. Betriebszustand des Motors: Abregeldrehzahl. Erkenntnisse bei der Messung: Die Isophonenfelder zeigen Schallpegelwerte von 79 bis 83 dB(A). Die Wiederholgenauigkeit bei dreimaliger Messung betrug ± 1 dB(A). Eine Temperaturdifferenz von +18 °C fächert die Pegeldifferenzen der Schallfelder in Abb. 4.12 um bis zu +5 dB(A) auf. (Ausgangstemperatur +18 °C) Bei dieser Auffächerung spielt das temperaturabhängige Schwingungs- und Dämpfungsverhalten aller beteiligter Komponenten, vom Kleber für Fenster und Verkleidungselementen bis zu den verwendeten Materialqualitäten, mit eine Rolle. Das Phänomen der stehenden Wellen tritt besonders bei geschlossenen, nahezu schallharten Räumen, mit harten reflektierenden Wandflächen auf und ist auf Eigenresonanzen der Raum-Innenflächen, Reflexion der Schallwellen an diesen, zurückzuführen. Unter konstanten Anregungsbedingungen behalten die Isophonen ihre Form und Ausprägung bei, stochastisch auftretende Einzelereignisse, hervorgerufen durch Durchfedern des Fahrwerkes in die Endanschläge, stören diese Schwingungsgebilde, sie fallen in sich zusammen, bilden sich aber nach Abklingen der Störungen rasch wieder aus. Es kommt zu Schwebungen, weil u. a. im normalen Fahrbetrieb Fahrzustände mit konstanter Drehzahl des Antriebsstranges über eine längere Zeit hinweg nahezu nicht vorkommen und die anregenden Frequenzen um einen Wert pendeln. Diese an- und abschwellenden Schallereignisse wirken unabhängig von der absoluten Pegelhöhe besonders unangenehm auf das Ohr ein. Die Resonanzfrequenz eines Rechteckraumes berechnet sich nach Gl. (4.1) aus [26]:

$$f_r = \frac{c}{2}\sqrt{\left(\frac{n_x}{l_x}\right)^2 + \left(\frac{n_y}{l_y}\right)^2 + \left(\frac{n_z}{l_z}\right)^2} \tag{4.1}$$

mit

$n_x, n_y, n_z$ Ordnungszahl der Eigenschwingungen in der jeweiligen Raumrichtung,
$l_x, l_y, l_z$ zugehörige Raumabmessung,
$c$ Schallgeschwindigkeit.

Fazit der Auswertung von Schallfeldern/Isophonen:

- Zwischen den Maxima der Isophonen und den tatsächlichen Orten der Geräuschquellen lässt sich selten eine Übereinstimmung feststellen, die stehenden Wellen überdecken die Einleitungsstellen der Schallenergie. Einleitungsstellen der Schallenergie sind über Frequenz- und Ordnungsanalysen, Versuchen mittels Fremdlagerung, der Abdeckmethode und mittels Schallintensitätsmessungen zu detektieren.
- Tiefe Frequenzen im Frequenzspektrum des Innenraumes beschränken die Wirksamkeit von Sekundärmaßnahmen zur Schallpegelminderung in diesem. (Tiefe Frequenzen müssen durch Primärmaßnahmen direkt an der Schallquelle in ihrem Beitrag abgemindert werden.)
- Bei fachgerechter Lagerung des Antriebsstranges und der zum Fahrbetrieb notwendigen Hilfsaggregate (Tab. 4.1) dürfen zum Innenraum hin keine direkten Körperschallbrücken (mangelnde Isolation am Aufbau gelagerter/befestigter Körperschallquellen) vorhanden sein.
- Die Schallenergie gelangt durch indirekte Körperschallbrücken (Körperschall nach einem Lager mit fachgerechter Isolation) und über Luftschall in den Innenraum (siehe Tab. 4.2 sowie Kap. 4.1.2 und Kap. 4.2).
- Eigenresonanzen von Innenraum und dessen Komponenten (z. B. Fenster, Seitenwände, Dach, Fahrgastsitze, Haltestangen, Gepäckablagen ...) dürfen mit den anregenden Frequenzen indirekten Körperschalls nicht zusammenfallen.
- Das gesamte Fahrgestell mit Aufbau ist eine Körperschall führende Struktur, die ihre Energie großflächig verteilt.

Schlussfolgerung aus der Betrachtung der Innengeräuschverteilung in der Fläche zur einfacheren Messung an wenigen vereinbarten Messpunkten:

Eine Vielzahl von Einflussfaktoren (Temperaturen, Betriebszustände des Motors ...), welche während einer Innengeräuschmessung zu beachten sind, macht es im Sinne einer leichteren Durchführbarkeit erforderlich, sich auf eine Auswahl weniger Messpunkte, z. B. hier drei, festzulegen. Diese Beschränkung im Messaufwand ermöglicht es, mit Hilfe von Messreihen an einem oder mehreren Fahrzeugen Erfahrungswerte über Streuwerte, Benchmarking-Daten, für die Entwicklung zu gewinnen.

Für eine absolute Bewertung von Schallpegeln des Innengeräusches soll auf jeden Fall die Tatsache gewertet werden, dass ein mit Fahrgästen besetzter Bus im Vergleich zum unbesetzten sehr viel leiser ist.

Abb. 4.14 zeigt den Betrag der Minderung des Innengeräusches, verglichen wird zwischen unbesetztem und voll besetztem Bus.

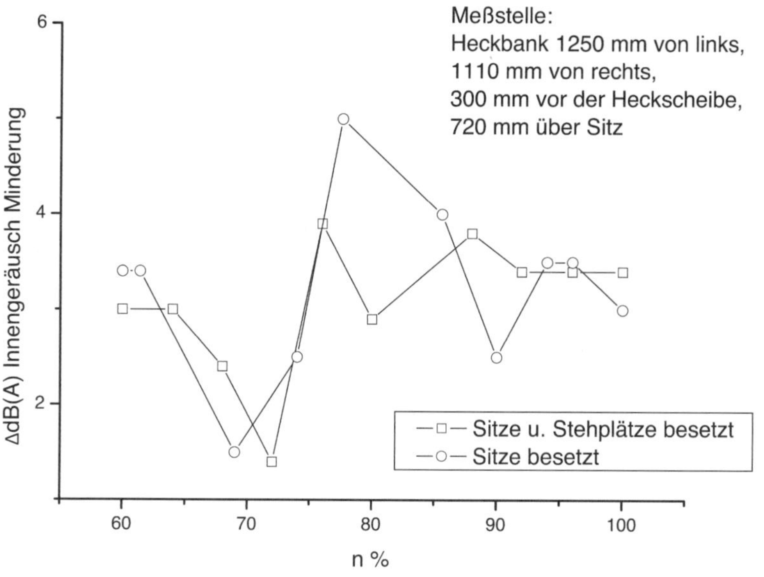


**Abb. 4.14.** Minderung des Innengeräuschpegels leerer Bus zu Bus mit Fahrgästen [22]

Für eine Messfahrt auf einer Teststrecke (Messparameter: unbesetzter Bus, Sitzplätze belegt, Sitzplätze und alle Stehplätze belegt) hatten die Passagiere winterliche Kleidung an. Die Anwesenheit der Passagiere führte zu einer höheren Schallabsorption im Fahrgastraum. Die Menschen im *sogenannten Hallraum*-Niederflur-Linienbus wirken in mehrfacher Weise mindernd auf den Schallpegel ein, dämmend, dämpfend, absorbierend:

- Schallschluckend-absorbierend auf Grund ihrer Körper und Bekleidung (vergleiche Absorptionskeile eines schalltoten Raumes)
- Schalldämmend und dämpfend auf Grund ihres Körpers und dessen Gewicht, das sie über Sitze als schwingungsdämpfende Last in die Struktur einbringen oder über die Füße, welche dem Fußboden auf dem sie stehen eine größere Masse verleihen und damit Strukturresonanzen verschieben und verhindern.

## 4.3 Teilschallquellen Kühler, Lüfter, Ansaug- und Abgasanlage

### 4.3.1 Das Kühler-Lüfter-System (K-L)

Der hydrostatisch angetriebene Lüfter hat sich im Niederflur-Linienbus durchgesetzt. Ein hydrostatischer Antrieb erfüllt die Anforderungen an Systemstandzeiten, optimalen Streckenverbrauch und bedarfsgerechter, an die momentan erforderliche Kühlleistung angepassten Möglichkeiten einer Steuerung der Lüfterdrehzahl. Abb. 4.15 und 4.16 zeigen die Bauelemente eines Kühler-Lüfter-Systems mit hydraulischem Lüfterantrieb und den Einbauort. Im innerstädtischen Einsatz eines Linienbusses gibt es Betriebszustände des Lüfters, bei welchen dieser, bei temperaturgeführter Lüfterdrehzahl, aus dem allgemeinen Außengeräuschniveau störend hervortreten kann. Eine über ein Fahrzeug- und Motormanagement von der Motordrehzahl abgekoppelte Regelung der Lüfterdrehzahl kann diese situationsabhängige störende Geräuschentwicklung (Innen- und Außengeräusch) mindern helfen. Situationsbeispiele aus der Praxis belegen dies:

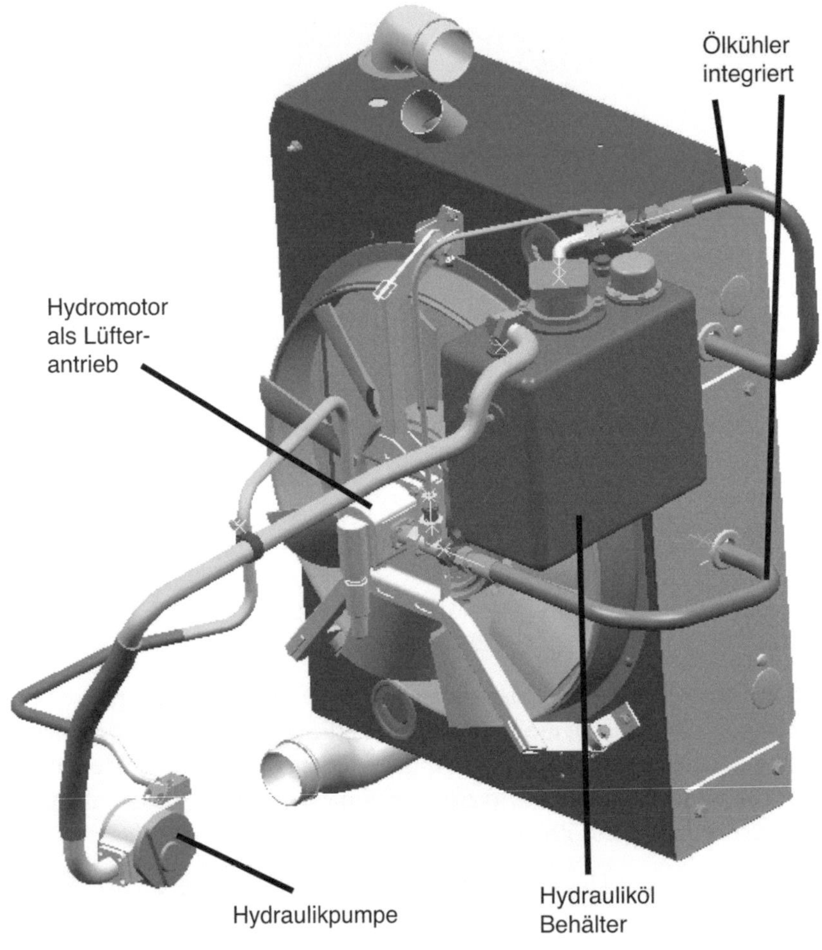


**Abb. 4.15.** Kühler-Lüftsersystem mit hydraulischem Lüfterantrieb [22]

- Mit Leerlaufdrehzahl des Motors steht ein Bus an der Haltestelle. Sein nur *temperatur-gesteuerter Lüfter* läuft in diesem Falle mit hoher Drehzahl, weil der Wärmeanfall durch die der Haltestelle vorangegangene Retarderbremsung diese Drehzahl zur Kühlung anfordert. Der Einsatz eines *Motormanagements* regelt für den obigen Einsatzfall das Drehzahlniveau des Lüfters so, dass dessen Geräuschpegel während des Aufenthaltes an der Haltestelle unter dem Geräuschpegel des Motors bleibt.
- Anschließend an den Halt fährt der Bus mit niedriger Motordrehzahl aus der Haltestelle heraus an: *temperaturgeregelt* erfolgt ein schnelles Ansteigen der Lüfterdrehzahl mit der Motordrehzahl. Der Gradient (dBA/*dt*) steigt schnell an, der Schallpegelanstieg wird besonders lästig empfunden.
  Unter Einsatz eines *Motormanagements* steigt die Lüfterdrehzahl langsam über eine Rampe auf den thermisch geforderten Wert, der Geräuschanstieg erfolgt langsam und weniger störend.

Wenn ein Motormanagement mit dem Ziel eines verringerten Außengeräusches zur Ansteuerung der Lüfterdrehzahl eingesetzt wird, muss ein gut ausgewogener interdisziplinärer Kompromiss

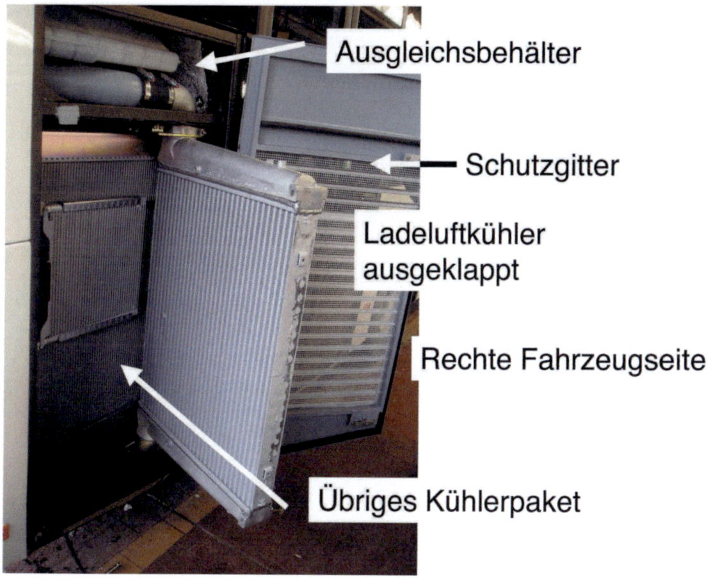


**Abb. 4.16.** Einbaulage Kühlanlage im Heck rechts [22]

zwischen den Anforderungen der Motorkühlung und der Akustik getroffen werden. Unterschiedlich zu programmierende Parameter des Motormanagements zur Steuerung der Lüfterdrehzahl eines Niederflur-Linienbusses ergeben sich abhängig von den örtlichen Gegebenheiten (Gefälle/ Steigungen) des vorgesehenen Einsatzortes.

### 4.3.2 Die Ansauganlage, das Luftfilter

Der Dieselmotor im gezeigten Beispiel saugt die Verbrennungsluft über die Lufteintrittsöffnung an der linken Karosserieaußenseite, hoch über der Fahrbahn, an. Abb. 4.17 zeigt die Lufteintrittstelle, das Luftfilter, die lange Reinluftleitung zur Saugseite des Turboladers. Die für Resonanzschwingungen der Luftsäule anfällige Einbaulänge der Reinluftleitung erfordert in folgenden Punkten eine sorgfältige akustische Abstimmung der Ansauganlage zur Minimierung von Luft- und Körperschall:

- Bei der Dimensionierung von Rohrlänge und Durchmesser der Reinluftleitung.
- Eine elastische Lagerung und Zentrierung des Rohres im Karosserieschacht mit einer möglichst weichen Kennung der Lagerung. Dadurch Abkopplung tieffrequenter Schwingungen der Luftsäule im Rohr vom Aufbau (Lagerfestpunkte).
- Eine Dämmung-Dämpfung der Schachtwände um das Luftrohr herum zur Minimierung der Luftschallemission des Rohres zum Fahrgastraum hin.
- Eine auch auf Zentrierung abgestimmte (Körperschall-, Luftschallspektrum, Masse des Luftfilters) elastische Lagerung des Luftfilters, welche das Anschlagen im Einbauraum verhindert.
- Eine ausreichende Steife der Aufbaustruktur auf der sekundären Seite des Lagers muss gewährleistet sein (Vermeidung von Eigenresonanz der Aufbaustruktur an den Lagerstellen von Luftfilter, Ansaugrohr im Frequenzbereich der Anregung). Maßnahme: Entdröhnen der Lagerperipherie, Masseankopplung mittels geklebter Blechstreifen, örtliche konstruktive Versteifung der Struktur.

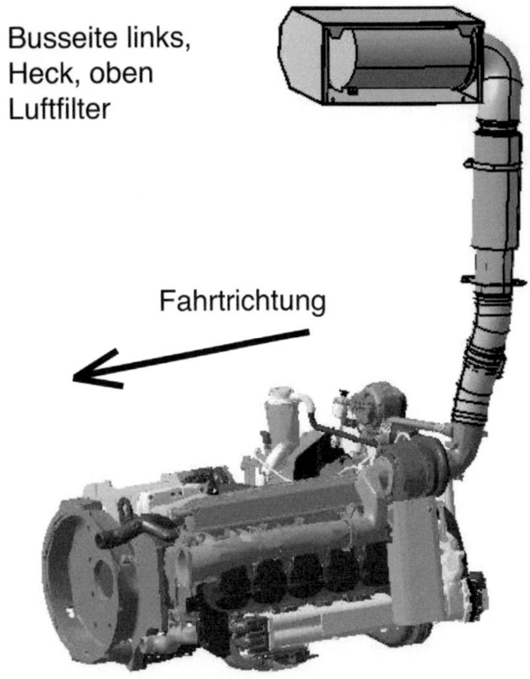


**Abb. 4.17.** Ansaugstelle, Luftfilter, Reinluftleitung Niederflurbus-Linienbus [22]

### 4.3.3 Die Abgasanlage (inklusive Systeme mit DPF und Kat)

Abb. 4.18 zeigt Abgasanlagen. Konstruktive Vorgaben des Packaging, der Motor-Abgastechnik, verlangen einen motornahen Anbau des Schalldämpfers (integriertes DPF = Dieselpartikelfilter und Kat). Aus diesem Grunde ist die Abgasanlage auf der Heißgasseite des Dieselmotors angeordnet und über elastische Gummilager am Aufbaugerippe gelagert. Mit dem Motor am Austritt des Turboladers ist der Schalldämpfer über einen gasdichten flexiblen Wellschlauch verbunden. Die Pulsationen im Abgasstrom werden durch den Abgasturbolader (ATL) geglättet, er hat die Wirkung eines Strömungs-Gitters, führt zu einer im Vergleich zu Saugmotoren geringeren Schwingungsenergie im Abgasstrom. Davon profitiert der Abgasschalldämpfer über eine geringere Körperschall-Anregung seiner Mantelfläche. Das Mündungsgeräusch am Schalldämpferendrohr ist ebenfalls geringer. Ein Doppelmantel mit dämpfender Zwischenlage an der Schalldämpfer Oberfläche kann die abgegebene Schallenergie noch weiter verringern. Die großen Stirnflächen sind in ihrer Formgebung resonanzfrei zu gestalten. (Neben den positiven akustischen Effekten lassen sich so etwaige Schwingungsrisse und -brüche im Schalldämpfersystem vermeidet.)

## 4.4 Wärmehaushalt des Antriebsstranges

Bei Niederflur-Linienbussen ist der Antriebsstrang im Bereich Motorraum nach unten zur Straße hin teilweise oder ganz akustisch verschlossen. Bei der Entwicklung von Akustikmaßnahmen ist dem Wärmehaushalt in diesem Kapselraum besonderes Augenmerk zu widmen. Der Wärmeeintrag von modernen mit Abgasrückführung (AGR) ausgestatteten Motoren in den Kapselraum ist im Vergleich zu herkömmlichen Motoren gestiegen. Während die überwiegende Wärmemenge

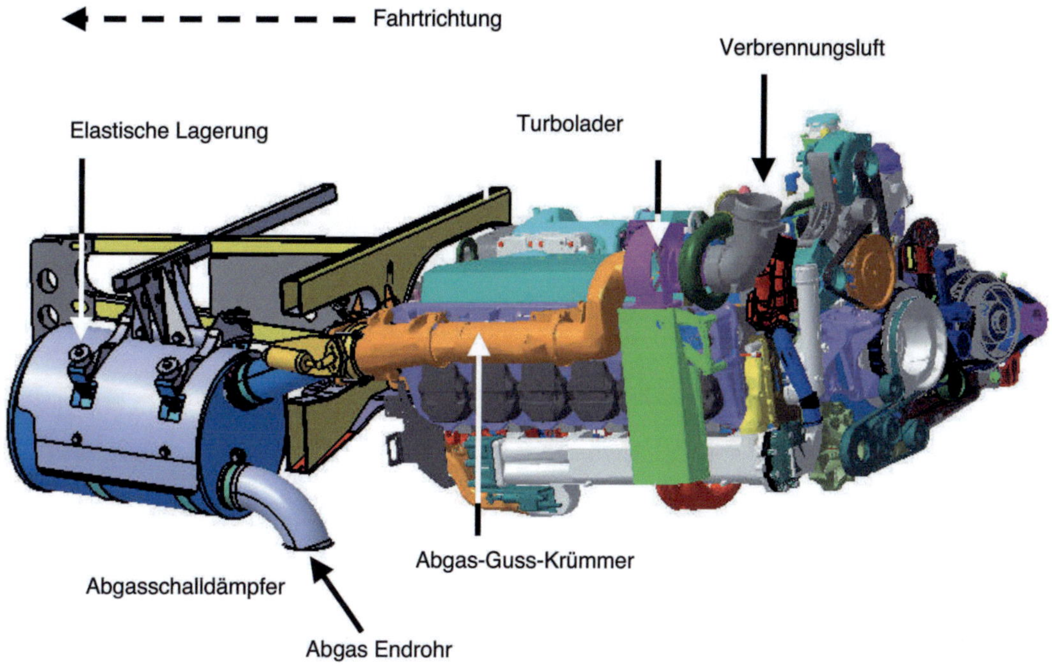


**Abb. 4.18.** Abgasanlagen, Beispiel [22]

des Abgases mit dem Abgasstrom abgeführt wird, verbleibt die über die Abgasschalldämpfer-Oberfläche und Abgasrohre abgegebene Wärmemenge zunächst im Motorraum und addiert sich zu der Wärmemenge, die vom Antriebsstrang herrührt. Um die zulässigen Grenztemperaturen an allen kritischen Stellen der Motorraumkapsel einhalten zu können gibt es bereits intelligente Regelungen für Klappen. Diese öffnen sich, von der Innenraumtemperatur der Kapsel gesteuert, temperaturabhängig, um eine dann verbesserte Motorraumbelüftung sicherzustellen.

Die Funktion und Gestaltung dieser Klappen muss den akustischen Vorgaben für Innen- und Außengeräuschgrenzwerte sowie den Anforderungen nach ausreichendem Brandschutz genügen.

## 4.5 Einflussgrößen auf das Innengeräusch (Beispiele)

In den vorangegangenen Kapiteln wurden die generellen Zusammenhänge der Geräuschentstehung und Weiterleitung von Geräuschen im Antriebsstrang, in der Busstruktur, bis hin zum Betrachter analysiert. Beispielhaft folgt hier die Beschreibung der Innengeräuschsituation in Niederflur- und in Reisebussen.

Der maximal zulässige Innengeräuschpegel in einem Bus wird heute nach dem Stand der Technik und damit durch den Wettbewerb bestimmt. Es gibt keine Grenzwerte, vielfach existieren über das Lastenheft des Kunden vereinbarte Werte.

Niederflur-Linienbusse: Abb. 4.19 vergleicht Innengeräuschwerte von 10 Niederflur-Linienbussen eines Herstellers. Messstellen: Fahrerplatz, Fahrzeugmitte, Heckbank, jeweils Ohrhöhe einer sitzenden Person (s. Abb. 3.4).

Betriebszustände:

- an der Haltestelle, Leerlaufdrehzahl des Motors,
- $v$ = konst = 50 km/h,
- maximale Beschleunigung des Fahrzeuges von 0 auf 50 km/h.

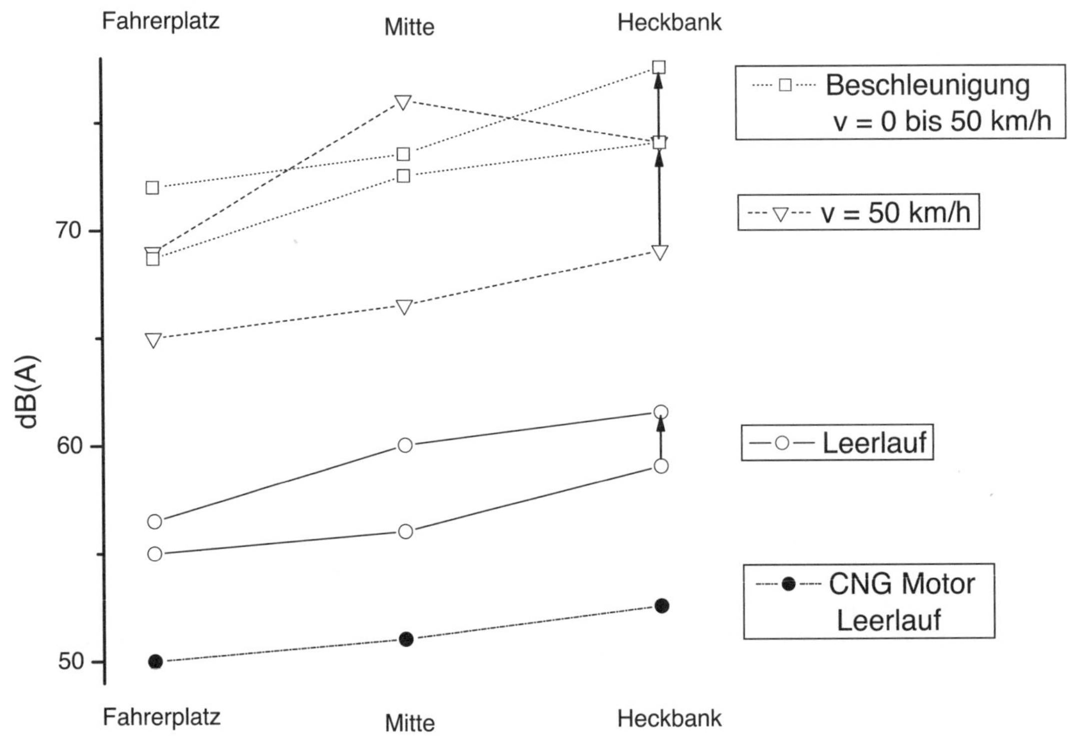


**Abb. 4.19.** Innengeräuschwerte von 10 Niederflur-Linienbussen eines Herstellers, Minimum-Maximum am Fahrerplatz, Busmitte und Mitte Heckbank [22]

Reisebusse: Abb. 4.20 vergleicht Innengeräuschwerte von 5 Reisebussen verschiedener Hersteller, gemessen wurde an den für Abb. 4.19 genannten Messstellen.

Betriebszustände:

- Leerlaufdrehzahl des Motors (520 bis 600 U/min, je nach Fabrikat)
- Fahrt mit konstanter Fahrgeschwindigkeit (Motordrehzahl je nach Fabrikat)
- $v$ = 60 km/h, bei n mot. = 1000–1150 U/min
- $v$ = 80 km/h, bei n mot. = 1100–1250 U/min
- $v$ = 100 km/h, bei n mot. = 1350–1500 U/min
- Beschleunigung von $v$ = 60 auf 100 km/h.

In den Abb. 4.19 und 4.20 sind für jede Messstelle der niedrigste und höchste Messwert der untersuchten Fahrzeuggruppe dargestellt. Diese Art der Darstellung von Innengeräuschpegeln wird in der Entwicklung zum Wettbewerbsvergleich und zur Überprüfung des Standes der Technik verwendet. Nach einer Bewertung der Ergebnisse kommt man zu folgenden Schlussfolgerungen:

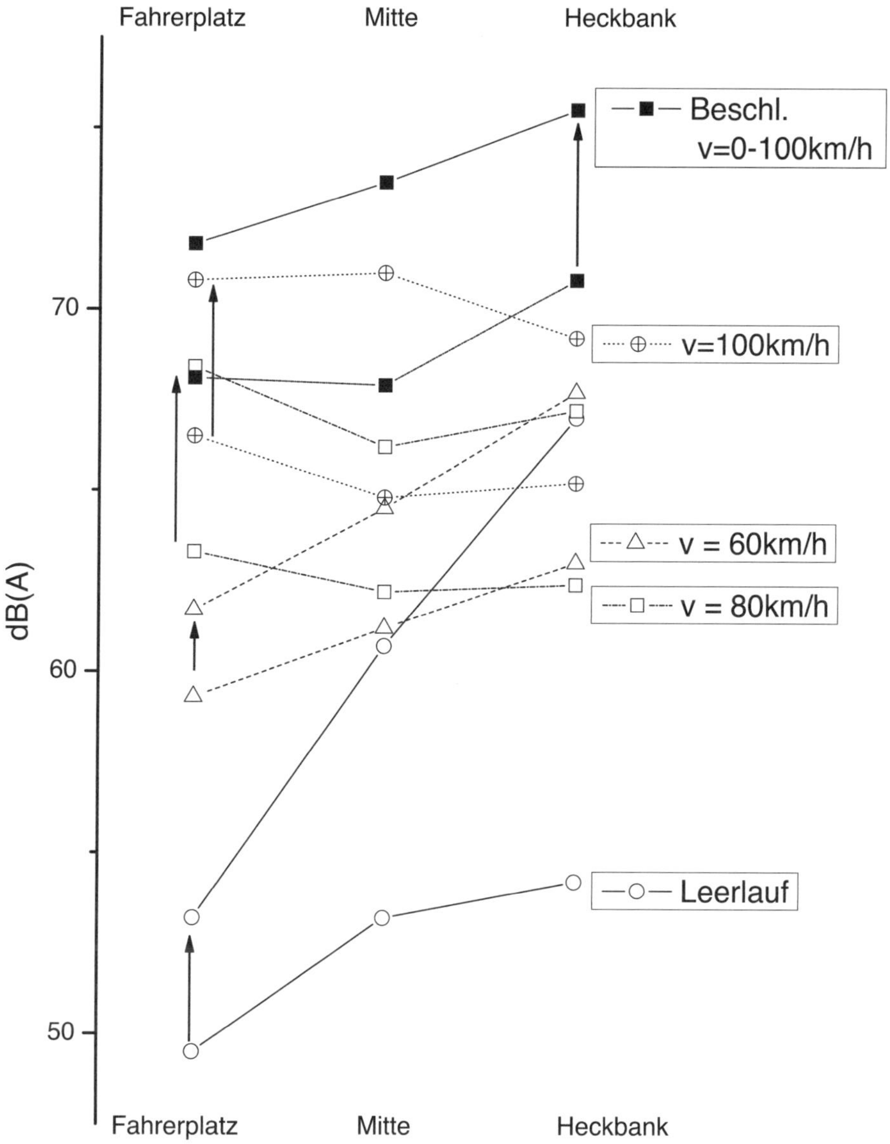


**Abb. 4.20.** Innengeräuschwerte von 5 Reisebussen verschiedener Hersteller, Minimum-Maximum am Fahrerplatz, Busmitte und Mitte Heckbank [22]

- Das Innengeräusch von Bussen ist direkt von der Motordrehzahl und von Betriebsdrehzahlen der Hilfsaggregate abhängig.
- Bei Wettbewerbsvergleichen gelingt es auf Grund unterschiedlicher Übersetzungen in Achse und Getriebe bei den einzelnen Fahrzeugen nur, einen Vergleich bei annähernd gleichen Motordrehzahlen durchzuführen.
- Eine Darstellung der Messwerte in einem Streuband unter Angabe eines Drehzahl-Spektrums ist aus diesem Grunde richtig.

Abb. 4.21 und 4.22 vermitteln einen Eindruck der möglichen Streubandbreite von Geräuschmesswerten, wie sie sich bei Innengeräuschmessungen ergeben kann. Man sieht, dass der Innengeräuschpegel eines der untersuchten Reisebusse im Leerlauf an allen Messstellen höhere Werte aufweist als der Vergleichswert bei Stadtlinienbussen. Hier zeigt sich der Effekt des gefürchteten Leerlaufdröhnens. Durch eine fehlerhafte Dämmung einer oder mehrerer Körperschallquellen und einem gleichzeitigen Zusammentreffen von Eigenfrequenzen im Aufbau (z. B. unzureichende Steife von: Seitenwand, Dach, Gepäckablage, Sitzbefestigungen) tritt dieses meist niederfrequente Schallereignis auf (Tab. 4.2). Mit Hilfe der Methode einer Fremdlagerung von in Frage kommenden Lager/Koppelstellen können solche Fehlstellen ermittelt werden. Wenn die Dachfläche oder die Seitenwände auf Grund einer subjektiven Beurteilung als Schwingungsverstärker vermutet werden, so lässt sich deren Beitrag zum Innengeräusch mittels eines einfachen Versuches ermitteln. Man verspannt das Dach gegen den Fußboden und die Seitenwände gegeneinander und bestimmt die Differenz der dabei gemessenen Schallpegel. Die Schwingungsanregung kann für diese Untersuchung über den Motorbetrieb oder einen Straßensimulator erfolgen.

Weitere Beispiele aus der Praxis für mögliche Beiträge von Teilschallquellen zu einem zu hohen Innengeräuschpegel:

- Zu starke Übertragung von Körperschall über die Motorlager, Innengeräuscherhöhung bis 5–10 dB(A), aufgezeigt durch Fremdlagerung.

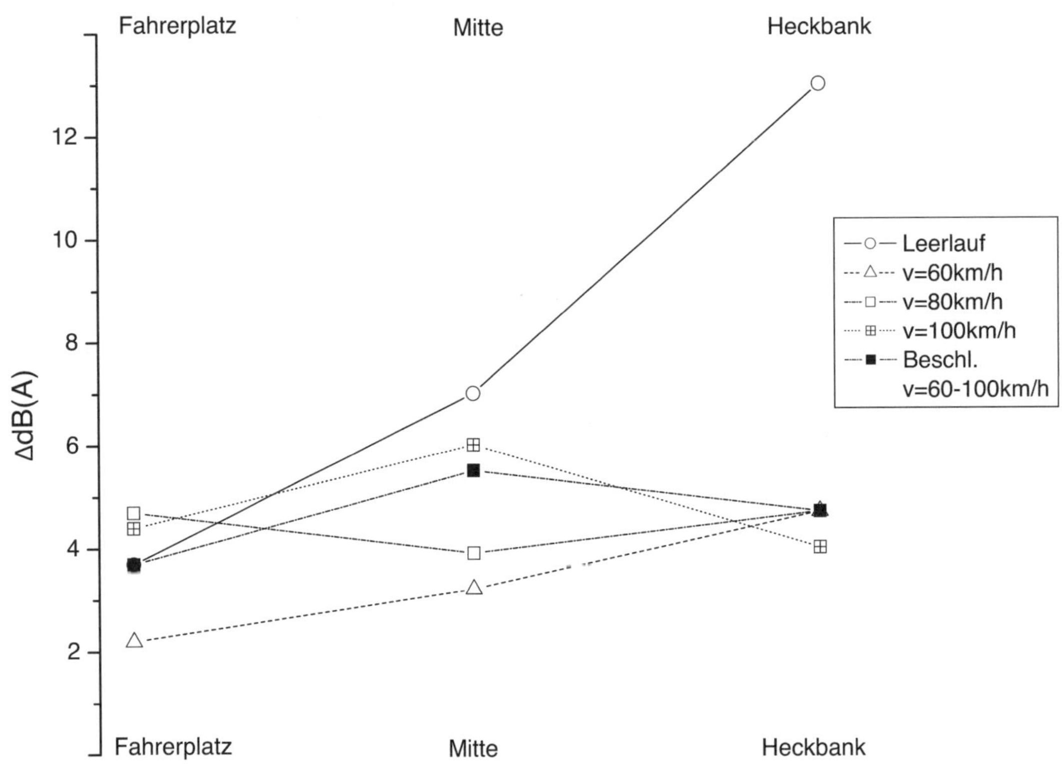


**Abb. 4.21.** Reisebusse nach Abb. 4.20, Streubandbreite Innengeräusch am Fahrerplatz, in Busmitte und Mitte Heckbank [22]

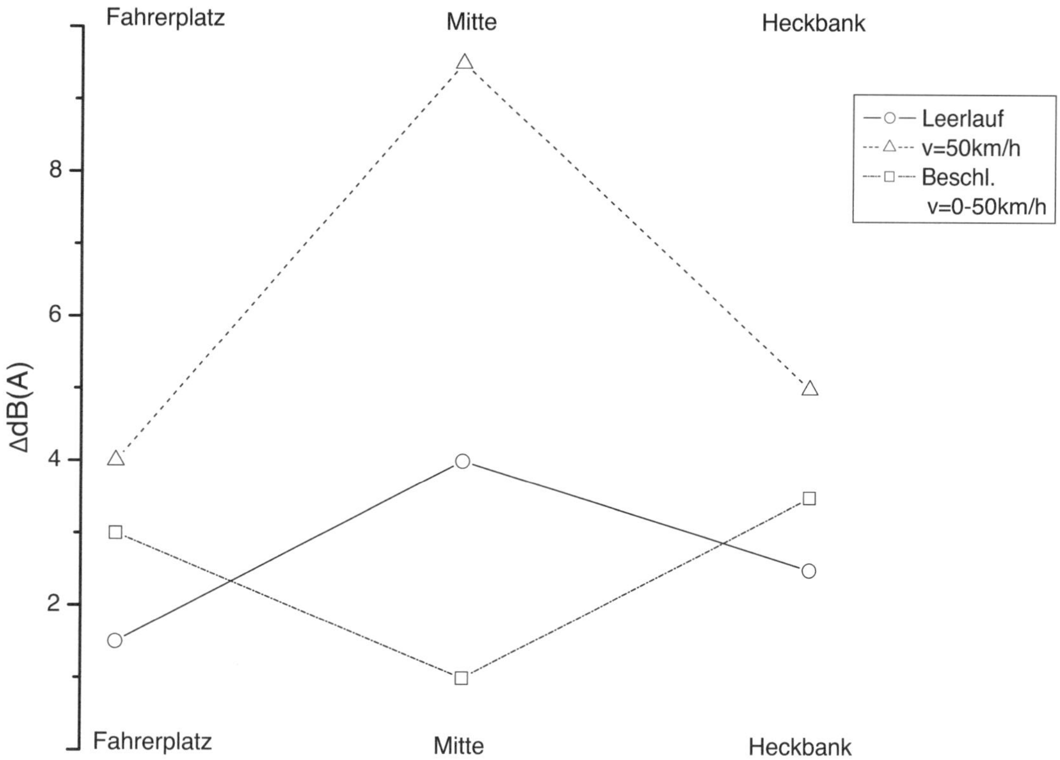


**Abb. 4.22.** Niederflur-Linienbusse nach Abb. 4.19, Streubandbreite Innengeräusch am Fahrerplatz, in Busmitte und Mitte Heckbank [22]

- Jaulen der Lenkungspumpe am Fahrerplatz, Schallpegelanstieg von ca. 3–6 dB(A) (Einzelereignis übertönt den Gesamtpegel), Einbringen eines Dehnschlauches nach der Hydraulikpumpe in die Druckleitung vermindert die Pulsationsgeräusche, alle Lagerungen der Druckleitung vom Aufbau entkoppeln, den spannungsfreien Einbau elastischer Lager überprüfen.
- Wasserpumpen für den Heizungskreislauf heulen bei Motorleerlauf im Heckbereich, es hilft eine verbesserte Abkopplung der Pumpe durch anders abgestimmte Lagerung.
- Lautes Motorgeräusch im Fahrgastraum weit weg von der Motorlage, das Motorgeräusch kann z. B. durch eine an mehreren Stellen mangelhaft isoliert gelagerte Druckluftleitung mit hoher Anregungsenergie weitergeleitet werden. Einfluss bis +5 dB(A).
- Abgasmündungsgeräusch zu hoch, Abgasabsolutdämpfer einsetzen, Endrohr in andere Ausströmrichtung wegführen. Für die Serie: Rohrlängen abstimmen bzw. Nachschall-Dämpfer zur Vergrößerung des Volumens einbauen.
- Schalldämpfermantel mit zu hohem Körperschallpegel, Pegeldifferenz festgestellt über Fremdlagerung und Abdeckmethode. In der Serie muss gegebenenfalls ein doppelter Außenmantel vorsehen werden.
- Ansaugmündungsgeräusch zu hoch (Luftschall-Blubbern der Ansauganlage im Fahrzeugheck), Absolutschalldämpfer einsetzen, in der Serie Luftfiltervolumen und Reinluftleitung anders abstimmen, eventuell Zusatzvolumen ankoppeln.
- Dröhnen des Luftfilters (Übertragen des Blubberns der Ansauganlage über Körperschall in das Fahrzeug), Fremdlagerung, Freigang aller Lagerstellen des Ansaugsystems Luftfilter-Reinluft-

rohr-Motorverbindung überprüfen, gegebenenfalls mehr Freiraum für eine fehlerfreie Montage schaffen um Körperschallbrücken sicher zu vermeiden (siehe Kap. 4.3.2).

- Gelenkwelle, Brummen mit periodischem An- und Abschwellen, Korrelationsanalyse an relevanten Lagerstellen des Antriebsstranges (Motor-Getriebe-Achsaggregat). Analyse und Abhilfe: Fremdlagern um die Körperschall übertragenden Lagerstellen zu finden, Abbau der GW um den maximal möglichen Minderungspegel zu erfassen, Bedämpfung des GW-Rohres vornehmen, Flanschwinkel kontrollieren (Z-Trieb, W-Trieb), kritische Länge und Durchmesser des GW-Rohres ermitteln. Zweimassenschwungrad (ZMS) vorsehen (Reisebus).
- Kraftstofftickern, Lagerung der Kraftstoffleitungen überprüfen.
- Klimakompressor (KK), Geräusch im Heck, Antrieb (Keilriemen) abnehmen, Lagerung überprüfen, bei Riementrieb die zulässige Riemenspannung, die Lagerung des KK und der Rohrleitungen überprüfen.
- Turbolader pfeift, Frequenz- und Ordnungsanalyse erstellen, Einlaufring der Turbine mit dem Hersteller anpassen. Zusätzlich Geräuschdämpfer vorsehen.
- Schlagartiges Hochlaufen des Lüfters (Einzelereignis übertönt den Gesamtpegel), auf Grund der markanten Tonlage subjektiv als Lüftergeräusch erkennbar, Steuerung der Lüfterdrehzahl über das Motormanagement vorsehen (siehe Kap. 4.3.1).

## 4.6 Einflussgrößen auf das Außengeräusch, Beispiele, Analysemethoden

Für das Außengeräusch von Kraftfahrzeugen gelten EU-weit einheitliche Grenzwerte welche nach der Messmethode der beschleunigten Vorbeifahrt nachzuweisen sind. Die Einhaltung der Grenzwerte wird von der zuständigen Zulassungsbehörde überwacht.

*Das Außengeräusch eines Fahrzeuges setzt sich aus vielen hier global genannten Luftschallanteilen von Teilschallquellen zusammen:*

- Luftschallanteilen des Motor- Getrieberaumes die durch die Geräuschkapsel hindurch nach außen dringen.
- Luftschallanteilen des Motor- Getrieberaumes die durch funktionsbedingte Öffnungen hindurch nach außen dringen und durch Geräuschkapsel- und Abschirmmaßnahmen nicht ausreichend abgeschirmt werden können. Zu nennen ist hier der Kühler-Lüfter, der Eintrittsbereich der Kühlluft und Entlüftungsöffnungen des Motor-Getrieberaumes für die Kühlerabluft, sowie andere zusätzlich erforderliche örtliche Entlüftungsstellen an heißen Stellen des Motorraumes.
- Luftschallanteilen des nicht durch die Motorraumkapsel abgedeckten Teils des Antriebsstranges, der Gelenkwelle und der Antriebsachse.
- Luftschallanteilen die von örtlich angeregten, schwingenden Karosserieflächen verursacht werden.
- Luftschall des Reifengeräusches.

Zur Einhaltung der Grenzwerte ist der Antriebsstrang im Bereich Motor-Getriebe in den meisten Fällen nahezu voll von einer Geräuschkapsel umschlossen (siehe: Kap. 4.2.1: Konstruktionselemente, Kap. 4.2.2: Konstruktive Maßnahmen, Kap. 4.4: Wärmehaushalt).

Eine Geräuschkapsel (erhöht das Fahrzeuggewicht und die Fahrzeugkosten, erschwert die Montage und Zugänglichkeit zum Motorraum, verursacht laufende Kosten der Wartung) soll die Ausbreitung des Luftschalls aus dem Motor-Getriebe-Raum heraus in die Umgebung vermindern. Der teilweise oder gar gänzliche Entfall einer Geräuschkapsel ist realisierbar, wenn die Summe der für das Außengeräusch verantwortlichen TSQ den Außengeräuschgrenzwert nicht überschreitet.

Für diesen Fall muss eine Vielzahl von Maßnahmen angedacht werden wie: Eine optimierte Lüfterregelung, Absenkung der Abregeldrehzahl des Motors, Festlegung von Schaltdrehzahlen auf sehr niedrigem Niveau, bis hin zu Eingriffen in das Einspritzverfahren und die Einspritzcharakteristik und Austausch des Dieselmotors gegen einen CNG-Motor. Die eingeschränkte Dynamik eines nach obigen Vorschlägen konfigurierten Busses bezüglich der Fahrbarkeit muss vom Kunden akzeptiert sein.

### Einfluss von Reifen und Fahrbahn auf das Außengeräusch

Die Leistung des Antriebsstranges wird über die Antriebsachse und deren Reifen auf die Straße übertragen. Dabei entstehen Schwingungen des Reifens die zu einer geschwindigkeits- und lastabhängigen starken Geräuscherhöhung des Vorbeifahrtpegels führen. Bei einer Verdoppelung der Fahrgeschwindigkeit von 40 auf 80 km/h nimmt das Rollgeräusch um 10 dB(A) zu.

Abb. 4.23, Holografie, zeigt einen Reifen bei einem Prüflauf auf einem Rollenprüfstand, der verdichtete Verlauf der Schwingungslinien im Reifenauslauf zeigt auf einen dort hohen Schallpegel hin. Reifenflanke und ablaufender Latsch sind die lautesten Stellen der Geräuschentstehung und Abstrahlung am Reifen. Abb. 4.24 stellt den Zusammenhang der Schallpegeldifferenzen bei $v$ = konst. = 50 km/h als Abhängige von Fahrzeug, Fahrbahn, Reifentyp, dar. Zwischen dem günstigsten Messwert einer Bereifung mit Längsprofil auf einer Straße aus Drainasphalt und dem ungünstigsten mit Traktionsreifen auf einem Betonbelag liegen +6.5 dB(A). Fährt ein Bus auf Kopfsteinpflaster, so erhöht sich das Außengeräusch und der Innengeräuschpegel im Vergleich zu Messwerten auf glatter Fahrbahn noch erheblich. Geräuscharme Reifenprofile sind am Markt, trotzdem dominiert das Reifengeräusch, abhängig von der Fahrgeschwindigkeit im Straßenverkehrsgeschehen, das Geräusch des Antriebsstranges und des Fahrzeuges.

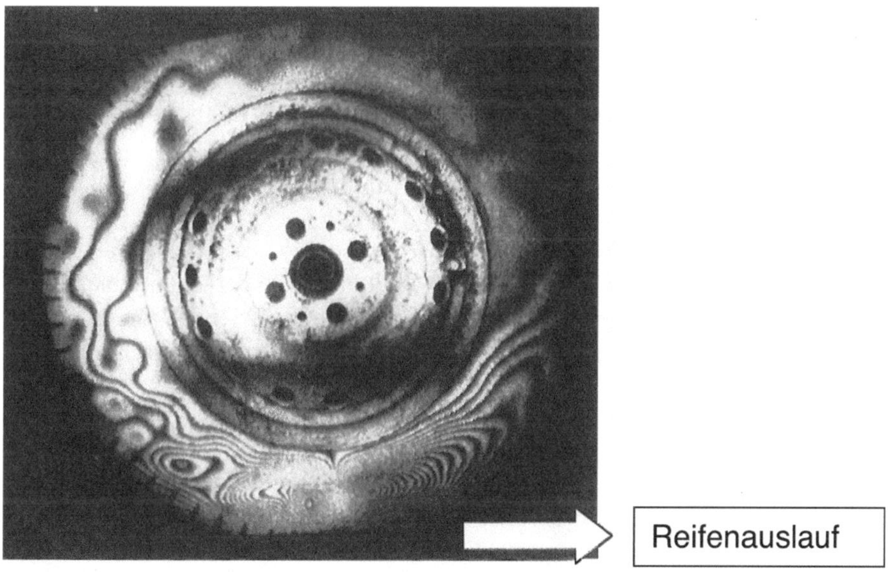


**Abb. 4.23.** Beispiel, Verteilung der Schwingungsamplituden eines Reifens 155 R 13 am Rollenprüfstand bei v=120 km/h, Holografie [22]

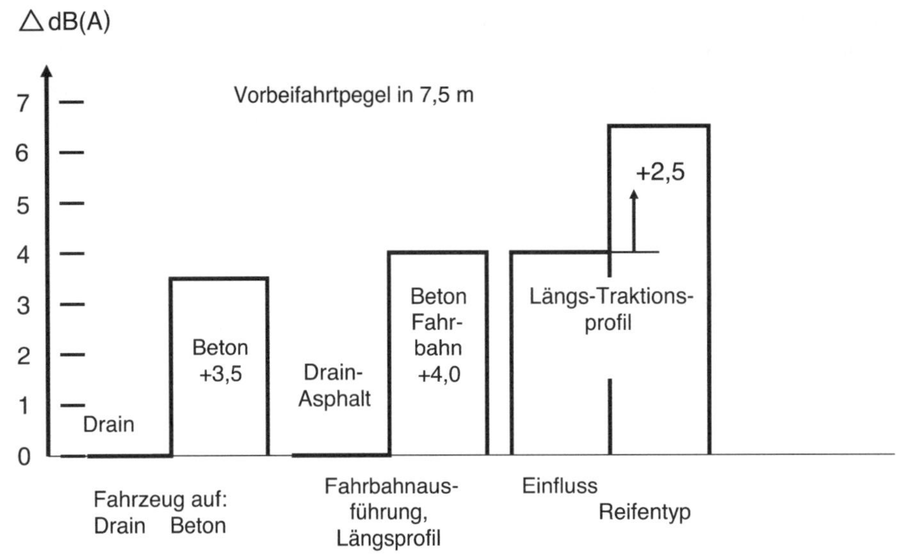


**Abb. 4.24.** Fahrzeug, Fahrbahn, Reifentyp, Schallpegeldifferenzen Vorbeifahrt mit v=50 km/h [27]

### Der Lüfter als Teilschallquelle

Abb. 4.25, Einfluss der Lüfterdrehzahl auf das Außengeräusch. Bei einer konstanten Fahrgeschwindigkeit von $v$ = 50 km/h und einer versuchsweise in Stufen variierten Drehzahl des Lüfters von 770 bis 1900 U/min ergibt sich auf der rechten Seite eines Niederflur-Linienbusses eine Schallpegelzunahme von 10,9 dB(A). Eine elektronische Lüfterregelung (Motormanagement, Einschränkungen siehe Kap. 4.3.1) ermöglicht es, die maximal erreichbare Lüfterdrehzahl so zu begrenzen, dass die Geräuschemission insgesamt niedriger und zulässig bleibt.

### Die Ansauganlage

Die Ansauganlage kann mit ihren tiefen Frequenzen gerade an Haltestellen im Leerlauf Betrieb des Motors lästig und störend sein (Maßnahmen siehe Kap. 4.3.2, Ansauganlage, das Luftfilter).

### Der Schalldämpfer als Geräuschquelle

Von der Schalldämpferoberfläche abgestrahlter Luftschall wird innerhalb der Geräuschkapsel gedämpft, er hat wenig Einfluss auf das Außengeräusch. Das Schalldämpfer Mündungsgeräusch hingegen kann eine stark störende TSQ sein (Maßnahmen siehe Kap. 4.3.3, Abgasanlage).

### Der Kompressor und Druckregler

Im Betriebszustand Luftfördern bei stehendem Bus an der Haltestelle kann das klopfende Geräusch des Kompressors aus dem Umgebungspegel hervortreten, nach Erreichen des geforderten Betriebsdruckes bläst der Druckregler nach schlagartigem Öffnen des Überdruckventils Luft ab. Maßnahmen: Leiseren wassergekühlten Kompressorkopf einbauen, Druckregler mit Abblasdämpfer ausrüsten. Es kann erforderlich sein, zur Verringerung einer Schwingungsanregung der Luftsäule im Reinluftrohr, die Ansaugstelle des Kompressors über ein Ausgleichsvolumen anzuschließen.

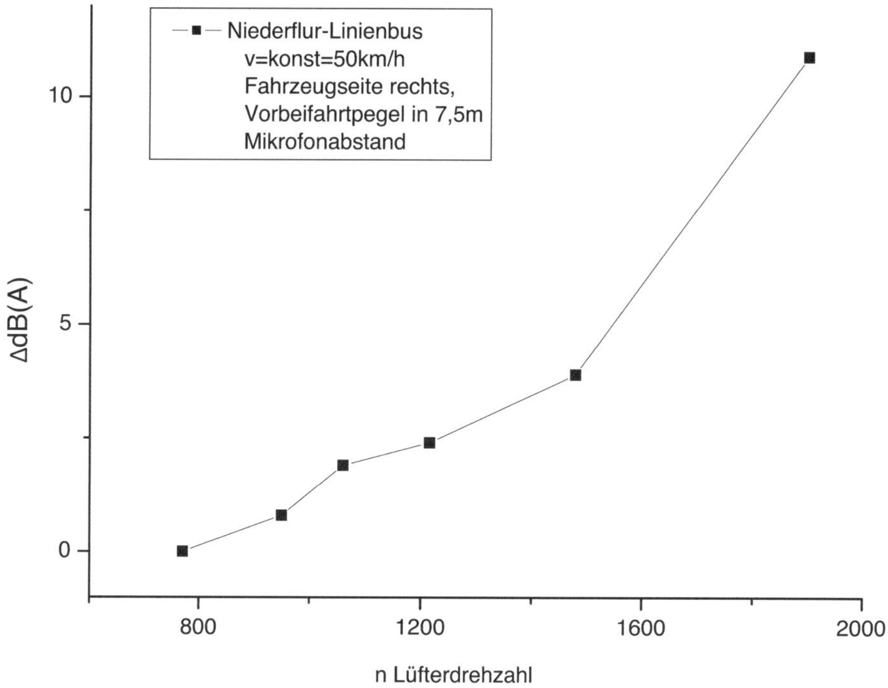


**Abb. 4.25.** Zunahme des Außengeräusches mit steigender Lüfterdrehzahl, bei konstanter Vorbeifahrtgeschwindigkeit v=50 km/h, Niederflur-Linienbus [22]

### Die Hinterachse

Wenn das Getriebegeräusch der Hinterachse störend aus dem allgemeinen Geräuschpegel hervortritt oder insgesamt zu laut ist: z. B. leise Kegel/Tellerrad Paarungen einbauen, Fertigungsparameter überprüfen/optimieren.

### Analysemethoden Außengeräusch

Bei der objektiven Bewertung des Außengeräusches bezüglich der Einhaltung des gesetzlichen Grenzwertes geht man zweckmäßigerweise in Schritten folgendermaßen vor:

1. Die Messwerte der *beschleunigten Vorbeifahrt* für die linke und rechte Fahrzeugseite werden registriert, gespeichert und über der Messstrecke dargestellt. Abb. 4.26 zeigt beispielhaft registrierte und geschriebene Messwerte. Gleichzeitig werden die Motordrehzahlen, der Verlauf der Fahrgeschwindigkeit und die FFT-Analyse im Punkt des höchsten Schallpegels aufgezeichnet.
2. Die erhaltenen Ergebnisse werden subjektiv (Klang, Tonalität …) und objektiv (Grenzwert) bewertet. Bei einer Überschreitung eines vorgegebenen Grenzwertes werden die dafür verantwortlichen TSQ aus FFT-Analysen von Schallaufnahmen und/oder über Beschleunigungsmessungen identifiziert. Maßnahmen zur Geräuschminderung werden an den entsprechenden Stellen eingeleitet.
3. Luftschallmessungen im Nahfeld, und die Anwendung der Abdeckmethode (akustische Löcher suchen und finden).
4. Um Körperschallbrücken zu finden und deren Einfluss zu untersuchen wird die Methode der Fremdlagerung angewandt.

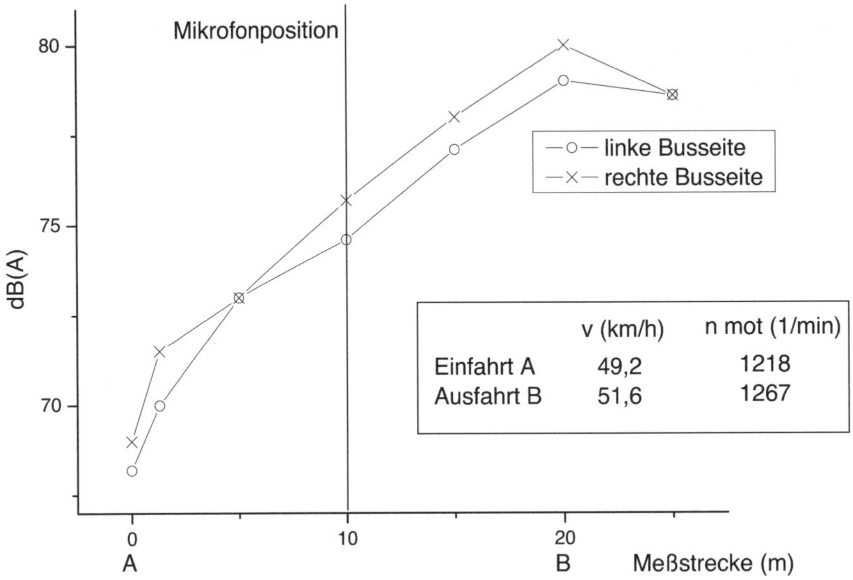


**Abb. 4.26.** Außengeräuschmessung *Beschleunigte Vorbeifahrt* [22]

5. Im abschließenden Arbeitsschritt werden Abhilfemaßnahmen versuchstechnisch und provisorisch realisiert und über eine Kontrollmessung nach 1. bestätigt.

Eine zusammenfassende Schlussbetrachtung ist in Kap. 5.7 dargestellt.

# 5 Integration in den Lastwagen

## 5.1 Vorwort

Viele Aggregate, Systeme und Teile eines LKW werden von Entwicklungspartnern der Fahrzeughersteller zu einem Entwicklungsprojekt zugesteuert. Diese Entwicklungsschritte bei Partnerfirmen erfolgen vor der Integration zu einem Gesamtfahrzeug nach den Forderungen im Lasten- und Pflichtenheft. In dieser Phase der Entwicklung sind auch Zielwerte für diejenigen Eigenschaften, die sich auf das akustische Verhalten des Gesamtfahrzeuges auswirken, auf die zuzuliefernden Komponenten heruntergebrochen und festgeschrieben. Soweit möglich, werden die akustischen Eigenschaften der Einzelaggregate bereits auf das Anwendungsziel hin optimiert. Dies geschieht im ersten Schritt durch Berücksichtigung aller bisheriger gewonnener Erfahrungen mit Vorgängerprodukten in Konstruktion und Berechnung, mit Hilfe von Simulationstechniken und in einer experimentellen Phase mittels Prüfstandsversuchen an ersten verfügbaren Aggregaten und Teilen. Trotz aller verfügbaren Hilfsmittel der Simulation und rechnerischen Vorauslegung, bleiben aber dem Praxistest mit zielgerichteten Optimierungsmaßnahmen am Gesamtfahrzeug ein breites Betätigungsfeld für den *Feinschliff* an allen Teilschallquellen. Alleine hier kann über Messergebnisse am Gesamtfahrzeug eine für die Serie relevante Aussage über die *Akustik* des Produktes *LKW* getroffen werden. Schwingungstechnische und akustische Fragestellungen werden aufgezeigt, sie sollen einen Weg durch die zu bewältigenden Aufgabenstellungen für Konstruktion und Versuch zu einem leisen Produkt *LKW* geben. Die dabei zu bewältigenden Zielkonflikte (z. B. Schallabstrahlung < – > Wärmehaushalt), daraus resultierende Aufgabenstellungen und Hinweise zu Problemlösungen werden beschrieben.

## 5.2 LKW-Hauptbaugruppen, Aggregate, Systeme, Anordnung

### 5.2.1 Fahrgestell

LKW ab einem Gesamtgewicht (GG) von ca 7.5 t besitzen einen Fahrgestellrahmen (Leiterrahmen) mit Längsträgern aus Stahlblech U-Profilen, Abb. 5.1.

An diesen Fahrgestell Längsträgern befinden sich die Anlenkpunkte der Achsen. Der hier behandelte Antriebsstrang, Abb. 5.2, besteht aus dem am Rahmen gelagerten Kühler (Abb. 5.3) und den im Rahmen gelagerten Lüfter-Motor-Getriebe-Block.

In Abb. 5.3 ist der Zusammenbau eines Sattelschlepper Fahrgestells, ohne Fahrerhaus, gezeigt.

Dieser Fahrzeugtyp wird im Folgenden weiter betrachtet. Über dem Kühler-Lüfter und dem Motor-Getriebe-Block ist, wie später gezeigt, das Fahrerhaus angeordnet. Die beengten Platzverhältnisse bei der Anordnung der Aggregate und Bauteile in diesem Fahrzeugtyp beruhen auf der gesetzlich limitierten Fahrzeug Gesamtlänge (Sattelzugmaschine und Sattelauflieger) und den Forderungen des Marktes nach maximalem Volumen für den Gütertransport. Abb. 5.4 zeigt beispielhaft das Prinzip einer luftgefederten Fahrerhauslagerung.

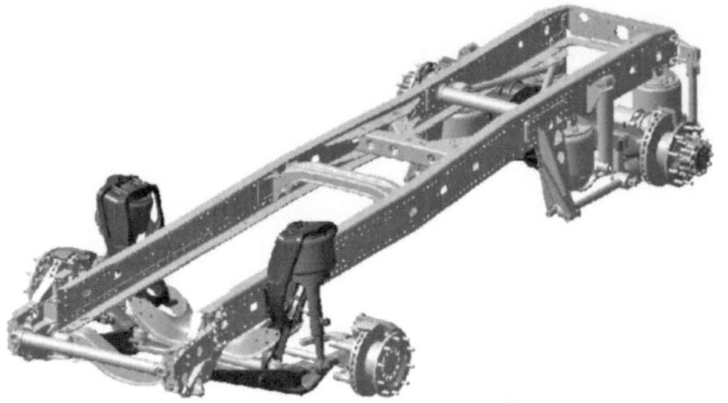

**Abb. 5.1.** Sattelschlepper Fahrgestell, luftgefedert [22]

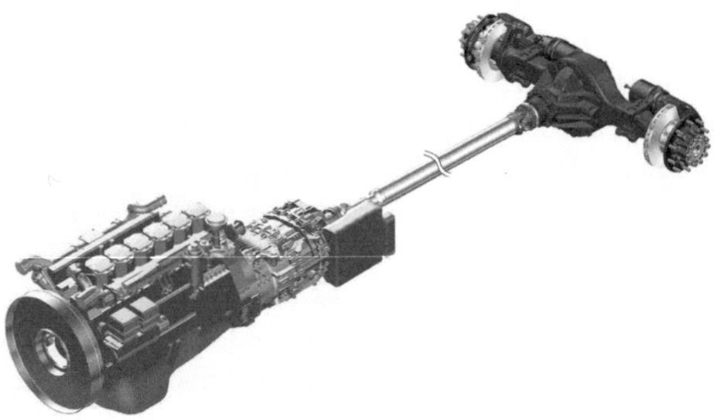

**Abb. 5.2.** Antriebsstrang [22]

**Abb. 5.3.** Sattelschlepper Fahrgestell mit Antriebsstrang [22]

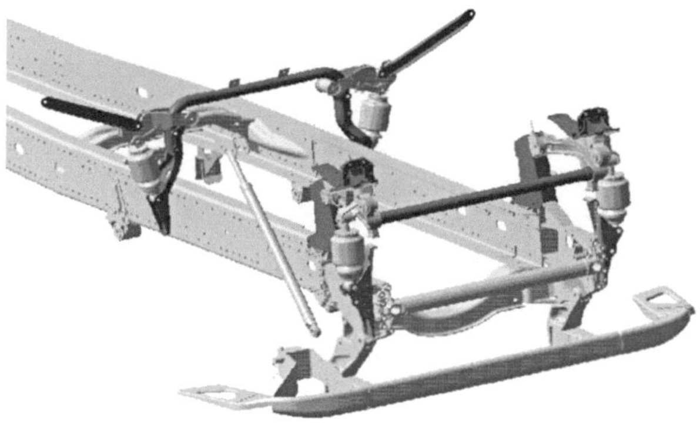

**Abb. 5.4.** Fahrerhauslagerung, luftgefedert [22]

Je Rahmenseite tragen ein vorderes und ein hinteres Fahrerhauslager über eine luftgefederte Schwinge die Last und stützen sich am Rahmen ab. Die Schwinge übernimmt die Führungskräfte des Fahrerhauses. Beide vorderen Lager sind über einen Torsionsstab verbunden der gleichzeitig die Stabilisierung des Fahrerhauses (Querneigung) bewirkt. Der Vorderwagen eines LKW ist aus Kostengründen bis hin zum Schalldämpfer, eingeschlossen den Batteriekasten und die Luftkessel, möglichst gleich aufgebaut. Alle Modifikationen bezüglich der Fahrzeuglänge betreffen demnach die Rahmenlänge, die Länge der Gelenkwelle und die Anzahl der Achsen. Einen Sonderfall kompakter Bauweise, Abb. 5.5, mit zwei gelenkten Vorderachsen, zwei Antriebsachsen und einem externen zusätzlichen Kühlerpaket hinter dem Fahrerhaus stellt eine Schwerlast Zugmaschine dar.

**Abb. 5.5.** Schwerlastzugmaschine [22]

Die Lösung der Aufgabenstellungen aus der Akustik ist infolge der räumlich gedrängten Anordnung der Hauptaggregate hier mit besonders viel Aufwand verbunden. Die Hauptbaugruppen eines LKW-Antriebsstranges sind:

### 5.2.2 Motor

Bis zu einer Motorleistung von ca. 5–600 PS werden Reihensechszylinder, in der darüber liegenden Leistungsklasse V-Motore mit 8, 10, 12 Zylindern verbaut.

### 5.2.3 Getriebe

Eine hydraulisch betätigte Reibungskupplung verbindet die Schwungscheibe des Motors mit dem Schaltgetriebe, dessen Gehäuse starr am Schwungradgehäuse des Motors verschraubt ist. Schaltgetriebe sind meist als 5-, 6-, 8-Gang-Version ausgelegt. Mit einer Getriebe Vorschaltgruppe werden so 12 bzw. 16 Gangsprünge zur Verfügung gestellt, Abb. 5.2 zeigt u. a. das direkt am Schwungradgehäuse des Motors angeflanschte Schaltgetriebe. Vermehrt kommen automatisierte Schaltgetriebe zum Einsatz, hier bewirkt ein Antippen eines Lenkstock- oder Getriebeschalthebels den Schaltvorgang. In einer Schaltstellung *Automatik* wird wählbar auch dieser Schaltvorgang voll automatisiert ausgeführt. Die Anforderung einer Schaltung erfolgt über die Stellung des Fahrfußhebels, lastabhängig und wird von einem Steuergeräteverbund Triebstrang-CAN (Controller Area Network), hier Motorsteuergerät, Getriebesteuergerät und Fahrzeugführungsrechner gesteuert.

### 5.2.4 Gelenkwelle

Abhängig vom Radstand, der Fahrzeuglänge, kommen ein- oder zweiteilige Gelenkwellen zum Einsatz. In den meisten Anwendungsfällen wird die maximal mögliche Länge einer einteiligen Gelenkwelle durch die biegekritische Drehzahl begrenzt.

### 5.2.5 Angetriebene Hinterachse

Für Fernverkehrsfahrzeuge werden Hypoidachsen und bei Schwer-LKWs Außenplanetenachsen als Antriebsachsen eingebaut (Abb. 5.6).

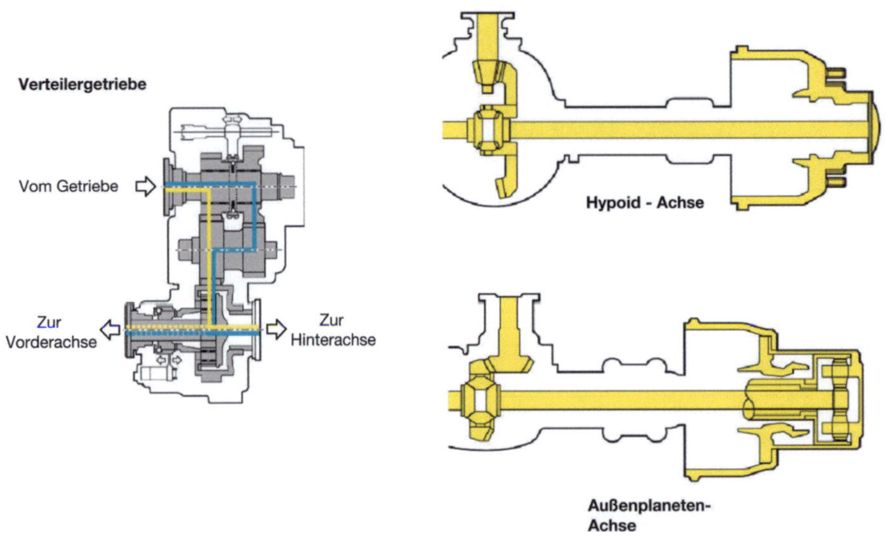


**Abb. 5.6.** Verteilergetriebe, Hypiod- und Außenplanetenachse (AP) [22]

## 5.3 Generelle Zusammenhänge der Schallübertragung

Alle TSQ eines LKW sind an der Schallübertragung (s. Kap. 3.1.1, 3.1.2) in dessen Umgebung und in das Fahrerhaus beteiligt. Die Einbaulage und Positionierung der Teilschallquellen (Kühler-Lüfter, Motor-Getriebe-Block, Schalldämpfer, Ansauganlage, Gelenkwelle, angetriebene Hinterachse) am LKW erlaubt von den körperschallführenden Oberflächen eine fast völlig freie Abstrahlung von Luftschall [27, 28].

Dies geschieht in einer für den Beobachter auf der Straße horizontalen Ebene. Die Schallausbreitung des Antriebsstranges nach unten zur Straße hin führt abhängig vom Absorptionsgrad der Straßenoberfläche zur seitlichen Reflexion. (Harter Asphalt = starke Reflexion der Schallwellen, Drain Asphalt = hohe Absorption, geringe Reflexion.) Nach oben begrenzen der Fahrerhausfußboden und die Radkästen eine Schallausbreitung. Nahezu unabgeschirmt breitet sich der Luftschall der Gelenkwelle und der Hinterachse in die Fahrzeugumgebung aus. Dies liegt an den Aufbauten auf LKW, welche am Rahmen Zwischenräume aufweisen, diese behindern die Schallausbreitung wenig. Die Teilschallquellen (TSQ) eines LKW sind im Bereich der Vorder- und Hinterachse konzentriert, Abb. 5.7.

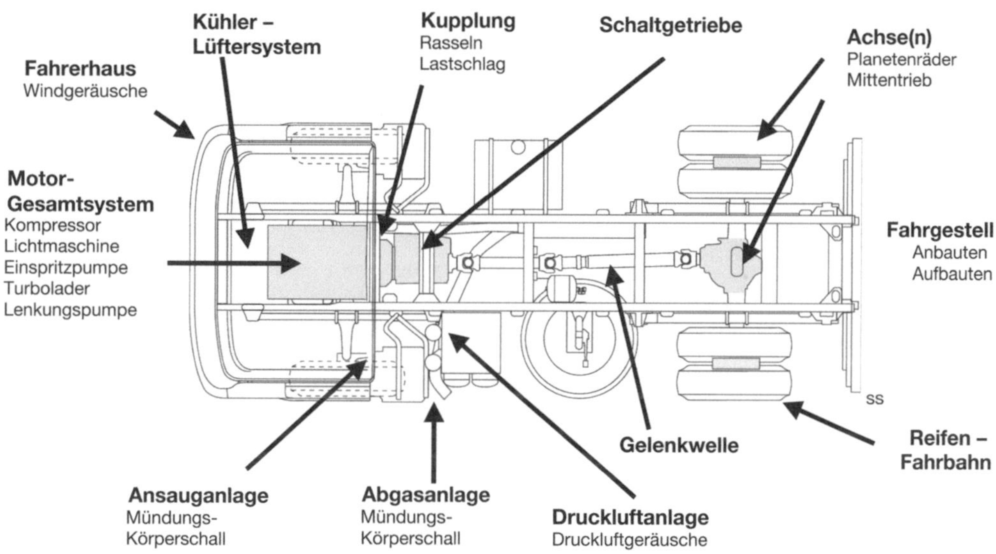


**Abb. 5.7.** Lage der Teilschallquellen eines LKW

Der Radstand bestimmt die Länge eines LKW, er hat entscheidenden Einfluss auf die von einem externen Beobachter empfundene Lautstärke bei der Vorbeifahrt des Fahrzeuges. Wären z. B. die einzelnen Schallquellen (TSQ) Motor, Getriebe, Schalldämpfer, Gelenkwelle, Hinterachse unendlich weit voneinander entfern an einem langen Fahrgestell angeordnet, dann würde der Beobachter bei einer Vorbeifahrt des Fahrzeuges nur jeweils den Beitrag der ihm augenblicklich am Nächsten befindlichen TSQ hören. *Je kürzer der Radstand, umso näher sind die einzelnen TSQ zueinander, ihre Schallpegel addieren sich an der Beobachterstelle zu einem höheren Gesamtschallpegel im Vergleich zu einer einzelnen TSQ* [26]. Zweiachsige LKWs als Sattelzugmaschinen und die davon abgeleiteten dreiachsigen Varianten (gelenkte Vorderachse mit zwei angetriebenen Hinterachsen, bzw. Kombinationen mit Vorlauf- und Nachlaufachsen) sind die am Markt am häufigsten anzutreffenden Fahrzeugtypen. Den Schwerpunkt der weiteren Betrachtung bildet deshalb eine 2-achsige Sattelzugmaschine. Die räumlich gedrängte Bauweise verlangt zur Geräuschoptimierung Maßnahmen an allen markanten Teilschallquellen.

Die Dauer des Geräuscheindrucks eines vorbeifahrenden LKW ist bei gleicher Fahrgeschwindigkeit von der Fahrzeuglänge und der Lage der TSQ im Fahrgestell abhängig. An einem Beobachtungspunkt auf der Straße ist das An- und Abschwellen des Schallpegels eines vorbeifahrenden LKW bei kurzem Radstand und gleicher Fahrgeschwindigkeit ein kurzes Schallereignis, bei langem Radstand ein längeres. Dies liegt darin begründet, dass bei kurzem Radstand die einzelnen TSQ, Abb. 5.7, eng gedrängt beisammen sind, während ein langer Radstand zu einer Verteilung einzelner TSQ auf eine größere Länge des Fahrzeuges führt und damit zu einem niedrigeren Geräuscheindruck des Beobachters führt. Beim heute erreichten Stand der Technik muss sich der Akustiker in der Fahrzeugentwicklung mit allen TSQ befassen, um den Grenzwert für das Außengeräusch und den unternehmensspezifischen Zielwert für den Innengeräuschpegel zu treffen. Nahezu alle TSQ liefern Beiträge sowohl zum Außen- wie auch zum Innengeräusch im Fahrerhaus. *Der Anteil der einzelnen TSQ am Gesamtgeräuschpegel, gemessen bei der beschleunigten Vorbeifahrt, verändert sich bei gleichem Messverfahren (ISO 362) mit dem einzuhaltenden Grenzwert.*

Bei der akustischen Optimierung eines Fahrzeuges während der Entwicklung sind detaillierte Kenntnisse des Beitrages einzelner TSQ zum Außengeräusch nötig. In Kap. 5.4 sind deshalb für die einzelnen TSQ die Aspekte der Konstruktion, der Lagerung, der Optimierung der akustischen Eigenschaften aufgeführt.

## 5.4 Teilschallquellen (TSQ) eines LKW, Einflüsse auf das Außen- und Innengeräusch

### 5.4.1 Kühler-Lüfter, s. Kap. 4.3.1

Eine funktional optimierte, direkt vom Motor angetriebene Lüfterkupplung ist abhängig von der Kühlwassertemperatur drehzahlgeregelt gesteuert. Ein starr an die Motordrehzahl gekoppelter Lüfterantrieb entspricht nicht mehr dem Stande der Technik, er wird hier nicht betrachtet. (Zusätzlicher Kraftstoffverbrauch, hoher Geräuschpegel.) Für eine niedere Geräuschemission, bei ausreichendem Kühlluftstrom, ist eine möglichst niedrige Lüfterdrehzahl anzustreben. Gebräuchliche Konstruktionen zur Realisierung dieses Zieles sind:

*Elektronisch angesteuerte hydraulische Lüfterkupplungen*
Der Kühlluftbedarf und damit die Drehzahl des Lüfterflügels werden über Sensoren geregelt. Die Sensorwerte für die Temperaturen von Kühlmittel, Motoröl, Ladeluft, Klimaanlage und Retarderöl sowie der jeweiligen Motordrehzahl werden in einem Regler verarbeitet der letztlich das Ventil zur Steuerung des nabeninternen Ölflusses regelt. Die Dynamik der Zu- und Abschaltung des Lüfters, lässt sich bedarfsgerecht steuern, der Kraftstoffverbrauch des Fahrzeuges und seine Geräuschemission vermindern sich dadurch.

*Elektromagnetische Lüfterkupplung*
In z. B. bis zu drei vorgegebenen Drehzahlstufen lässt sich die Lüfterdrehzahl abhängig von der Kühlwassertemperatur in Drehzahlverhältnissen n mot./n Lüfter regeln.

*Die Geräuschemission* eines Kühler-Lüfter Systems wird u. a. über die Gestaltung der aerodynamischen Verhältnisse im Einbauraum des Motors und über die Leistungsdaten des Lüfters gesteuert. Maßgebend für das Innen- und Außengeräusch sind die Kenngrößen für das Lüfterrad:

- *Drehzahl* Verhältnis der Motor- zu Lüfterdrehzahl, Regelgüte der Lüfternabe und damit möglichem, gesteuerten, moderaten Drehzahlanstieg der Lüfterdrehzahl über der Zeit.
- *Durchmesser* in Abhängigkeit von der geforderten Fördermenge. Bei gleicher Fördermenge gilt: kleiner Durchmesser lautes Lüftergeräusch, großer Durchmesser geringeres Lüftergeräusch.
- *Die konstruktive Ausführung* der Lüftergeometrie, die Gestaltung des Lüfterrings, die Festlegung seines Überstandes in der motorfesten Zarge, eine aerodynamische Gestaltung des Übergang der Abströmfläche des Kühlers zur Lüfterhutze, die Form der Vorderfront des Motors im Bereich der abströmenden Kühlluft, dort sollen sich möglichst wenige Hindernisse in Form von Leitungen, Rohre, befinden, haben Einfluss auf die Geräuschentwicklung.

Die Primärmaßnahmen zur Geräuschminderung des Kühler-Lüfter-Systems müssen durch zusätzliche Sekundärmaßnahmen in dessen Umfeld unterstützt werden:

- Einen zur Motorseite hin schallabsorbierend ausgekleideten Fahrerhausboden.
- Seitliche (rahmen- wie fahrerhausfest sich überlappende) schallabsorbierende Geräuschschürzen zur Verminderung der Schallausbreitung zur Fahrzeugseite.
- Absorber in der Frontklappe. Diese Vermindern die Schallausbreitung in Fahrtrichtung nach vorne durch die akustisch offene Kühlerfront.
- Akustisches Verschließen des Fahrerhaustunnels an der Fahrzeugrückseite durch einen Deckel mit nach oben weisenden Lüftungsschlitzen zur Änderung der Richtung der Schallausbreitung.

Als Primärmaßnahme erlaubt eine möglichst große Kühlerfläche niedrige Lüfterdrehzahlen mit der Folge einer Geräuschminderung. Alle diese Maßnahmen dienen auch der Minderung der Schallausbreitung aus dem Motor-Getriebe-Raum.

### 5.4.2 Motor-Getriebe, Lagerung, Funktion, Ausführung

Infolge einer Länge von ca. 1,5 m, stellt der Motor-Getriebeblock des LKW mit seiner großen Oberfläche die dominanteste Schallquelle dar. In diversen Forschungsvorhaben erarbeitete *primäre Maßnahmen* zur Geräuschverminderung an Nutzfahrzeugmotoren [28–31] sind in jeweils firmenspezifisch geeigneter Form von den Motorenherstellern bereits in die Serie eingeführt. In Kap. 2.1 und 2.2 sind die physikalischen Zusammenhänge der Motorakustik dargestellt, die bei der Konstruktion eines geräuschoptimierten Motors notwendigen Anpassungsschritte sind dort u. a. angesprochen. Zusätzlich bietet die *Steuerung des Einspritz- und Verbrennungsablaufes* unter akustischen Gesichtspunkten für kritische Betriebs- und Drehzahlbereiche eine mögliche Geräuschminderung (Senkung u. a. des Körperschallpegels).

#### Lagerung

Die Wirksamkeit von Maßnahmen zur Verringerung der Luftschallemission, zur Optimierung des Komforts und zur Sicherstellung der Betriebsfestigkeit von Aggregaten, hängt entscheidend auch von der Ausführung und schwingungstechnischen Anpassung der jeweiligen Lagerung an das Gesamtsystem ab. Aus der Sicht der Akustik sind deshalb im ersten Schritt der Integration eines Antriebsstranges in ein LKW-Fahrgestell die Funktionsanforderungen an die Lagerung zu erfüllen. Der Motor-Getriebe-Block von LKW ab einem Gesamtgewicht von ca. 7,5 t und einer von 80–100 kW ist zwischen den Rahmenlängsträgern vorne im Fahrgestell gelagert. (Siehe auch Interaktion von Körperschall im Antriebsstrang Kap. 5.5.)

**Funktion**

Die Motor-Getriebelager übernehmen folgende Hauptfunktionen. (Siehe auch Kap. 4.1.2 und Abb. 4.8.)

- *Tragen* der statischen und dynamischen Massenkräfte im Lager, Abstützen des Aggregatdrehmomentes an den Lagerpunkten im Rahmen in x, y, z Richtung, Begrenzung der Bewegungen des Motor-Getriebe-Blocks (MGB) innerhalb der Lagerkennlinie (siehe Abb. 4.9) und
- *Positionieren* des MGB im vorgegebenen Bauraum.
- *Festhalten* eines MGB im Fall von Missbrauch (Unfall, Konstruktive Auslegung nach dem Fail Safe Prinzip) im Fahrgestell, kein Verlust des Aggregates.
- *Isolieren* der Systemschwingungen und des Körperschalls gegenüber dem Fahrgestell und dem Fahrerhaus.
- *Dämpfen* der fahrbahnseitig und durch den Fahrzeugbetrieb induzierten Stöße und Schwingungen des Aggregateblocks.

Anspruchsvoll sind die Aufgaben, die von den Lagern zu übernehmenden sind, vor allem in Hinblick auf den immer zu kleinen vorgegebenen Einbauraum für den MGB. Massebewegungen, welche dem Aggregat durch Betriebslasten aufgezwungen werden, führen rasch an die Grenzen der konstruktiv fixierten Freiräume. Erfahrungsgemäß sollen zur Einhaltung eines Komfort- und Auslegungskriteriums die Lager bei Motorvolllast und einer Getriebeübersetzung von $i = 7$ sich noch im linearen Bereich ihrer Kennlinie befinden. (Siehe auch Abb. 4.9 und [23].)

Im Schiebestück von Gelenkwellen treten bei hohen Drehmomenten und gleichzeitiger Einfederung der Hinterachse, infolge kurzzeitigen Blockierens des Schiebestückes, hohe Kraftkomponenten in Längsrichtung auf. Der Längenausgleich ist kurzzeitig nicht gegeben. Über eine progressive Kennlinienauslegung sind diese Kräfte ohne Beschädigung in den Lagern aufzunehmen (siehe Abb. 4.4).

**Konstruktive Ausführungen**

Mit zunehmender Motorleistung und damit verbunden hohen Drehmomenten der Fahrzeugmotoren in LKW, wird von der 3-Punkt zur 4-Punkt Lagerung des Antriebsstranges übergegangen. In Abb. 5.8 sind die Hauptfunktionen eines Motor-Getriebe Lagers und ihre Interaktion dargestellt.

Aus Kostengründen (geringe Stückzahlen im Vergleich zum PKW, aber hohe Variantenzahl der Fahrzeugtypen) werden nahezu alle LKW-Motor-Getriebe-Lager in konventioneller Technik ausgeführt. (Abb. 4.5 Lagerelemente neue Trends, Abb. 4.6 Einstellmöglichkeiten der Lagercharakteristik, Abb. 4.7 Lagerkomponenten Ausführungsbeispiele, Abb. 4.8 Anforderungen an Elastomerlager, Abb. 4.9 Statische Lagerkennlinie in Vertikalrichtung.)

Nach [23] sind klassische Keillager, Abb. 4.7, bei Motor-Getriebe Lagerungen am weitesten verbreitet. Lagerpositionen (Abb. 5.9): Nur eine 4-Punkt Lagerung ist in der Lage, hohe Drehmomente im Antriebsstrang bei ausreichendem Komfort im Fahrgestell abzustützen und die in diesem Kapitel genannten Funktionsanforderungen zu erfüllen. Eine Lagerposition nach Abb. 5.9, Version IV, ist deshalb bei *Schweren Nutzfahrzeugen* zweckmäßig.

In diesem Beispiel übernehmen die beiden rückwärtigen Lager die Haupttraglast, während die vorderen mehr der Stabilisierung gegen Wanken, Nicken dienen. Ein Vorteil dieser Anordnung ist die Krafteinleitung der Stützkräfte an einer relativ steifen Zone des Fahrgestellrahmens. Neben einer ausreichenden Schwingungsisolation und Dämpfung des Körperschalls bietet Abb. 5.9 Version IV Vorteile beim Austausch der Getriebeeinheit, weil der Motor bei dieser Konfiguration dann im Fahrzeug verbleiben kann. Eine angestrebte möglichst optimale akustische Isolation der

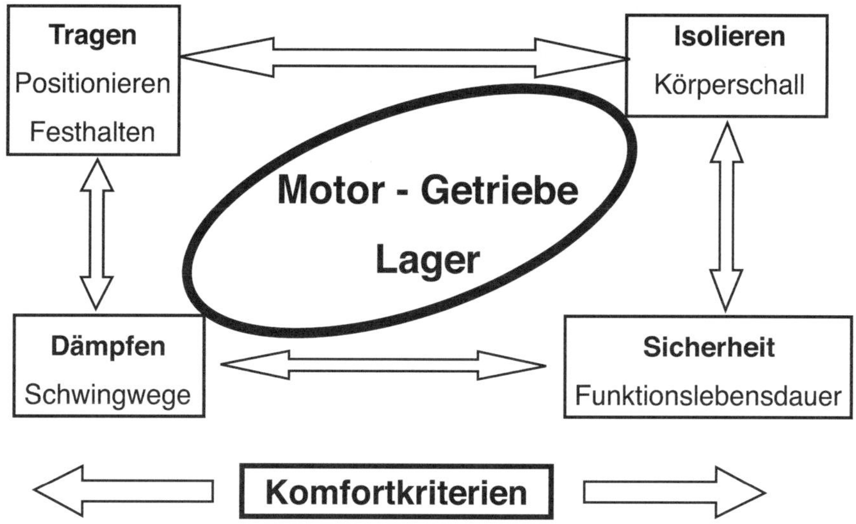


**Abb. 5.8.** Hauptfunktionen von Motor-Getriebelagern, ein Kompromiss zwischen Isolieren und Dämpfen

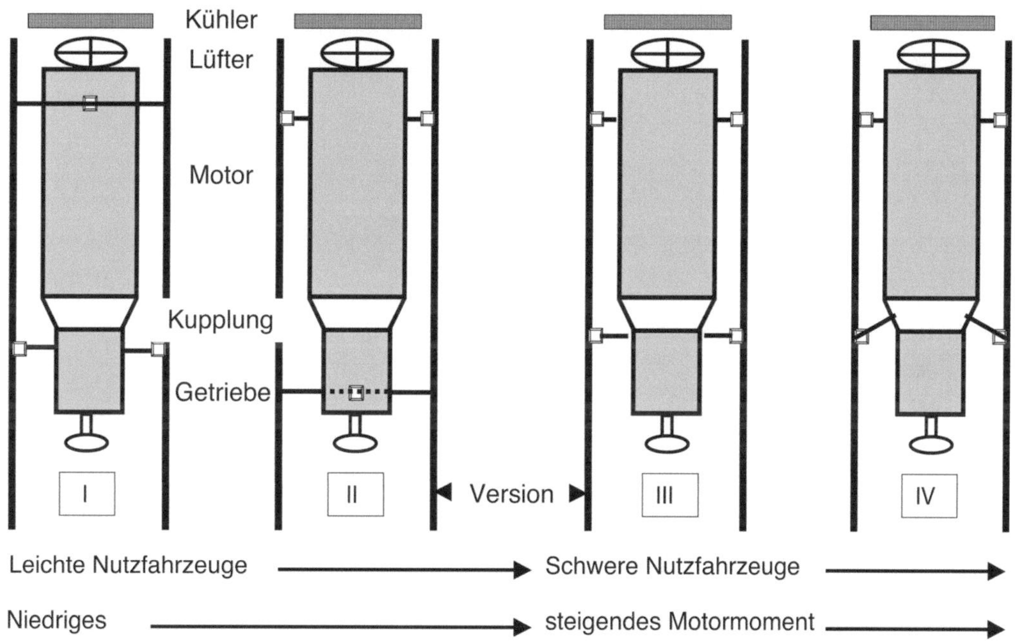


**Abb. 5.9.** 3-Punkt- und 4-Punkt-Lagerung Motor-Getriebe-Aggregat

Motor-Getriebe-Einheit über die Lagerung ist mit Kompromiss behaftet. Für die akustischen Belange ist eine niedrige Shore-Härte für eine in allen Betriebszuständen zufriedenstellende Isolation des Aggregates wünschenswert. Der vorhandene Bauraum und die Komfortanforderungen, lassen aber die damit verbundenen hohen Schwingwege bei hohen Motormomenten und Stossanregung beim Überfahren von Unebenheiten der Straße nicht zu. Der zu schließende Kompromiss zwischen weicher Lagerung und begrenzten Schwingwegen des Aggregates führt im quasistatischen Betriebsbereich des Motors und bei relativ ebenen guten Straßenverhältnissen zu guter Isolation und Dämpfung. Darüber hinausgehende Betriebsbelastungen (hohe Drehmomentschwankungen im Antriebsstrang und Beschleunigungen des Fahrgestells in den drei Hauptachsen) müssen von den Lagern in progressiven Anschlägen aufgenommen werden (Abb. 4.6). Diese zeitlich begrenzten *Spitzenlasten* führen zu einer kurzen verstärkten, aber akzeptierten, Übertragung von Körperschall auf die Sekundärseite eines Motor-Getriebelagers. Montage, Montagetoleranzen: Eine verspannungsfreie Montage (Einstellbare Lagerposition) der Lager muss konstruktiv gewährleistet sein. Ein verspannt eingebautes Lager wird rasch verschleißen und weder in Dämpfung (Schwingungen) noch in Isolation (Körperschall) der konstruktiven Auslegung genügen.

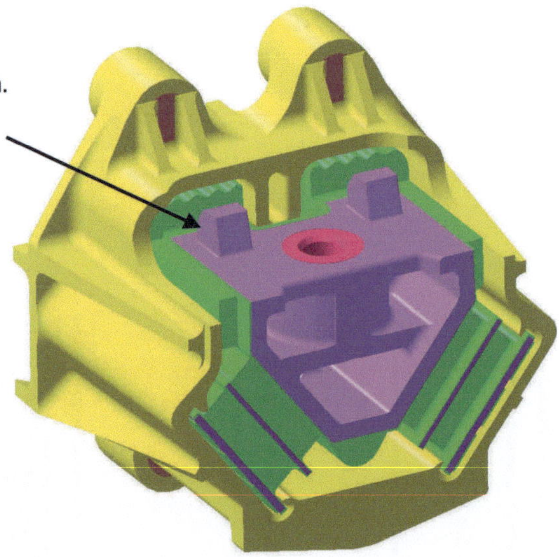


**Abb. 5.10.** Verschraubung Motorlager Erhöhung übertragbarer Querkräfte [23]

Abb. 5.10 zeigt eine Lagervariante, bei welcher Nasen als Montagehilfe und Verdrehsicherung beim Anziehen der Verschraubung des Motor-Getriebetragarms mit dem Lagerkern vorgesehen sind. Eine zusätzliche Sicherung verhindert das Verrutschen des Halters.

Treten im Fahrzeugbetrieb sehr hohe Lagerkräfte auf, dann müssen die Reibverhältnisse zwischen den zu verschraubenden Partnern beachtet werden. Hoch belastete Schraubverbindungen sind an den Verschraubungsflächen aufzurauen, die Verträglichkeit von Oberflächenlackierungen ist durch eine genügend große Verschraubungsfläche zu gewährleisten. Der Verlust an Schraubenvorspannung bei zu dicker Lackschicht führt zu rutschenden Schraubverbindungen, an Lagern kann dies zum Verlust aller akustisch positiven Effekten führen und ein Sicherheitsrisiko darstellen.

### 5.4.3 Geräuschminderung durch schalldämmende Verkleidung

Zur Einhaltung der Grenzwerte für das Außengeräusch von Nutzfahrzeugen, sind zusätzlich zu den in [28–31] und Kap. 2.1 und 2.2 beschriebenen Primärmaßnahmen direkt an Schallquellen, Sekundärmaßnahmen am Motor und Fahrzeug zu definieren und umzusetzen. Die damit erreichte weitere Verringerung der Schallausbreitung von den Schallquellen des Motor-Getriebe-Blocks wird entweder durch Vorsatzschalen, Abschirmungen, schalldämmenden Gesamtverkleidungen, Geräuschkapseln (mit Absorbern ausgekleidet) oder durch Kombination dieser Konstruktionsbaugruppen erreicht.

Zur Montage der genannten Sekundärmaßnahmen benötigt man seitens der Konstruktion lediglich die Bereitstellung von Lagerpunkten für deren Befestigung an den betroffenen Stellen der Aggregate.

Folgende Ausführungskonzepte von Sekundärmaßnahmen werden unterschieden:

- Die *Vollkapsel*, VK, die Schallquelle ist akustisch dicht allseitig verschlossen. Sind die Kapselelemente der VK an der Motor Struktur gelagert, spricht man von einer motorgetragenen Vollkapsel, der *MOKA*, Abb. 5.11. Werden die Kapselelemente am Fahrzeugrahmen unter Einbeziehung des Fahrerhauses gelagerten, so nennt man dies eine rahmengetragene Vollkapsel, eine *RAKA*.
- Die *Teilkapsel*, TK, die Schallquelle ist teilweise umschlossen, die Elemente sind entweder am Motor/Getriebe oder am Fahrgestellrahmen befestigt gelagert.

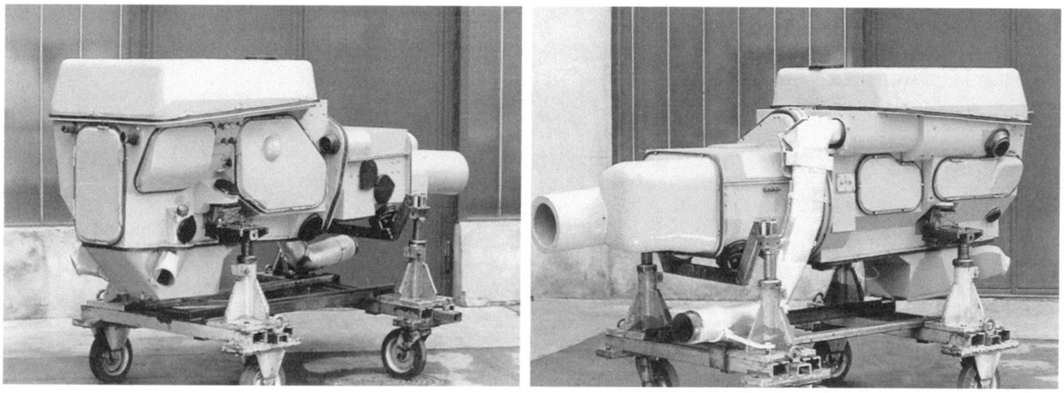

**Abb. 5.11.** MOKA, Motor-getragene Kapsel, linke und rechte Motorseite [32]

In der Praxis haben sich Mischformen der MOKA und der RAKA, ergänzt durch Optimierung der Struktur des Grundaggregates und eine gesteuerte Kraftstoffeinspritzung, durchgesetzt.

*Ausgeführte Beispiele*

Abb. 5.11 zeigt eine auf einem Montagebock aufgebaute MOKA, eine Motor getragene Kapsel. Alle Teile der Kapsel sind an einem Tragrahmen, der am Motor befestigt ist, elastisch gelagert. Die Lagerstellen für den Tragrahmen sitzen an vibrationsarmen Stellen der Motoroberfläche. Für die Wartung und Kontrolle sind Wartungsdeckel vorgesehen, die mit Hilfe von Spannverschlüssen oder über Schrauben fixiert werden. Die Lagertragarme werden aus dem Kapselinneren, über Gummimanschetten abgedichtet, herausgeführt. Das Lüfterrad des Kühlluftgebläses sitzt außerhalb der Kapsel. Der Kapselinnenraum muss belüftet sein, dazu dient z. B. ein Gebläserad an der Stirnseite des Motors, welches die Kühlluft von außen ansaugt. Bei der Auslegung der Strömungsrichtung der Innenbelüftung darf es zu keinen unbelüfteten Bereichen, einem sogenannten Wärmesack, kommen. Ein drastischer Temperaturanstieg in solchen Bereichen hat immer unerwünschte, negative, Folgen für temperaturempfindliche Bauteile, die Sicherheit des Fahrzeuges und die Motorfunktion. Einschränkungen im praktischen Betrieb eines LKW bei Anbau einer MOKA:

- Eingeschränkte Wartungszugänglichkeit, keine uneingeschränkte Sicht auf die Motoroberfläche,
- Dichtheit, Langzeitverhalten der Dichtungen von Deckeln, Montageverschraubungen, Verschlüssen ungewiss.
- Lebensdauer der Dichtungen an den Deckeln, der Kapselteile und -lager wird durch die Betriebstemperatur im Kapselraum beeinflusst.
- Gefahr der Beschädigung von Kapselteilen im realen rauen Fahrzeugbetrieb (Steinschlag, Korrosion).

Eine RAKA, Abb. 5.12, Teilansicht unter einen LKW, umgibt den Motor-Getriebe-Block von vier Seiten und bindet sowieso vorhandene Flächen am Fahrzeug zur Geräuschabschirmung mit ein. Die jeweils zum Motor weisende Seite dieser Flächen ist absorbierend ausgekleidet, die Oberflächen der Absorber sind flüssigkeitshemmend versiegelt (s. Kap. 2.2.6).

Das *Oberteil* einer RAKA wird vom Fahrerhausboden gebildet. Die zum Motor weisende Seite ist absorbierend/dämmend ausgekleidet.

Die *Seitenflächen* der RAKA bilden am Rahmenlängsträger und am Fahrerhaus befestigte Geräuschschürzen (Kunststoff), die sich bei zugekipptem Fahrerhaus überlappen (Abb. 5.3).

**Abb. 5.12.** RAKA, rahmengetragene Kapsel, Untersicht LKW [22]

Das *Unterteil* der RAKA schließt an der Unterseite der Rahmenlängsträger als Kapselunterschale an und umgibt, vom Kühler bis zum Getriebe reichend, den akustisch relevanten Bereich der Schallquellen. Material: Blechpressteile, Kunststoff- oder GFK-Formteile bzw. Kombinationen dieser Materialien. Nach vorne ist die Kapsel nach Abb. 5.12 offen, um den Eintritt des Kühlluftstromes zu ermöglichen. Die Frontklappe am Fahrerhaus ist absorbierend ausgekleidet.

Am hinteren Ende der RAKA sitzt am Antriebsflansch des Getriebes eine Austrittsöffnung für einen Teil des Kühlluftstomes. Der Fahrerhaustunnel wird nach rückwärts z. B. über eine Schürze mit Lüftungskiemen abgeschlossen.

Aus der Erfahrung mit der Anwendung der MOKA und der RAKA hat sich in der Praxis der Serienanwendung die KOMBIKAPSEL, Abb. 5.13, durchgesetzt. Die Abbildung zeigt beispielhaft Maßnahmen in Form von Vorsatzschalen am Motor.

**Abb. 5.13.** Kombikapsel, Maßnahmen am Motor, Beispiel [22]

*Maßnahmen am Motor, Getriebe, Fahrerhaus, Fahrgestellrahmen, Konzeptbewertung*
Durch Teilkapseln werden die über Analysen (Abdeckmethode oder Akustische Kamera) detektierten am stärksten schallabstrahlenden Flächenelemente strukturnah umschlossen, z. B. Einspritzpumpe, Kurbelgehäuse. Anstelle einer unhandlichen Unterschale bei der RAKA kann die Körperschalleinleitung in die Ölwanne drastisch gesenkt werden. Dies geschieht z. B. über einen das Kurbelgehäuse versteifenden Zwischenflansch, ein Kurbelgehäusejoch, welches zwischen Ölwanne und Kurbelgehäuse mitverschraubt wird und dort die Schwingungsausschläge verringert (Primärmaßnahme). Eine Verringerung der Luftschallemission der Ölwanne darüber hinaus ist über die Materialauswahl möglich (Kunststoff, Sandwichblech tiefgezogen, Gusswerkstoff mit aufgespritztem, kunststoffgebundenem Schwermaterial). Eine zweite, Körperschall abgekoppelt gelagerte Ölwannen-Überwanne verringert die Schallemission weiter. Der Zwischenraum muss gegen Eindringen von Schmutz und Wasser abgedichtet sein. An das isolierte und von der Körperschallquelle entkoppelte Ölwannensystem schließt sich je nach akustischen Erfordernissen eine, vom Getriebe getragene, untere und/oder obere Teilkapsel an. Einen Großteil der Abdeckungen der Geräuschabstrahlung des Antriebsstranges nach außen bzw. nach oben übernimmt der absorbierend ausgekleidete Fahrerhausboden. Beim Kippen des Fahrerhauses wird durch diese Lösung die bestmögliche Zugänglichkeit zu allen Aggregaten des Antriebsstranges für Servicearbeiten sichergestellt.

Falls erforderlich ergänzen und komplettieren seitliche Geräuschschürzen oberhalb und unterhalb der Rahmenlängsträger die weitere Abschirmung der Motorgeräusche. Die Auswahl der zu treffenden Maßnahmen zur Erreichung eines akustischen Zielwertes für das Außengeräusch richten sich nach den Möglichkeiten einer Serienproduktion unter Einbeziehung wirtschaftlicher und akustischer Gesichtspunkte. Tab. 5.1 bewertet die einzelnen Kapselkonzepte nach den bisher vorliegenden Erfahrungen in der Praxis.

**Tabelle 5.1.** Bewertung von Kapselkonzepten *Schwere – Nutzfahrzeuge*

| Nr. | **„Mehraufwände" gegenüber ungekapseltem Fahrzeug** | **Bewertungen** | | |
|---|---|---|---|---|
| 1 | Teilezahl, Herstellkosten | +++ | ++ | + |
| 1a | Unterschiedsteile in einer Motor-Fahrzeugpalette | +++ | ++ | + bis ++ |
| 2 | Montagekosten | +++ | ++ | + bis ++ |
| 3 | Gewicht | ++ | ++ bis +++ | + bis ++ |
| 4 | Werkzeugkosten | +++ | +++ | ++, Formteile |
| 5 | Akzeptanz durch Kunden | + | ++ | +++ |
| 6 | Sicherheit | + | ++ | +++ |
| 6a | Möglichkeit eines Verlustes von Teilen, Gefahr von: Missbrauch, falscher Behandlung, Fahrzeugbrand | +++ | ++ | + |
| 7 | Wartungskosten | +++ | ++ | + |
| 8 | Verschmutzung im Kapselinneren | +++ | ++ | + bis - |
| 9 | Absorberverschmutzung, Öle, Dieselkraftstoffe, Liquide | ++ | +++ | + bis - |
| 10 | Kosten von Änderungen nach Serienstart | +++ | ++ | +++ am Motor und dessen Teilen, ++ Rahmen, Fahrerhaus |
| 11 | Akustische Wirkung, Standbetrieb und fahrendes Fahrzeug, subjektiver Eindruck | Sehr gut | Sehr gut | Sehr gut |
| | **Bewertungsmaßstab** **+++ hoch, ++ mittel, + niedrig, – gering** | **MOKA** | **RAKA** | **KOMBIKAPSEL** |

Alle beschriebenen technischen Lösungen zur Verminderung der Geräuschabstrahlung von Körperschall führenden Oberflächen des Antriebsstrangs in die Umgebung verlangen die Beachtung folgender Gesichtspunkte:

- Vibrationsarme Ausführung und Positionierung der Lagerung von Kapselelementen, Teilverschalungen.
- Absorbierende Auskleidung für alle Durchtrittsöffnungen (siehe Kap. 2.2.6) aus der Kapsel heraus.
- Akustisch dichte Durchführungen für Leitungen, Kabel, Rohrleitungen.
- Heißgasführende Rohre des Motors sind zur Vermeidung der Folgen einer möglichenÖlleckage an Einspritz- bzw. Schmierölleitungen mit Schutzabdeckungen zu versehen.

Für Motor und Getriebe, sowie für alle zu deren Betrieb nötigen Hilfsaggregate muss über alle Betriebsbereiche des Fahrzeuges eine ausreichende Kühlung gewährleistet sein. Zulässige Grenztemperaturen aller im gesamten von Akustik Maßnahmen betroffenen Fahrzeugbereich verbauten Materialien (Kunststoffe, Schlauchmaterialien, Leitungen, Absorber, Kleber ...) sind zu ermitteln. In temperaturkritischen Betriebszuständen des Fahrzeuges sind die erreichten Betriebstemperaturen an den definierten Messstellen zu ermitteln, sie müssen im zulässigen Bereich liegen.

### 5.4.4 Das Kupplungssystem, Konstruktion, Lage im Fahrzeug

Die Position der Kupplung im Antriebsstrang ist in Abb. 5.2 gezeigt. Neben der Aufgabe, den Motor über das Getriebe mit der Antriebsachse als Leistungswandler zu verbinden, hat das Kupplungssystem die wichtige Funktion, Schwingungen im Antriebsstrang zu minimieren. Deshalb benötigen leistungsstarke Dieselmotore (Tab. 5.2) mit hohen Motordrehmomenten und damit einhergehenden Drehzahlschwankungen mit daraus resultierenden Ungleichförmigkeiten, Abb. 5.14, ein auf den Anwendungsfall abgestimmtes Torsionsdämpfersystem.

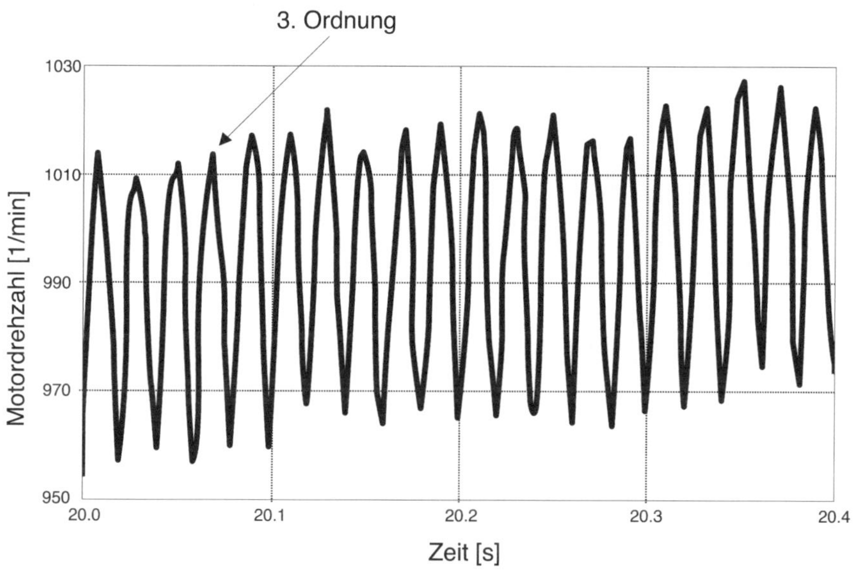


**Abb. 5.14.** Drehzahlschwankungen am Schwungrad unter Volllast, Reihen-6-Zylinder-Dieselmotor [33]

**Tabelle 5.2.** Leistungsentwicklung von LKW-Motoren 1975 bis 1995 und Trend

| Jahr | 1975 | 1995 | Trend |
|---|---|---|---|
| Anzahl Zylinder | R6 | R6 | R6 |
| Hubraum, Liter | 12 | 12 | 12,8 |
| Leistung kW | 180 | 294 | 338 |
| Drehmoment NM<br>bei l/min | 785<br>1400 | 1730<br>1000–1500 | 2000<br>800–1500 |
| Spezifischer Verbrauch g/kwh | 224 | 191 | 192 |

*Akustik*

Ein Torsionsdämpfersystems hat die Aufgabe, die störenden Auswirkungen, wie Getrieberasseln im Motorleerlauf (Aufeinanderschlagen der Losräder im Rahmen der vorhandenen Verzahnungsspiele), Brummen (Achse und Gelenkwelle) im Antriebsstrang unter Last, Anfahrschlag in der Kupplung, auf ein erträgliches Maß zu verringern. Abb. 5.15 zeigt den konstruktiven Aufbau einer Kupplungsscheibe mit einem Torsionsdämpfersystem.

Ein Federsatz im Vordämpfer sorgt für die Dämpfung des Leerlaufrasselns, ein am äußeren Durchmesser der Dämpfernabe angeordneter stärkerer Federsatz dämpft Triebstrangschwingungen im Fahrbetrieb. Ergänzt wird die Bestückung mit Torsionsfedern durch eine parallel geschaltete Dämpfereinrichtung (Reibbelag) deren Charakteristik, wie die der Federn, systemabhängig abzustimmen ist.

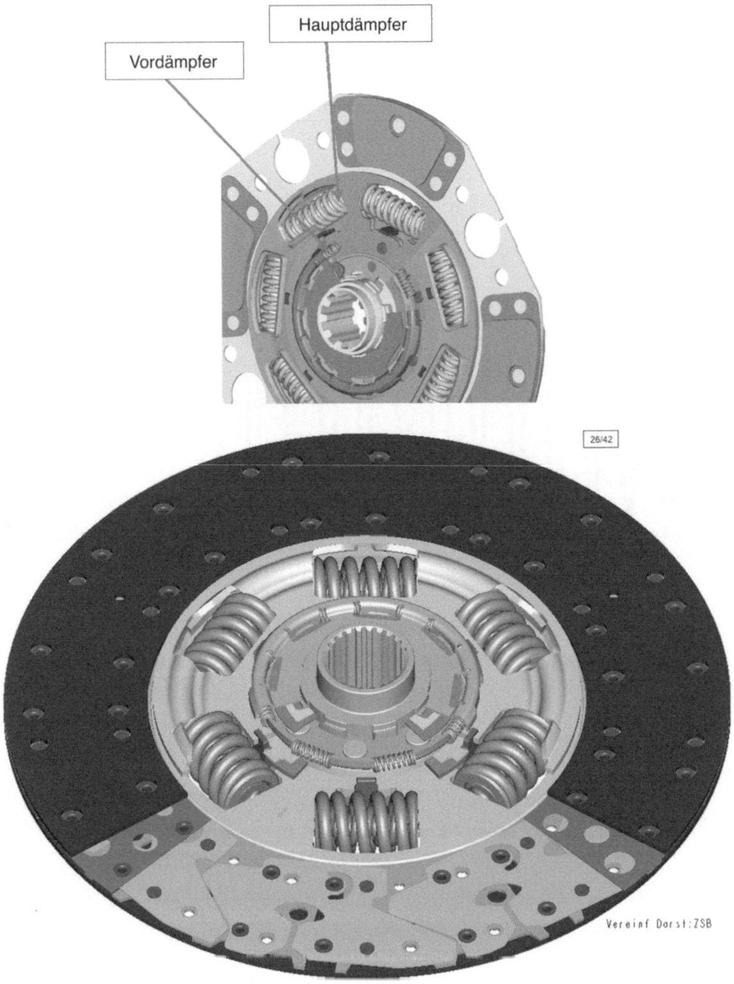


**Abb. 5.15.** LKW-Kupplungsscheibe mit Haupt- und Vordämpfer [33]

*Maßnahmen*

Zur optimalen Auslegung des Antriebsstranges bezüglich der vorhin genannten akustischen Effekte werden in einer Fahrzeugentwicklung vom Entwickler der Kupplung Simulationsrechnungen durchgeführt.

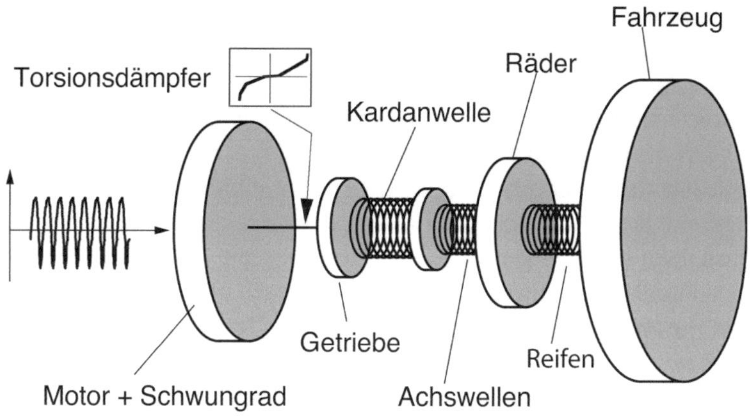


**Abb. 5.16.** Antriebsstrangmodell zur Simulation eines Volllast-Zug-Vorganges im 12. Gang [33]

Abb. 5.16 veranschaulicht ein vereinfachtes Simulationsmodell, dieses berücksichtigt die folgenden Massen:

- Motor-Schwungrad.
- Getriebe und Gelenkwelle.
- Beide Achswellen der angetriebenen Hinterachse werden in einer Steifigkeit zusammengefasst.

Die Zündfrequenz des Motors ist Anregende bei der Simulation. Als Bewertungsgrößen werden experimentell bestimmt:

- Für die Rasselneigung: die Drehbeschleunigung des Getriebes.
- Für die Brummgeräusche: die Drehbeschleunigung am Differentialeingang.

In Abb. 5.17 werden die Einflüsse dreier unterschiedlicher Dämpferstufen in der Simulationsrechnung auf Rassel- und Brummgeräusche dargestellt.

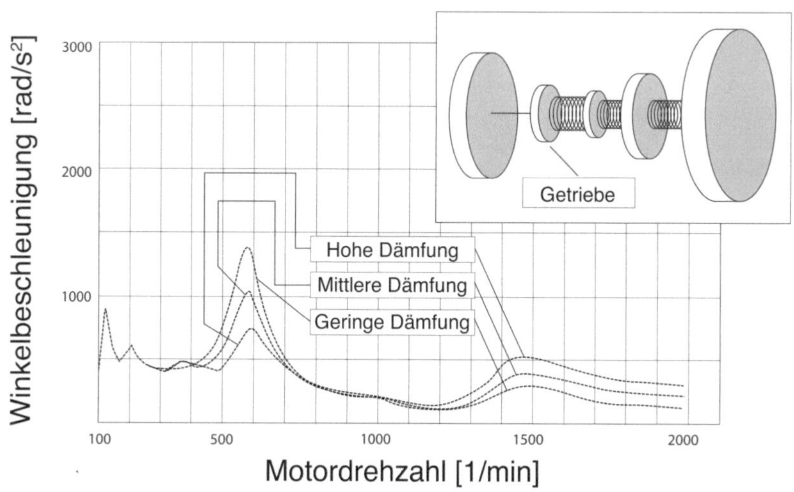


**Abb. 5.17.** Simulation: Einfluss der Dämpfeinrichtung auf die Drehbeschleunigung beim Hochlaufvorgang im 12. Gang [33]

Zwischen dem Verlangen nach hoher Dämpfung für ein niedriges Leerlauf-Rasselgeräusch einerseits und dem damit verbundenen Anstieg des Brummgeräusches andererseits, muss bei der Auslegung ein Kompromiss eingegangen werden. Eine objektive Bewertung des subjektiven Geräuschempfindens in der Konzeptphase der Antriebsstrangentwicklung im Fahrzeug erlaubt eine optimale Auslegung von LKW-Kupplungssystemen [33–37].

Es kann Anwendungsfälle im Nutzfahrzeug geben, bei welchen der beschriebene konventionelle Dämpfer, wie in Abb. 5.15 dargestellt, keine ausreichende Abhilfe gegen Rassel- und Brummgeräusche bietet. Bereits bei der Umstellung leistungsstarker Dieselmotoren auf die EURO II Abgasvorschriften wird eine verstärkte Drehungleichförmigkeit (Abb. 5.14) vereinzelt eine Einführung eines Zweimassenschwungrades (ZMS) notwendig machen. Ein verträgliches Drehschwingungsverhalten [33] über den Betriebsbereich von Dieselmotoren in Nutzfahrzeugen, welche die EURO IV Abgasvorschrift einhalten, wird sich sicher nur in Kombination mit einem ZMS abstimmen lassen.

Bei der Abstimmung helfen die Kunstkopf-Messtechnik und eine Messtechnik am Fahrzeug, gekoppelt mit Simulationsrechnungen.

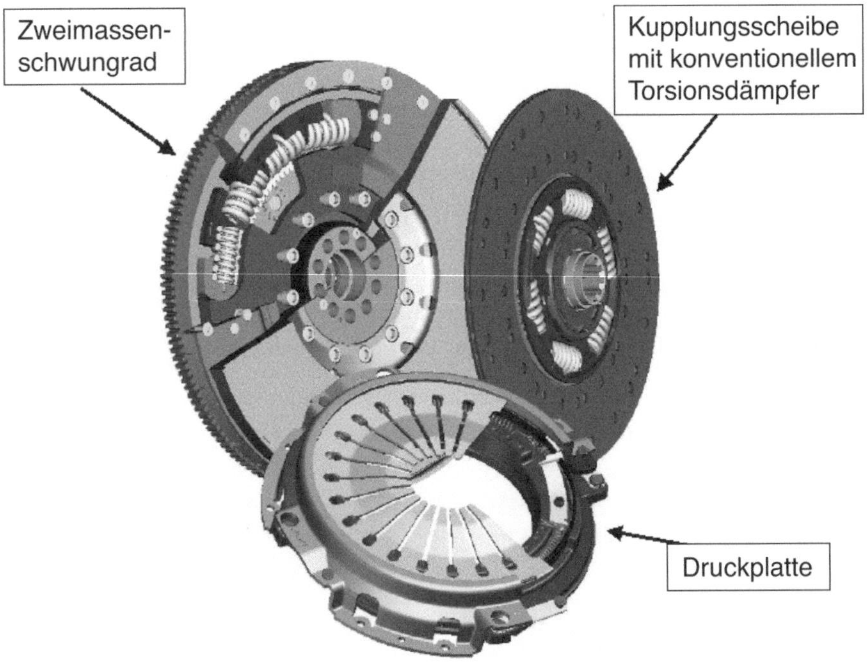


**Abb. 5.18.** Zweimassenschwungrad, Kupplungsscheibe mit konventionellen Dämpfer [33]

### 5.4.5 Ansauganlage, Schalldämpfer (s. Kap. 4.3.2 und 4.3.3)

Beide Systeme werden u. a. wegen der *Packaging*-Vorgaben räumlich nahe am Motor platziert, ihre akustischen Eigenschaften sind in der Fahrzeugentwicklung aufeinander abzustimmen. In Abb. 5.19 ist der in der Fahrerhausrückwand in einem Schacht eingebettete, separat gelagerte, Ansaugschacht zu sehen. Oben, seitlich nach außen gerichtet, befindet sich die Ansaugöffnung. Die hochgelegte Ansaugstelle dient der Vermeidung von übermäßigem Schmutz- und Wassereintrag, daraus resultiert eine lange Rohluftleitung durch den Ansaugschacht bis hin zum Luftfilter, wel-

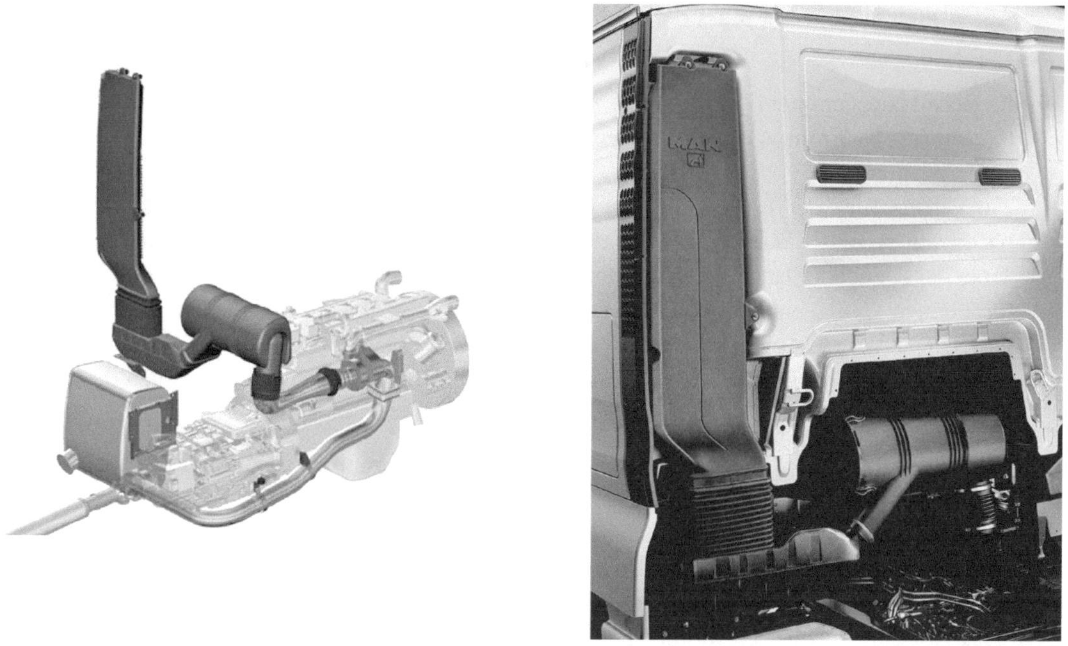

**Abb. 5.19.** Ansauganlage, Schalldämpfer. Rohrführung am Motor, Einbausituation Ausgangsschacht am Fahrerhaus integriert

ches quer unter dem Fahrerhaus angeordnet ist. Zur Dämpfung von Schwingungen in der Luftsäule wird am Ansaugschacht ein Zusatzvolumen integriert (Helmholz-Resonator).

*Akustik*

Die trotz eines Zusatzvolumens noch vorhandenen Restschwingungen in der Luftsäule der Verbrennungsluft teilen sich dem Rohluftgehäuse mit und müssen über eine sorgfältig abgestimmte isolierende Lagerung daran gehindert werden, die Fahrerhausrückwand zu Schwingungen anzuregen und damit Luftschall im Fahrerhaus zu erzeugen.

*Maßnahmen*

Mit Hilfe eines solchen Zusatzvolumens ist auch die Höhe des Schallpegels an der Ansaugöffnung so zu optimieren, dass dieser Schallpegel den Fahrer nicht stört. Es sind ausreichende Querschnitte, niedrige Druckdifferenzen im System, geringe Pulsationen und damit möglichst geringe Strömungsgeschwindigkeiten des Luftstromes anzustreben. Ein zylindrisches Luftfiltergehäuse hat in bezug auf die schallabstrahlende Oberfläche Vorteile im Vergleich zu kastenförmigen Gehäusen. Die Gehäuseform des Ansaugschachtes ist vibrationsarm (Rippen und Versteifungen) auszubilden.

Der Schalldämpfer (s. Kap. 4.3.3). Nach dem Abgas-Turbolader am Motor ist in der Abgasleitung die Motorbremsklappe angeordnet. Diese verschließt im Motorbremsbetrieb ganz, oder getaktet in Stufen, den Abgas-Rohrquerschnitt, wodurch neben der erwünschten Bremswirkung des Motors, rückwirkend bis in die Ansaugluftleitung, Schwingungen der Luftsäule erzwungen werden. Die Wechselwirkung zwischen den beiden Systemen Ansauganlage, Abgasanlage, muss bei der Akustik Abstimmung am Gesamtfahrzeug berücksichtigt werden.

Aus mehreren Gründen muss der Abgasschalldämpfer (Abb. 5.19) möglichst nahe am Motor platziert sein:

- Im Schalldämpfer integrierte Systeme zur Abgasnachbehandlung erfordern Reaktionstemperaturen im Abgasstrom, die im normalen Fahrzeugeinsatz nur in Motornähe ausreichend oft erreicht werden.
- Zur Verringerung der Typenvielfalt im Produktionsprogramm ist der Vorderwagen eines LKW bis hin zum Batteriekasten, die Abgasanlage eingeschlossen, möglichst gleich ausgeführt. Trotz der beengten Platzverhältnisse am Fahrzeug muss deshalb das erforderliche Schalldämpfervolumen, ca. 10 mal Hubvolumen des Motors, in einer akustisch günstigen Form am Fahrgestell untergebracht werde. In Sonderfällen (Katalysator Module, Resonanzböden für kritische Drehzahlbereiche, Nachschalldämpfer . . .) ist das 5- bis 7-fache Hubvolumen des Motors ausreichend.

Eine starre *Lagerung* des Schalldämpfersystems am Fahrgestellrahmen ist aus Gründen der Akustik und wegen der Anforderungen der Betriebsfestigkeit ungünstig. Trotz der Körperschall-Abkopplung des Fahrerhauses durch seine Lagerung von den Schwingungen des Fahrgestellrahmens, kommt es vielfach zu unerwünschtem Brummen im Innenraum. So muss eine elastische Lagerung des Schalldämpfersystems die Verwindung des Fahrgestellrahmens ausgleichen und Systemvibrationen isolieren. Das Abgasrohr zwischen Motor und Schalldämpfer ist aus Gründen der Festigkeit in einem Schwingungsknoten elastisch zu lagern. Zwischen Motor und Abgasrohr dient ein flexibler Schlauch als Ausgleichselement zur Aufnahme der räumlichen Bewegungen des Motor-Getriebe Aggregates. Um Zisch- und Blasgeräusche zu vermeiden, muss der Abgasstrang dicht sein. Der Nachweis der Dichtheit im Abgasstrang wird auch bei der Abnahme (Homologation) verlangt und überprüft.

Systembedingte Pulsationen des Abgasstromes im Abgasschalldämpfer werden über Reflexionsdämpfung in den einzelnen Kammern und durch Absorption verringert. Das für die Außengeräusche mit verantwortliche Mündungsgeräusch am Endrohr des Schalldämpfers ist über die Ausströmrichtung der Abgase und durch die Abstimmung der zugehörigen Schalldämpferkammer mit der Endrohrlänge zu beeinflussen. Ein Nachschalldämpfer nach dem Hauptschalldämpfer vergrößert eventuell fehlendes Kammervolumen. Die Schwingungen im Abgasstrom induzieren Körperschall an der Schalldämpferoberfläche. Beherrschbar ist dieses ungewünschte Phänomen durch Vermeidung resonanzanfälliger Formen von Flächenelementen am Schalldämpfermantel und dessen Stirnseite. Gegebenenfalls helfen Sekundärmaßnahmen wie die Verwendung von Doppelwänden, Sandwichblech oder Vorsatzschalen solche Resonanzen zu vermeiden.

### 5.4.6 Verteilergetriebe (VG)

Funktion, Lagerung, Akustik. Bei Allrad angetriebenen Fahrzeugen wird zur Verteilung der Antriebsleistung des Motors auf die angetriebene Vorder- und Hinterachse ein VG, Abb. 5.6, benötigt, es ist nach dem Schaltgetriebe im Fahrgestellrahmen mittels Puffer- oder Flanschlager gelagert. Der Eintrieb in das VG erfolgt über eine Gelenkwelle die zwischen Abtriebsflansch des Schaltgetriebes und dem VG oben montiert ist. Im VG darunter liegen die Abtriebsflansche nach vorne zur Vorderachse und nach rückwärts zur Hinterachse.

*Akustik*

Der Körperschall an der VG-Oberfläche wird von dort als Luftschall in die Umgebung abgestrahlt und hat als Quellen:

- Getriebe-Verzahnungsgeräusche (Zähnezahl und Verzahnungsqualität optimieren).
- Getriebe-Verzahnungsgeräusche, hervorgerufen durch wechselnden Zahnspielausgleich infolge nicht ausreichend ausgeglichener Z-Winkel der Gelenkwelle und seitlichen Versatz der Flansche (Winkelfehler führen zu periodischen Schwingungen des VG in der Lagerung und zu periodischen Schwebungen, zu einem Getriebegeräusch, das als *mahlend* bezeichnet wird (s. Kap. 2.3, Tab. 2.2 (S. 108), Tab. 4.2 (S. 162)).

Maßnahmen am VG:

- Optimieren der Verzahnungsparameter.
- Kontrolle und Korrektur der Gelenkwellenwinkel, eines eventuellen seitlichen Versatzes der Flansche.
- Versteifen von schwingenden Flächen an der Getriebeoberfläche.
- Anbringen von Teilkapseln (Öltemperatur beachten, eventuell Ölkühler und Ölumwälzpumpe vorsehen).

### 5.4.7 Gelenkwelle, Konstruktion/Lagerung

Die Lagerung von einteiligen Gelenkwellen erfolgt über den Ausgangsflansch des Schaltgetriebes und den Eingangsflansch der Hinterachse. Bei zweiteiligen Gelenkwellen kommt ein Zwischenlager hinzu, welches an einem Rahmenquerträger des Fahrgestellrahmens angeordnet wird. Eine gut schwingungstechnisch abgestimmte und kinematisch richtig positionierte Lagerung ist Voraussetzung für eine gewünschte akustisch unauffällige Funktion des Gelenkwellenstranges. Die konstruktive Auslegung von Gelenkwellen erfolgt unter Berücksichtigung folgender Aspekte:

- Festigkeit, sicherstellen einer ausreichender Lebensdauer im Einsatz unter den vorgesehenen Betriebsbedingungen.
- Zulässige unkritische Rohrlängen, Biegeeigenfrequenzen und Atmungsschwingungen vermeiden, erforderliche Rohrwandstärken einhalten.
- Starken Körperschallpegel am Getriebe-Ausgangsflansch vermeiden, dieser kann überhöhten Eigenschwingungen des Gelenkwellenrohres anregen.

*Akustik*

Die physikalischen Zusammenhänge bei der Geräuschanregung und Abstrahlung in Gelenkwellen sind in [38] beschrieben.

Bei der Schwingungsanregung von Gelenkwellen unterscheidet man zwischen der inneren und der äußeren Erregung. Innere Erregungen haben einen periodischen Zeitverlauf und entstehen aus der Drehbewegung von Kreuzgelenken in abgewinkeltem Zustand. Dies bewirkt eine Ungleichförmigkeit in der Drehfrequenz. Folge: Eine Ungleichförmigkeit in der Drehfrequenz erzeugt Drehschwingungen im Gelenkwellenrohr. Umlaufbiegung und Biegeschwingungen resultieren aus einer Abwinkelung der durch ein Rohr verbundenen Gelenkwellenflansche.

Die innere Erregung erzeugt hauptsächlich als Brummen wahrgenommene Schallereignisse. Eine äußere Erregung der Gelenkwellenrohre sowohl bei Ausstattung mit Kreuzgelenken wie auch mit Gleichlaufgelenken kann durch den Motor und das Getriebe geschehen.

Am Getriebeflansch von Zahnrad-Schaltgetrieben findet man Erregerfrequenzen mit den typischen Frequenzen aus Zähnezahl mal Drehzahl. Besonders bei Nutzfahrzeuggelenkwellen werden dadurch die nicht rotationssymmetrischen Atmungsschwingungen angeregt.

*Maßnahmen*
Eine Schwingungsberechnung mittels FEM [39] im Vorfeld der Entwicklung einer Auslegung ist für alle Fälle ratsam. Beispielhaft für einen akustisch auffälligen Anwendungsfall ist in Abb. 5.20 der zeitliche Verlauf des Summenpegels eines LKW bei beschleunigter Vorbeifahrt für ein unbedämpftes und ein bedämpftes Gelenkwellenrohr gezeigt.

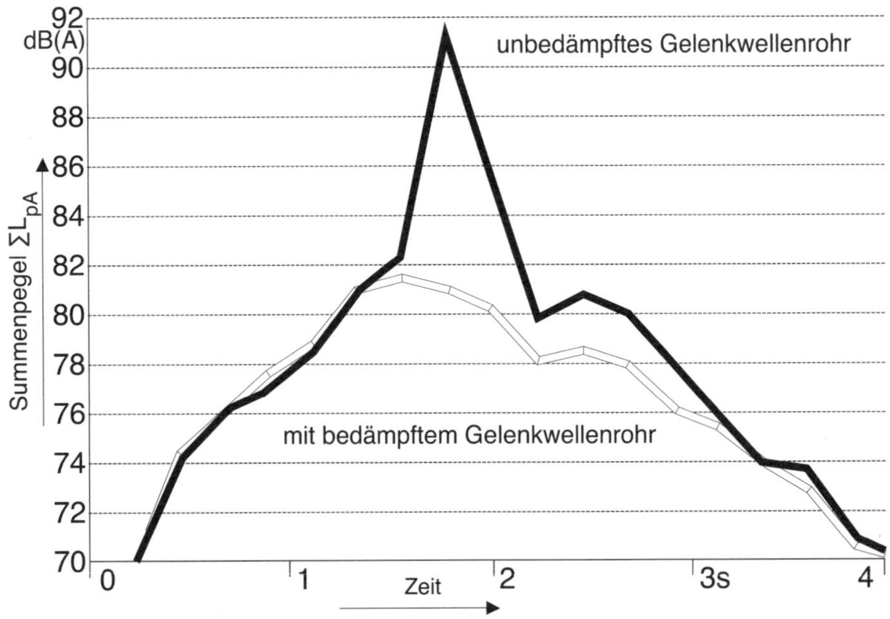


**Abb. 5.20.** Beschleunigte Vorbeifahrt (ISO 362), zeitlicher Verlauf des Summenpegels für bedämpftes und unbedämpftes Gelenkwellenrohr [25]

### 5.4.8 Angetriebene Achsen

Hypoidachsen, Abb. 5.6 (Außenplaneten- und Hypoidachsen), werden bevorzugt für Fernverkehrsfahrzeuge eingesetzt, Außenplanetenachsen für den schweren Einsatz. Weil Hypoidachsen nur eine Verzahnung im Mittentrieb aufweisen, ist der Körperschallpegel der Achsgehäuseoberfläche geringer als bei Außenplanetenachsen (AP). Konstruktion/Merkmale:

- Hypoidachse, nur zwei drehende Zahnräder.
- Außenplanetenachse, viele schnell drehende Zahnräder.

Bei AP-Achsen liegen die schnell drehenden Planetenzahnräder an den seitlich der Straßenseite eines LKW zugewandten Seite. Die Planetenräder sind über den Planetenträger schallhart mit dessen Lagergehäuse, der Glockennabe, verbunden. Daher kann der Glockennabendeckel stark zur Geräuschabstrahlung angeregt werden. In kritischern Fällen ist eine andere konstruktive Gestaltung oder Bedämpfung des Deckels vorzusehen. Durch ungünstige Kombination mit einem auf die Schwingfrequenz der AP-Achse verstärkt reagierenden Rad (Felge) kann die Schallabstrahlung durch dieses noch weiter verstärkt werden. Der Körperschall der Achsoberfläche wird dabei über den Radnabenflansch auf das Rad übertragen. Treffen die Eigen- und Anregungsfrequenz der Radschüssel aufeinander, so ergibt sich eine Resonanzüberhöhung und Luftschall wird senkrecht zur Radachse von der Glockennabe und dem Glockennabendecken abgestrahlt.

## 5.5 Interaktion von Körperschall im Antriebsstrang

Ausgangspunkt aller Luftschallphänomene in und um ein Fahrzeug ist Körperschall der sich in festen Körpern ausbreitet. Die erste Initialquelle ist die Verbrennungs-Luftschallwelle, welche im Verbrennungsraum des Dieselmotors Körperschall in der Motorstruktur induziert. Der vom Menschen wahrgenommene Luftschall resultiert aus Schwingungen von Fahrzeug- und Aggregatoberflächen, die Körperschall führen. Abb. 5.21 zeigt beispielhaft die Wechselwirkungen (Interaktion) des Körperschallflusses zwischen Motor-Getriebe, bis hin zur Antriebsachse.

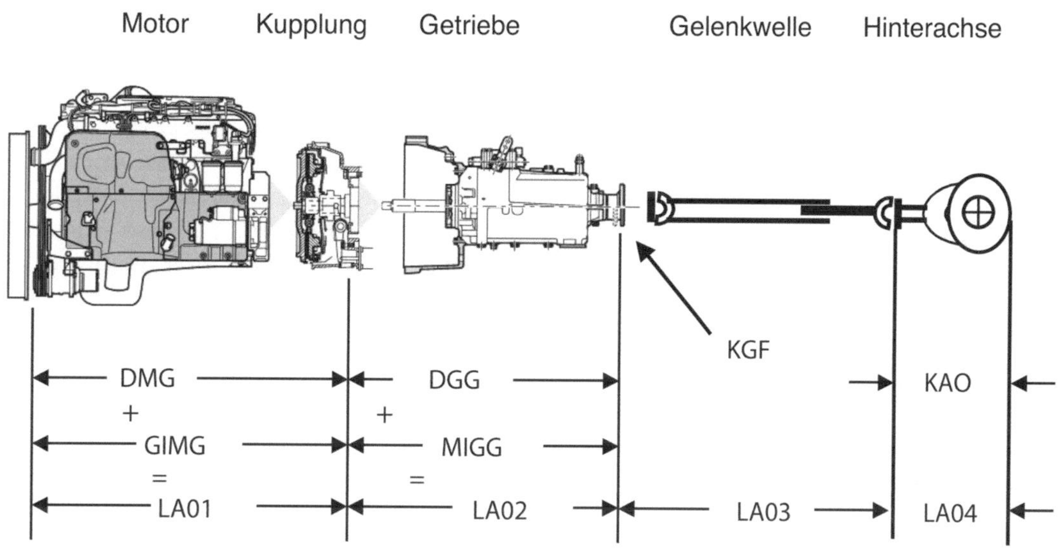


**Abb. 5.21.** Wechselweiser Körperschallfluss durch einen Antriebsstrang, Interaktion Motor/Getriebe, mit 01: Motor, 02: Getriebe, 03: Gelenkwelle, 04: Achse [40]

Die prinzipiellen Zusammenhänge wurden in einem Forschungsvorhaben [41, 42] untersucht, dabei bedeuten in Abb. 5.21:

DMG Direktes Motorgeräusch, abgestrahlt von der Motoroberfläche, erzeugt durch den Motorbetrieb.
DGG Direktes Getriebegeräusch, abgestrahlt von der Getriebeoberfläche, hauptsächlich erzeugt durch Verzahnungsgeräusche.
GIMG Vom Getriebe induziertes Motorgeräusch, abgestrahlt von der Motoroberfläche.
MIGG Vom Motor induziertes Getriebegeräusch, abgestrahlt von der Getriebeoberfläche.
KGF Körperschall am Getriebeflansch, von Motor und Getriebe induziert, regt über das Kreuzgelenk nicht rotationssymmetrische Atmungsschwingungen des Gelenkwellenrohres an.
KAO Körperschall auf der Achsgehäuse Oberfläche, Luftschallabstrahlung ua. von Glockennaben von Außenplanetenachsen, Rädern, Reifenflanken.
LA0x Luftschallabstrahlung der Gesamtoberfläche im betrachteten Aggregatblock (1=Motor, 2=Getriebe, 3=Gelenkwelle, 4=Achse).

An den starr verschraubten Verbindungsstellen von Motor-Schwungradgehäuse-Kupplungsglocke-Getriebe-Getriebeabtriebsflansch-Gelenkwelle-Antriebsflansch der Hinterachse findet jeweils Körperschallübertragung statt. Der Anteil der einzelnen TSQ am Gesamtgeräusch wird über Analysen ermittelt (siehe Kap. 1.3.9). Transferpfadanalyse bzw. Abdeckmethode, Deaktivieren von TSQ, Intensitätsmessungen im Nahfeld). Als Ergebnis solcher experimenteller Untersuchungen [41, 42] erhält man Daten über die Hauptverursacher von Körper- und damit Luftschall, hier am Beispiel eines Motor-Getriebe-Blocks.

Von 100 % der Gesamtschallleistung entfielen

- 60 % auf das direkte Motorgeräusch (DGM)
- 35 % auf das motorinduzierte Getriebegeräusch (MIGG)
- 5 % auf das direkte Getriebegeräusch (DMG).

Auch wenn der Motor durch seine äußere Körperschallerregung – über den Weg Steuergehäuse-Kupplungsglocke als Koppelstelle – das Getriebegehäuse zu Schwingungen anregt, muss eine Verminderung des motorinduzierten Körperschalls am Getriebe selbst erfolgen. Infolge der hohen zu übertragenden Motordrehmomente ist eine akustische Entkopplung an der Koppelstelle Motor zu Getriebe nicht zu realisieren. Zur Verminderung der Schallabstrahlung von der Getriebeoberfläche bieten sich Primärmaßnahmen im Getriebe und am Gehäuse, wie eine abstrahlarme Oberflächengestaltung des Getriebegehäuses oder Sekundärmaßnahmen wie Teilkapseln an. Diese Teilkapseln können abhängig von der Fahrzeugkonstruktion entweder am Getriebe oder am Fahrzeugrahmen gelagert sein.

## 5.6 Innengeräusch Fahrerhaus

### 5.6.1 Schallübertragung in das Fahrerhaus

(Siehe auch Kap. 3.1.1, Kap. 4.2.2, Abb 3.13.) In einem Fahrerhaus treten Schallereignisse unterschiedlichen Ursprungs auf. Diese sind wie folgt definiert:

#### Primärluftschall

Über Schwingungen von Flächenelementen des Antriebsstrangs und dessen zum Betrieb erforderlichen Hilfsaggregaten (Einspritzpumpe, Lichtmaschine, Kompressor, Abgasturbolader, Abgasdrosselklappe-induzierte Schwingungen in Abgas- und Ansauganlage, Kühlluftventilator, Kraftstoffpumpe, Lenkölpumpe) wird Luftschall generiert. Die Luftschallpfade ins Innere funktionieren nach dem Prinzip des Schlüsselloch-Effektes: An den kleinsten Öffnungen zu den Schallquellen hin bricht die Dämmung der Trennfläche ein, Primärluftschall tritt ins Innere.

#### Sekundärluftschall

Von Primärluftschall zu Schwingungen angeregten Oberflächenelemente des Fahrerhauses strahlen Sekundärluftschall ab. Die Transformation Primärluftschall zu Körperschall an Fahrerhausflächen zu Luftschall im Fahrerhaus-Innenraum nennt man *luftschallinduzierten Sekundärluftschall.*

#### Körperschallinduzierter Sekundärluftschall (KIS)

Hiervon spricht man im Fahrerhaus, wenn die Fahrerhauskarosserie, oder Teile von ihr, über Schwingungen an Lagerstellen zu Eigenschwingungen, Resonanzen, angeregt wird und so selbst wiederum Luftschall generiert. Als Lagerstelle sind hier alle *Verbindungen* von körperschallführenden Aggregaten, Rohren, Leitungen, Betätigungen ect. zu verstehen, sofern sie in der Lage sind, im Betrieb des Fahrzeuges über die Lagerung hinweg, störende Schwingungen an Flächen des Fahrerhauses anzuregen. Als Beispiele seien hier genannt:

- Lenksäule: Lagerung der Lenksäule an der Fahrerhausstirnwand,
- Hydraulik-, Druckluft- und Heizwasserleitungen: Befestigung und Lagerung dieser Leitungen, Rohre am Fahrerhaus,
- Ansaugkanal der Rohluft: Lagerung am Fahrerhaus.

Das Mündungsgeräusch, am Schalldämpferendrohr und an der Ansaugöffnung für die Verbrennungsluft am Fahrerhaus, stellt eine weitere mögliche Störquellen für das Innengeräusch dar. Es kann ebenfalls große Flächen des Fahrerhauses zu Schwingungen anregen. Fahrerhaus und Antriebsstrang sind jeweils separat am Fahrzeugrahmen gelagert (Abb. 5.4). Durch diese konstruktive Lösung besteht für das Fahrerhaus eine doppelte Abkopplung gegenüber KIS, der dadurch auch relativ niedrig gehalten werden kann. Um die Anforderungen bezüglich der Funktionen Tragen, Akustik und Komfort für den Fahrer/Beifahrer über die Lagerabstimmung zu erfüllen, müssen Antriebsstrang- und Fahrerhauslagerung gemeinsam aufeinander abgestimmt sein. Die Federsteife und Dämpfung sollen mit zunehmendem Einfederweg und steigender Einfederfrequenz steigen.

Die Fahrerhauslagerung benötigt dazu im mittleren Einfederbereich ein weiches Ansprechen der Dämpfer. Nehmen Einfederwege und Einfederfrequenz zu, so muss auch die Dämpfung progressiv, angepasst an die konstruktive Konfiguration, steigen. Ein hartes Anschlagen auf extremen Schlechtwegstrecken wird damit unterbunden, aber das Erreichen der Endanschläge der Aggregate bleibt im Fahrerhaus hörbar.

**Umfeldgenerierter Schall im Innenraum**

Das Schallfeld um das Fahrzeug dringt *über die Dämmung* des Fahrerhauses von außen nach innen. Schall im Umfeld eines Nutzfahrzeuges entstammt den am Fahrzeug befindlichen Quellen:

- Restlicher Primärluftschall des Antriebsstrangs der durch Kapseln, Verschalungen nach außen dringt und dann das Fahrzeug umgibt,
- Primärluftschall, welcher nach vorne (Kühlluftöffnung, Lüftergeräusch) und rückwärts am Fahrerhaustunnel austritt,
- Mündungsgeräusche von Schalldämpfer und Ansauganlage, Luftschallabstrahlung von Schalldämpfer und Ansauganlagen-Oberflächen,
- Reifengeräuschen, abhängig von Fabrikat, Bauart – Profil, Reifenluftdruck, Temperatur, Wetterbedingungen, Reifenbelastung, Straßenbelag.

Hinzu kommen die anderen, außerhalb des Fahrzeuges befindlichen Schallquellen. Für das Innengeräusch gibt es keine gesetzlich vorgeschriebenen Grenzwerte. Die heute dem Stand der Technik entsprechend niedrigen Innengeräuschpegel moderner Schwer-LKW fordern trotzdem von den Entwicklern erhebliche Anstrengungen bei der Erreichung der wettbewerbsfähigen firmeninternen Zielwerte. Die folgenden Entwicklungsschritte und die Einführung von Sekundärmaßnahmen zur Geräuschminderung im Fahrerhaus haben sich als Standard etabliert:

- Festlegung eines Zielwertes in dB(A), der gewünschten Frequenzverteilung, Messorte im Fahrerhaus.
- Dämmende geschlossene Auskleidung des inneren Fahrerhausbodens und der Stirnwand.
- Auskleidung von Innenflächen mit Absorbern (Dachhimmel, Rückwand, Türinnenseiten).

- Dämpfung von Innenflächen durch Aufkleben/Aufschmelzen von Schwerschichtmatten. Als Primärmaßnahmen gegen zu hohen Innnengeräuschpegel sind große Flächen des Fahrerhauses so zu gestaltet, dass sie unter den Schwingungsanregungen des Fahrzeugbetriebs nicht vibrieren, akustisch nicht auffällig werden.
- Akustisches Verschließen von direkten oder indirekten (Holme, z. B. A- und B-Säule) Öffnungen zum Antriebsstrang.

### 5.6.2 Messung und Bewertung des Innengeräuschpegels

#### Messung

*Messstellen*

Fahrer- und Beifahrersitz, Schlafliegen.

*Messtechnik*

Spezielles Kunstkopfmikrofon für die Fahrerseite welches der Fahrer vor seinen Ohren trägt. Kunstkopfmesstechnik an den übrigen Stellen (s. Kap. 1.3.1, 4.2.3).

*Messbedingungen*

In Fahrzeuginnenräumen wird das Schallfeld von jeglicher Art von Gegenständen beeinflusst, auch vom menschlichen Körper (siehe auch Kap. 4.2.3 Fahrgastraumakustik und Abb. 4.12). Aussagekräftige Messungen sollen deshalb immer in Gegenwart der LKW Insassen erfolgen. Die geometrischen Abmessungen des Fahrerhausinnenraumes führen zu frequenz- und drehzahlabhängigen Resonanzen, zu stehenden Wellen. Neben Primärmaßnahmen an den verursachenden anregenden Schallquellen helfen hier dämmende und absorbierende Elemente. Bei der Messung müssen alle Betriebszustände eines Fahrzeuges reproduzierbar abgedeckt werden, die im Betrieb durch den Fahrer angesteuert werden können. Beispielhaft seien genannt:

- Konstante Motordrehzahlen über den gesamten möglichen Fahrbereich in festen Drehzahlstufen,
- Leerlaufdrehzahl,
- Instationäre, variable Motordrehzahlen, Vollgasbeschleunigung mit definierten Anfangs- und Enddrehzahlen des Motors in festzulegenden Getriebegängen.

#### Bewertung

Die Messwerte werden Bereichen zugeordnet, welche mit hervorragend, angenehm, akzeptabel und unakzeptabel bezeichnet werden. Eine subjektive Bewertung der im Fahrbetrieb über Kunstkopfmesstechnik gewonnenen Messungen in verschiedenen Fahrzeugen und deren Fahrerhäusern erfolgt im Schalllabor. Dort werden die Verläufe gemessener Geräusche den Bewertern über Kopfhörer eine vorbestimmte zeitlang zugespielt. Abb. 5.22 zeigt als Beispiel Mittelwerte des Innengeräuschpegels in einzelnen Bereichen der oben beschriebenen Bewertung. Im Fahrbetrieb (z. B. Konstantfahrt bei definierter Geschwindigkeit in bestimmten Gängen, Leerlauf, Volllastbeschleunigung) mittels Kunstkopf aufgenommene Geräusche werden aufbereitet (geschnitten, Zuordnung zu vergleichbaren Schallereignissen) und im Schalllabor über Kopfhörer von einer Jury (aus Experten und Laien) verglichen. Die Fahrzeuge werden chiffriert (Fahrzeug A, B, C), um unvoreingenommene Urteile zu ermöglichen [52].

| | hervor-ragend | angenehm | akzeptabel | unakzept-tabel | Werte dB (A) |
|---|---|---|---|---|---|
| **Leerlauf-drehzahl** | 50,5-51,8<br>51,1 | 51,8-56,5<br>54,5 | 56-59<br>58 | >59<br>61 | **Bereich**<br>**Mittelwert** |
| **Konst. Fahrt v=80-85 km/h** | 63 | 66 | 68 | >72 | **Mittelwert** |
| **Vollgasbe-schleunigung, n=1000/min bis n ab** | 67,5 | 70 | 73 | 76,5 | **Mittelwert** |

**Abb. 5.22.** Bewertung von Innengeräuschpegel nach Bereichen, Mittelwerte

Als Bewertungsmaßstab hat sich eine 10-Punkte-Skala nach VDI 2563 (bis 5 Punkte Reklamationen, 10 Punkte wären perfekt absolute Skalierung) bewährt. Als Ankergeräusch wird ein bekanntes Geräusch mit bekannter Bewertung vorgespielt. Da das akustische Gedächtnis nur ca. 20 Sekunden anhält, müssen Reihenfolgeeffekte (eine Bewertung *mittel* vor oder nach *gut* oder *schlecht* gibt andere Bewertungszahlen) sowie ca. 5 Sekunden Pause zwischen zwei Aufnahmen beachtet werden. Zur Kontrolle kann ein identisches Geräusch zweimal bewertet werden. Unterscheidet sich die Bewertung des gleichen Geräusches um mehr als 2 Punkte, muss die Reihenfolge optimiert werden oder eine einzelne Testperson wird nicht in die Statistik mit einbezogen. Bei großen Stichproben werden die besten Geräusche aus der absoluten Skalierung im Paarvergleich verglichen, um z. B. ein Zielgeräusch zu definieren. Wenn für diese subjektive Bewertung die Jury nicht nur aus voreingenommenen Experten besteht, ergeben sich statistisch abgesicherte Ergebnisse. Abb. 5.22 zeigt als Beispiel Mittelwerte des Innengeräuschpegels in einzelnen Bereichen der oben beschriebenen Bewertung. Der A-bewertete Summenpegel ist für eine Bewertung oft nicht ausreichend, weil z. B. Klappergeräusche kaum zu einer Pegelerhöhung führen, aber als sehr störend empfunden werden (*Qualität hörbar machen*).

## 5.7 Schlussbetrachtungen

Obwohl die Entwickler eines Antriebsstranges und seiner Hilfsaggregate die akustischen Belange schon in der Konzeptphase weitestgehend berücksichtigen, bringt die Integration der gefertigten Aggregate und Systeme in das Gesamtsystem Fahrzeug eine Fülle unvorhergesehener Aufgaben mit sich. Ein zufriedenstellender Geräuschpegel ist für das Innen- wie das Außengeräusch vielfach erst nach der analytischen Untersuchung des Gesamtfahrzeuges und vielen Schritten einer Detailoptimierung am Fahrzeug und seinen Teilschallquellen möglich. Der Akustik-Ingenieur arbeitet im Spannungsfeld der Marktforderung nach kostengünstigen Konstruktionen, der Anforderungen aus der Homologation. Markttrends nach immer leiseren Fahrzeugen mit immer besserem Komfort machen die akustischen Eigenschaften eines Produktes zu einem entscheidenden Erfolgsfaktor für ein Unternehmen. Der Beitrag versucht, Probleme auf diesem Entwicklungsweg anzusprechen und mögliche Denkansätze zu deren Lösung aufzuzeigen.

# Literaturverzeichnis


[1] Dickreiter M (1987) Handbuch der Tonstudiotechnik. K. G. Saur, München

[2] Zwicker E (1982) Psychoakustik. Springer, Berlin Heidelberg New York

[3] Hassall JR, Zaveri K (1988) Acoustic Noise Measurements. Brüel & Kjaer, Bremen

[4] Thien G (1977) Elemente zur Abminderung der Schallemission von Verbrennungsmotoren heute üblicher Bauart. Dissertation TU Graz

[5] Bargende M (1995) Möglichkeit zur Optimierung des direkten Verbrennungsgeräusches in Ottomotoren, 5. Tagung: Der Arbeitsprozeß des Verbrennungsmotors, September 1995, TU-Graz

[6] Rust A, Brandl F (1994) Indicating Technology as a Part of the Noise Analysis of Combustion Engines. 1st Darmstädter Indicating Symposium, Darmstadt, May 1994

[7] Kammerdiener T, Bürgler L (2000) Ein Common-Rail-Konzept mit druckmodulierter Einspritzung. MTZ 61, 230–236

[8] Alt N, et al. (2004) Akustikkalibrierung für den Diesel-Kaltstart. MTZ 4, 270–277

[9] Pischinger S, Borggräfe J, Wiehagen N, Heuer S (2001) Ein Verfahren zur Analyse und Prognose des Verbrennungsgeräusches von Ottomotoren. MTZ 10

[10] Thien G, Nowotny B (1971) Untersuchungen über den Einfluß von Körperschallvorgängen auf das Geräusch von Dieselmotoren, MTZ 32 (6), 186–193

[11] Fachbach H, Thien G (1976) Körperschallausbreitung bei Dieselmotoren, MTZ 37, Nr. 7/8

[12] Offner G, Ma MT, Karlsson U, Wikström A, Loibnegger B, Priebsch HH (2004) Quality and Validation of Cranktrain Vibration Predictions – Effect of Hydrodynamic Journal Bearing Models, Congress MBD-MST 2004, Loughborough University, UK, Juli, 2004

[13] Offner G, Priebsch HH (2006) Flexible Multibody Dynamics Simulation – A Powerful Method for Prediciton of Structure Borne Noise of Internal Combustion Engines. ISMA International Conference on Noise and Vibration Engineering, Leuven

[14] VISCO-LAM (2006) Noise Damping, Trelleborg, Rubore AB, Mai 2006

[15] Pluymers B, Silar P, Hepberger A, Desmet W (2007) Validation of a Direct/Indirect Hybrid Finite Element – Wave Based Method for 3D Steady-State Acoustic Analysis. International Conference on Engineering Dynamics ICED2007, Portugal, 2007

[16] Cremer L, Heckl M (1967) Körperschall. Springer, Berlin Heidelberg New York

[17] Lotze E (1971) Schallabstrahlung von festen Körpern. In: Schirmer W (ed.) Lärmbekämpfung, S. 234–271. Verlag Tribüne, Berlin

[18] Snowdon J (1968) Vibration and Shock in Damped Mechanical Systems. Wiley, New York

[19] Lotze E (1971) Schalldämmung. In: Schirmer W (ed.) Lärmbekämpfung, S. 329–372. Verlag Tribüne, Berlin

[20] Fecher F (1976) Abschätzung der Lärmminderung mittels raumakustischer Maßnahmen und Kapselung. Konstruktion 28, 341–346

[21] Lotze E (1971) Schallabsorption. In: Schirmer W (ed.) Lärmbekämpfung, S. 373–408. Verlag Tribüne, Berlin

[22] MAN-interne Dokumentation der Technik

[23] Karkosch HJ, Klose S, Uhrmeister B (2004) Motorlagersysteme und -komponenten für schwere Nutzfahrzeuge, Haus der Technik Essen, Seminar NVH bei modernen Nutzfahrzeugen, 16. bis 17.6.2004. ContiTech Vibration Control GmbH, Hannover

[24] Geib W (2003) Fahrzeugakustik. Vorlesung an der Fachhochschule München (Skriptum). BMW AG

[25] Gerusel K (1998) Atmungsschwingungen von Holzzylindern und daraus resultierende Luftschallabstrahlung. Fortschrittsberichte VDI, Reihe 11: Schwingungstechnik Nr. 263. VDI Verlag, Düsseldorf

[26] Veit I (1978) Technische Akustik, 2. Aufl. (Kamprath-Reihe Technik kurz und bündig). Vogel, Würzburg

[27] Fingerhut HP (1993) Noise Influences on a Heavy Truck under Real Driving Conditions. MAN, München, Fortschrittberichte VDI Reihe 12, Nr. 182

[28] Feitzelmayer K (1990) Geräuschminderung bei Nutzfahrzeugen – eine interdisziplinäre Aufgabe. MAN, München. 1. Tagungsband AVL Motor und Umwelt, leise Fahrzeuge – Wunsch oder Wirklichkeit – Tagung Graz, Akademie Graz 31.7 bis 1.8.1990. AVL List GmbH, Graz

[29] Brandl F (1990) Strategie zur Geräuschoptimierung von Motoren. 1. Tagungsband AVL Motor und Umwelt, leise Fahrzeuge – Wunsch oder Wirklichkeit – Tagung Graz, Akademie Graz 31.7. bis 1.8.1990. AVL List GmbH, Graz

[30] Lettner K (1990) Konzepte zur Geräuschsenkung an Nutzfahrzeugen (Antriebstechnik Ges.m.b.H., Steyr). 1. Tagungsband AVL Motor und Umwelt, leise Fahrzeuge – Wunsch oder Wirklichkeit – Tagung Graz, Akademie Graz 31.7 bis 1.8.1990. AVL List GmbH, Graz

[31] Affenzeller J (1990) Anwendung der Computer-Simulation zur Geräuschminderung an Motoren. 1. Tagungsband AVL Motor und Umwelt, leise Fahrzeuge – Wunsch oder Wirklichkeit – Tagung Graz, Akademie Graz 31.7 bis 1.8.1990. AVL List GmbH, Graz

[32] MAN-AVL internes Projekt (1980)

[33] Steinel K (2004) Möglichkeiten und Grenzen von Kupplungssystemen zur Reduzierung des Drehschwingungsverhaltens im Nkw-Antriebsstrang. Tagung NVH bei modernen Nutzfahrzeugen, 16.–17. Juni 2004, Essen

[34] Drexl HJ (1997) Kraftfahrzeugkupplungen, Funktion und Auslegung. ZF Sachs AG Schweinfurt. Bibliothek der Technik, Band 138. verlag moderne industrie, Landsberg

[35] Finsterhölzl H, Keller W (1990) Leerlaufqualität in der Fahrzeugbeurteilung. ATZ 92, 5

[36] Lauster E, Maier W (1978) Torsionsschwingungsuntersuchungen bei Nutzfahrzeugen. ATZ 80, 9

[37] Armbruster FJ, Wiggen P (1996) Computer Simulation (SAS) und messtechnische Unterstützung (MESRA) zur Lösung von Getriebegeräuschen. VDI Bericht Nr. 1230. VDI-Verlag, Düsseldorf

[38] Gerusel K, Fingerhut HP (1999) Primär- und Sekundärmaßnahmen zur Reduzierung von Heulgeräuschen in Antriebssträngen von Nutzfahrzeugen. MAN, München. VDI Bericht Nr. 1491. VDI-Verlag, Düsseldorf

[39] Hackenbroich D (1994) Reduktion des Außengeräusches bei Nutzfahrzeugen durch rechnerische Optimierung des Körperschall-Abstrahlverhaltens von Gelenkwellen. VDI-Bericht Nr. 153, 291–317

[40] Feitzelmayer K (1983) Konzepte geräuscharmer Schwer-Lastkraftwagen, MAN München. VDI Bericht Nr. 499. VDI-Verlag, Düsseldorf

[41] FVV, Forschungsvereinigung Verbrennungskraftmaschinen e. V. (1999) Akustische Untersuchungen im Gesamtsystem Verbrennungsmotor-Getriebe, Motor-Getriebe-Akustik, Abschlussbericht Vorhaben Nr. 660, Heft 673. Frankfurt am Main

[42] FVV, Forschungsvereinigung Verbrennungskraftmaschinen e. V. (2002) Akustische Untersuchungen im Gesamtsystem Verbrennungsmotor-Getriebe, Motor-Getriebe-Akustik II, Abschlussbericht Vorhaben 747, Heft 739. Frankfurt am Main

[43] Fonda HE, Wente DE (1971) Rear Axle Noise Quality Inspection Method. SAE Technical Papers 710115

[44] Schwarze B (2000) Losradkreischen in Zahnradgetrieben. Doktorarbeit. Schriftenreihe des Instituts für Konstruktionstechnik, Ruhr-Universität Bochum, Heft 96.1

[45] Krottmaier J, Leiter K (1991) Geräuschminimierung an einem Hinterachsgetriebe. ATZ 93

[46] Remmers EP (1971) Dynamics of Automotive Rear Axle Gear Noise. SAE Technical Papers, 710114

[47] Hirasaka N, Sugita H, Asai M (1991) A Simulation Method of Rear Axle Gear Noise. SAE Technical Papers, 911041

[48] Tschachtli C: Lösung in Serie. Automobil Revue

[49] Lechner G, Naunheimer H (1994) Fahrzeuggetriebe – Grundlagen, Auswahl, Auslegung und Konstruktion. Springer, Berlin Heidelberg New York

[50] Lauinger Ch, Vornehm M, Englisch A (2002) Das 500 Nm CVT. 7. LuK Kolloquium

[51] Indlekofer N, Wagner U, Fidlin A, Teubert A (2002) Neueste Ergebnisse der CVT-Entwicklung. 7. LuK Kolloquium

[52] MAN-interne Dokumentation (3/2000) CD Marketing Training

## Weiterführende Literatur

Alt N, Andreas O, Geneder P, Pischinger S (2004) Untersuchungen zur Ordnungsentstehung bei Mündungsgeräuschen von Verbrennungsmotoren. MTZ 10, 834–841

Alt N, Wiehagen N, Schlitzer M (2001) Fahrzeuginngeräuschsimulation zur Beurteilung des Prototypenaggregates im Serienfahrzeug (Teil 1 und 2). MTZ 5/2001 und MTZ 6/2001

Ariga K, Abe T, Yokoyama Y, Enomoto Y (1992) Reduction of Transaxle Gear Noise by Gear Train Modification. SAE Technical Papers 922108

Becker Yu (1999) Objective Noise Rating of Gear Whine. Society of Automotive Engineers

Bernhard U, Alt N (2005) Objektivierung subjektiver akustischer Phänomene. 26. Int. Wiener Motorensymposium, 308–315

Bernhard U, Sponsel R, Grebe U (2004) Akustische Optimierung des neuen 1,6 l Twinport-Motors von Opel. 15. Int. Wiener Motorensymposium

Bodden M, Heinrichs R (2003) Geräuschqualität im Kontext weiterer Fahrzeugattribute: Bewertung durch Kunden in Feld und Labor. DAGA 2003. DPG-GmbH, Bad Honnef

Bodden M, Heinrichs R, Blutner F (2000) Bewertung von Geräuschqualität in Feld und Labor. DAGA 2000. DPG-GmbH, Bad Honnef

Bodden M, Heinrichs R, Linow A (1998) Vergleich psychoakustischer Methoden für den effizienten industriellen Einsatz. DAGA 1998. DPG-GmbH, Bad Honnef

Bohanan F (2003) Requiem for the Clutch Pedal, New Types of Automatics are Shifting Transmission Strategies. SEMA News

Bosch R (Hg.) (1999) Kraftfahrtechnisches Taschenbuch. Vieweg, Wiesbaden

Brüel & Kjaer (1982) Noise-Control-Principles and Practice. Brüel & Kjaer, Bremen

Brüel & Kjaer (1987) Schallintensität. Brüel & Kjaer, Bremen

Cremer L, Heckl M (1996) Körperschall. Springer, Berlin Heidelberg New York

Cremer L, Müller HA (1976) Die wissenschaftlichen Grundlagen der Raumakustik. Band I, II. Hirzel, Stuttgart

Cremer L, Müller HA (1978) Die wissenschaftlichen Grundlagen der Raumakustik, Band 1–3. Hirzel, Stuttgart

CVT in Fahrzeugen. Internetseite: http://www.lasercannon.com/cvt.htm

Enderich A, Brodesser K, Fröhlich L, Bender S (2005) Sound-Engineering an aufgeladenen Motoren. 26. Int. Wiener Motorensymposium 2005, 280–297

Ermer H (1993) Abgasschalldämpfer für KFZ. verlag moderne industrie, Landsberg

Fasold W, Kraak W, Schirmer W (1984) Taschenbuch Akustik, Teil 1, 2. VEB Verlag Technik, Berlin

Fastl H (1988) Gehörbezogene Lärmmessverfahren. Konferenz der Deutschen Gesellschaft für Akustik. DAGA 1988, 111–124. DPG-GmbH, Bad Honnef

Fastl H (1991) Beurteilung und Messung der wahrgenommenen äquivalenten Dauerlaufheit. Zeitschrift für Lärmbekämpfung 38, 98–103

Faust H, Homm M, Bitzer F (2002) Wirkungsgradoptimiertes CVT-Anpresssystem, 7. LuK Kolloquium

Feitzelmayer K (1990) Der Wandel akustisch-schwingungstechnischer Fragestellungen in der Mess- und Versuchstechnik bei der Nutzfahrzeugentwicklung, MAN München. VDI Gesellschaft, München

Fingerhut HP (2002) Nutzfahrzeuggeräusche, Seminar 11. MAN, München

Freudenberg Forschungsdienst (2002) Schwingungstechnik für Automobile

Friedmann O, Haas W, Mair U (2002) Das Kurbel-CVT, 7. LuK Kolloquium

Gahlau H (1998) Fahrzeugakustik. verlag moderne industrie, Landsberg

Gahlau H, et al. (1986) Geräuschminderung durch Werkstoffe und Systeme. expert verlag, Renningen

Genuit K, Nettlbeck C, Raubol I, Blutner F (2001) Beurteilung und Katalogisierung von Störgeräuschen bei Verbrennungsmotoren. FVV Vorhaben Nr. 720

Geuns D (2003) Description. Automatic Gearbox VT1F. ZF Getriebe NV, Sint-Truiden

Günther BC, Hansen KH, Veit I (2000) Technische Akustik – Ausgewählte Kapitel. expert verlag, Renningen

Harris CM (1995) Shock and Vibration Handbook. McGraw-Hill, New York London

Heckl M, Müller HA (1994) Taschenbuch der technischen Akustik. Springer, Berlin Heidelberg New York

Heckl M, Müller HA (1995) Taschenbuch der technischen Akustik, 2. Aufl. Springer, Berlin Heidelberg New York

Heuer S, Ademes N, Wiehagen N, Salber W (2001) Erforschung von Kriterien zur akustischen Verbesserung der ottomotorischen Verbrennung unter Berücksichtigung thermodynamischer Parameter. FVV Vorhaben Nr. 731

Hofe R von: (1994) Investigation of Clunk Noise on 4WD Vehicles with Different Rear Axle Design (AVL interner Bericht)

Kegelringgetriebe, Stufenlos in die Zukunft (Infoblatt). GIF – Gesellschaft für Industrieforschung, Alsdorf

Klingenberg H (1991) Automobil-Messtechnik, Band A. Springer, Berlin Heidelberg New York

Kollreider, A (2004) Dynamische Analyse eines Automatikgetriebes in CVT-Bauweise mit Geared-Neutral-Struktur. Techn. Univ. Graz, Inst. für Maschinenelemente und Entwicklungsmethodik (Dipl.-Arb.)

Köpf P (2003) Innovative Pkw-Getriebesysteme, ATZ 2

Lang J (1987) Umweltinformation Lärm: Technischer Teil. Umweltbundesamt, Wien

Leonhard T, Heinrichs R, Bürger KH (2004) Geräuschqualität Diesel-Antriebsstrang. 13. Aachner Kolloquium Fahrzeug- und Motorentechnik

MAN-interne Dokumentation (3/2000). CD Trucknology Generation, Monte Carlo

Mayer T, Schröder D (1997) Regelung eines parallelen Hybridfahrzeugs mit CVT-Getriebe – Simulation, Hardware und Inbetriebnahme, VDI-Tagung Mechatronik im Maschinen- und Fahrzeugbau, Moers, Germany

Meyer E, Neumann EG (1967) Physikalische und Technische Akustik. Vieweg, Wiesbaden

Moore BCJ (1989) An Introduction to the Psychology of Hearing. Academic Press, New York

Mors A, Waubke H, Deutsch W (2004) Audibility of Resolved Tonal Components of Gearing Meshingnoise in Passenger Car Cabins by Trained Listeners. CFA/DAGA 2004. DPG-GmbH, Bad Honnef

Nefske DJ, Wolf JA, Howell LJ (1982) Structural Acoustic Finite Element Analysis of the Automobil Passenger Compartment. Journal of Sound and Vibration 80, 247–266

Neumann J (1993) Lärmmeßpraxis am Arbeitsplatz und in der Nachbarschaft, 6. Aufl. expert verlag, Renningen

Pischinger S, Andreas O, Geneder P (2003) Ordnungsanregung Mehrventiler. FVV Forschungsvorhaben 761, Heft 763

Reitz AC (2003) Schwingungsübertragung von Seitenwellen bei PKW mit Frontantrieb. Dissertation, RWTH Aachen

Schäfer P (1979) Vergleichende Analyse von Lärmbewertungs-Verfahren. Umweltforschungsplan des Bundesministers des Inneren. Institut der Ergonomie, TU München

Scheidt R, Bartsch R, Brückner C (1986) Die extraaurale Wirkung von Lärm – eine Literaturübersicht. Zeitschrift für Lärmbekämpfung 33, 151–159

Schick A (1990) Schallbewertung – Grundlagen der Lärmforschung. Springer, Berlin Heidelberg New York

Schmillen K (1991) Geräuschanalyse und Rechentechniken im Motorenbau. Vorlesungsumdruck, RWTH Aachen

Schmillen K (1991) Geräuschanalyse und Rechentechniken im Motorenbau II. Vorlesungsunterlagen, RWTH Aachen

Sedlmayr M, Pfeiffer F (2001) Spatial Contact Mechanics of CVT Chain Drives. 18th ASME Biennial Conference on Mechanical Vibration and Noise, DETC 2001, VIB 21511, Pittsburgh, Sept. 9–13, 2001

Sell H (2005) Charakterisierung des dynamischen Verhaltens von elastischen Bauteilen im Einbauzustand. Dissertation. Vibracoustic, Weinheim

Sottek R (1993) Modelle zur Signalverarbeitung im menschlichen Gehör. Dissertation. RWTH Aachen

Spurk JH (1987) Strömungslehre. Springer, Berlin Heidelberg New York

Srnik J, Pfeiffer F (1994) Simulation of a CVT Chain Drive as a Multibody System with Variant Structure. Proceedings of the First Joint Conference of Int. Simulation Societies, Zürich, Schweiz, Aug. 22–27, 1994, S. 241–245

Srnik J, Pfeiffer F (1997) Dynamics of CVT Chain Drives: Mechanical Model and Verification. DETC 1997, Sacramento, California

Srnik, J, Pfeiffer, F (1997) Model Order Reduction by Means of a Continuous Friction Law for a CVT Chain Drive Simulation. In: Proc. of 2nd Mathmod Vienna, IMACS Symposium on Mathematical Modelling Wien, Austria, Feb. 5–7, 1997, S. 661–666

Tschöke H, Henze W (2003) Motor- und Aggregateakustik. expert verlag, Renningen

Veit I (2005) Technische Akustik, 6. Aufl. Vogel, Würzburg

Vo QH, et al. (1994) Soundengineering. expert verlag, Renningen

Wild S, Weber O (2004) Ansaugsysteme, Package und Kunststoffe im Automobil. expert verlag, Renningen

Wolf A, Helfer M, Künzel R, Philipp U (1988) Geräusche am Verbrennungsmotor. Anregung – Ausbreitung – Abstrahlung. In: Geib W (Hrsg) Geräuschminderung, S. 242–255. Vieweg, Wiesbaden

Zwicker E, Fastl H (1990) Psychoacoustics, Facts and Models. Springer, Berlin Heidelberg New York

Zwicker E, Feldtkeller R (1967) Das Ohr als Nachrichtenempfänger. Hirzel, Stuttgart

# Stichwortverzeichnis

MIX
Papier aus verantwortungsvollen Quellen
Paper from responsible sources
FSC® C105338

FSC
www.fsc.org

If you have any concerns about our products,
you can contact us on
**ProductSafety@springernature.com**

In case Publisher is established outside the EU,
the EU authorized representative is:
**Springer Nature Customer Service Center GmbH**
**Europaplatz 3, 69115 Heidelberg, Germany**

Printed by Libri Plureos GmbH
in Hamburg, Germany